U0334305

"十四五"时期国家重点出版物出版专项规划项目

中国建筑能效提升适宜技术丛书

总主编 罗继杰 执行总主编 刘东

国家出版基金项目
NATIONAL PUBLICATION FOUNDATION

文化建筑能效提升适宜技术

● 王 健 等编著

Sustainable Energy Efficiency
Improving Technologies for
Cultural Architecture

同济大学 出版社
TONGJI UNIVERSITY PRESS

·上海·

图书在版编目(CIP)数据

文化建筑能效提升适宜技术 / 王健等编著. —上海:
同济大学出版社,2023.5
　(中国建筑能效提升适宜技术丛书 / 罗继杰总主编)
　"十四五"时期国家重点出版物出版专项规划项目
　ISBN 978-7-5765-0654-9

Ⅰ. ①文… Ⅱ. ①王… Ⅲ. ①文化建筑－建筑能耗－
节能 Ⅳ. ①TU242

中国国家版本馆 CIP 数据核字(2023)第 014362 号

"十四五"时期国家重点出版物出版专项规划项目
中国建筑能效提升适宜技术丛书

文化建筑能效提升适宜技术

Sustainable Energy Efficiency Improving Technologies for Cultural Architecture

王　健　等　编著

出 品 人： 金英伟
策划编辑： 吕　炜
责任编辑： 吕　炜
责任校对： 徐春莲
封面设计： 唐思雯

出版发行　　同济大学出版社　www.tongjipress.com.cn
　　　　　　(地址:上海市四平路 1239 号　邮编:200092　电话:021－65985622)
经　　销　　全国各地新华书店、建筑书店、网络书店
排版制作　　南京文脉图文设计制作有限公司
印　　刷　　上海安枫印务有限公司
开　　本　　787mm×1092mm　1/16
印　　张　　17
字　　数　　424 000
版　　次　　2023 年 5 月第 1 版
印　　次　　2023 年 5 月第 1 次印刷
书　　号　　ISBN 978-7-5765-0654-9
定　　价　　148.00 元

内容提要

INTRODUCTION

文化建筑是文化交流和传播的重要场所,也是基础设施建设的重要组成,通常设有入口门厅、展厅、观众厅、阅览室、休息厅、多功能厅、库房等主要功能用房,以及配套的办公室、会议室等管理和辅助用房。文化建筑由于其特殊的功能定位,对室内环境控制具有特别的工艺要求,导致其用能强度较大。因此,降低文化建筑能源消耗是降低建筑碳排放和实现可持续发展的重要举措。

根据文化建筑的用能特点,本书详细阐述了从设计到运维阶段适宜的能效提升原则和路径;进而分设计阶段和运维阶段对文化建筑具体的能效提升技术展开介绍。首先,从建筑性能增强技术、设备与系统效率提升技术、可再生能源应用和数字化设计技术四方面阐述文化建筑在设计阶段的节能和产能设计措施。其次,介绍了文化建筑运维阶段调适的注意事项、人工智能技术的应用,以及基于BIM平台的智慧运维系统。最后,提炼实际工程案例中的能效提升技术展开分析说明,旨在为文化建筑能效提升和节能降碳目标的实现提供技术支持,为从业人员提供参考借鉴。

本书可作为规划、建筑、暖通空调、给排水、建筑电气与智能化等行业、学科建设的技术指南和学习参考书,也可作为相关领域的科研工作者的参考用书。希望读者在阅读全书后能有所收获,在文化建筑的工程设计、运维管理和探索研究等方面有新的感悟。

中国建筑能效提升适宜技术丛书

顾问委员会

编写委员会

总 序

FOREWORD

党的十八大以来，习近平总书记多次在各种重大场合阐释中国的可持续发展主张。2020 年 9 月 22 日，习近平总书记向世界宣示，"中国将提高国家自主贡献力度，采取更加有力的政策和措施，力争 2030 年前二氧化碳排放达到峰值，努力争取 2060 年前实现碳中和"，彰显中国作为大国的责任担当。习近平总书记指出：坚持绿色发展，就是要坚持节约资源和保护环境的基本国策；坚持可持续发展，形成人与自然和谐发展的现代化建设新格局，为全球生态安全作出新贡献。当下，通过节能减排应对能源、环境、气候变化等制约人类社会可持续发展的重大问题和挑战，已经成为世界各国的基本共识。

中国正处于经济高速发展阶段，能源和环境问题正在逐渐成为影响我国未来经济、社会可持续发展的最重要因素。直面严峻的能源和环境形势，回应国际社会对中国日益强大的全球影响力所承担责任的期待，我国越来越重视节能环保工作，为全力推进能效提升事业的发展，正在逐步通过法律法规的完善、技术的进步和管理水平的提高等综合措施来提高能源利用效率，减少污染物的排放；以创新的技术和思想实现绿色可持续发展，引领人民创造美好生活，构建人与自然和谐共处的美丽家园。

目前我国建筑用能的总量及占比在稳步上升，其中公共建筑的用能增量尤为明显。全国公共建筑的环境营造和能源应用水平参差不齐；公共建筑的总体能效水平与发达国家水平相比，差距仍然明显，存在可观的节能潜力。《中共中央 国务院关于完整准确全面贯彻新发展理念做好碳达峰碳中和工作的意见》明确要求："大力推进城镇既有建筑和市政基础设施节能改造，提升建筑节能低碳水平。"国务院印发的《2030 年前碳达峰行动方案》明确要求："加快提升建筑能效水平。加快更新建筑节能、市政基础设施等标准，提高节能降碳要求……逐步开展公共建筑能耗限额管理。""工欲善其事，必先利其器"。我们须对公共建筑的能效水平提升予以充分重视，通过技术进步管控公共建筑使用过程中的能耗，不断提高建筑类技术人员在能源应用方面的专业化素质。对建筑能效提升的专业知识学习是促进从业人员水平不断提高的有效手段。为了在公共建筑能源系统中有效、持续地实施节能措施,建筑能源管理人员需要学习和掌握与能效提升相关的专业知识、方法和思想,并通过积极的应用来提高能源利用效率和降低能源成本。

建筑能效提升也是可持续建筑研究的重要方向之一,作为公共建筑耗能权重最大的暖通工程,其专业从业者需要有责任意识和担当。我们发起编著的这套"中国建筑能效提升适宜技术丛书"拟通过梳理基本的专业概念,分析设备性能、系统优化、运维管理等因素对能效的影响,构建各类公共建筑能效提升适宜技术体系。这套丛书共讨论了四个方面的问题:一是我国各类公共建筑的发展及能源消耗现状、建筑节能工作成效等;二是国内外先进的建筑节能技术对我国建筑能效提升工作的借鉴作用;三是探讨针对不同的公共建筑适宜的能效提升技术路线和工作方法;四是参照国内外先进的案例,分析研究这些能效提升技术在公共建筑中的适宜性。相信这套基本覆盖主要公共建筑领域的系列丛书能够为我国的建筑节能减排和双碳工作提供强有力的技术支撑。

丛书共 5 本,涉及的领域包括室内环境的营造、能源系统能效的提升以及环境和能源系统的检测与评估等方面,每本都具有独立性,同时也具有相互关联性,有前沿的理论和一定深度的实践,对业界具有很高的参考价值。读者不必为参阅某一问题而通读全套,可以有的放矢、触类旁通。疑义相与析,我们热忱欢迎读者朋友们提出宝贵的改进意见与建议。

2022 年 10 月 8 日

前 言

近年来,随着我国经济社会发展水平的不断提升,人民群众在满足物质生活的基础上,对提升自身精神文化生活的需求日益增长,由此带动了博览馆、美术馆、展览馆、剧场和图书馆等文化建筑的建设。文化生活的需求提升使文化建筑的类型变得更为多样、功能变得更为丰富,同时也加大了文化建筑用能。以上海市为例,2020 年和 2021 年在受疫情影响的前提下,上海市文化建筑的年的平均用电量强度仍达到 85 kW·h/m² 左右[1][2]。

文化建筑包含的建筑类型较多,各类论著和标准规范对文化建筑也有着不同的定义和分类综合来看,它们也具有共同之处,即文化建筑是具有文化传播功能且能传达人文精神的建筑。博览建筑、观演建筑、图书馆等都是具备这些功能的建筑,因此本书所指的文化建筑主要包含博览建筑、影剧院和图书馆建筑。其中,博览建筑是指具有陈列和展览功能的建筑,包含美术馆、科技馆、展览馆、纪念馆、展示中心等;影剧院建筑指具有放映、表演、观演功能的建筑,包含音乐厅、剧院、影院等;图书馆建筑包括学校、企事业和向社会公众开放的公共图书馆建筑。

文化建筑具有其自身显著的特点。首先,在建筑形体方面,博览建筑和影剧院建筑多具有不规则外形,而图书馆则相对规则;对光线要求和室内环境温湿度要求较高的博物馆展厅、剧场的观众厅和舞台一般不允许自然采光和自然通风,不可设置外窗,而图书馆建筑的阅览空间则有较高的自然采光和自然通风需求,窗墙面积比较高。其次,在室内环境方面,博览建筑、影剧院、图书馆建筑的室内人员密度均较高,室内舒适度要求高,人员散热散湿量大,新风量需求也较大。再次,在运行时间方面,文化建筑一般每周会有一天休息闭馆,周末、节假日以及寒暑期照常运行,且人流量较平时增加许多。因此与其他公共建筑相比,文化建筑的能效提升技术有其自身特点。根据文化建筑特点选择适宜的能效提升技术,进行精细化设计,并

---

① 上海市住房和城乡建设管理委员会,上海市发展和改革委员会.2020 年上海市国家机关办公建筑和大型公共建筑能耗监测及分析报告.2021 年 7 月.

② 上海市住房和城乡建设管理委员会,上海市发展和改革委员会.2021 年上海市国家机关办公建筑和大型公共建筑能耗监测及分析报告.2022 年 7 月.

将其落实到实际运行阶段,正是本书编写的初心。

本书根据文化建筑的定义、类型及特点,从文化建筑设计阶段到运行与维护阶段分别提出能效提升的路径,并辅以实际工程案例展开分析。全书共分为"概要篇""设计篇""运行与维护篇"和"案例篇"共四篇,各篇再细分章节。各篇主要内容如下:

第1篇为概要篇,梳理了文化建筑的定义,将文化建筑分为博览建筑、影剧院、图书馆建筑等类型,介绍了文化建筑的特点,包含设计使用年限、建筑平面空间功能布局、建筑造型、运行时间等,分析了文化建筑用能组成、用能特点,提出了文化建筑能效提升原则和关注点,从而提出文化建筑能效提升路径。

第2篇为设计篇,从建筑性能增强技术、设备与系统效率提升技术和可再生能源应用三个方面展开分析,并介绍了数字化设计等新技术在文化建筑中的应用。

第3篇为运行与维护篇,介绍了文化建筑调适方法和注意事项,以及融入人工智能技术、BIM技术的智慧运维方法。

第4篇为案例篇,介绍了上海自然博物馆、河南省科技馆新馆、上海音乐学院歌剧院三个典型案例。

本书编写团队主要由具有丰富设计经验的暖通工程师、建筑师、机电工程师和设备厂家技术人员等业内专业人士组成。编写团队在进行大量文献调研的基础上,还认真研读了建筑工程设计资料,对多个文化建筑进行实地考察,与设备厂家和项目运维管理团队深入交流,将形成的各项成果进行整理汇总,并结合编写人员的实践经验和工作体会,完成了全部编写工作。

主要编写人员有:王健、王颖、车学娅、徐晓燕、吴晓非、刘建、杨木和、李冬梅、谢文黎、陈文震、陈岱维、李晨玉、唐澄宇、曾刚、杜明、鞠辰、王坚、李昊翔、付明民、刘志钱、王小清、寇利、王凌宇、徐春芳。

本书为"十四五"时期国家重点出版物出版专项规划项目"中国建筑能效提升适宜技术丛书"的分册之一,感谢同济大学刘东老师给予本书编写的机会以及专业的指导,感谢同济大学出版社社长助理吕炜策划丛书并担任本书的责任编辑。感谢同济大学建筑设计研究院(集团)有限公司对本书的支持,感谢所有参与本书所涉及案例的设计和咨询人员。本书还得到了特灵空调系统(中国)有限公司、上海市地矿工程勘察(集团)有限公司、龙焱能源科技(杭州)有限公司、上海自然博物馆、上海音乐学院歌剧院、河南省科学技术馆、上海交响乐团音乐厅等单位/项目的支持。在此,对以上单位和个人表示由衷的感谢。

欢迎广大读者对书中的内容提出宝贵意见和建议,以便我们今后进一步修改完善。

编著者

2022 年 12 月于上海

目 录

CONTENTS

第3篇 运行与维护篇

第4篇 案例篇

第1篇

概要篇

1 文化建筑定义及特点

文化建筑作为文化交流和传播活动的公共场所,是公共建筑的重要组成部分。历年来,许多学者对国内外文化建筑做了广泛而深入的研究。随着文化建筑建设规模的逐步扩大,国家和地方政府也出台了相关标准规范以指导文化建筑的建设。本章在梳理各论著和标准规范中对文化建筑相关定义和特点描述的基础上进行总结、归纳,提出了本书中文化建筑的定义和特点。

1.1 文化建筑的定义

1.1.1 论著调研

通过调研与文化建筑相关的论著,笔者发现目前学术界尚未对文化建筑有明确统一的定义。大部分论著讨论的文化建筑为博物馆、艺术馆、剧院、音乐厅、展览馆、图书馆等,有些论著将会议交流中心、文体活动中心、青少年活动中心、社区文化中心、学生综合服务楼和游客中心等也列入了文化建筑的范畴。以下列举部分论著中有关文化建筑的阐述。

《大辞海·建筑水利卷》[1]中对文化建筑的定义为:供文化传播、整理、研究和交流的建筑物,如图书馆、博物馆、美术馆、会展中心、档案馆、文化中心等,并指出文化建筑因类型的独特性,在设计中要满足其功能需要,且需考虑文化传播与表达方式的要求。

《文化建筑》[2]一书认为,文化建筑是集文化和建筑于一体、将人文情怀纳入建筑功能中的建筑。比如,青少年活动中心迎合了青少年爱好,具有活力四射和鲜活跳跃的主题;艺术馆则有独特的艺术气息;博物馆作为收藏文物的存在,在设计新颖的基础上将所藏之物完美地展现出来。该书着重介绍了五类文化建筑,分别是博物馆与艺术馆、会议交流中心、剧院与音乐厅、图书馆与学术中心、文体活动中心。

《中国当代建筑大系——文化建筑》[3]收录了自2000年起中国一流建筑师们建成的具有代表性的文化类建筑。该书将展览馆、美术馆、剧院、图书馆、纪念馆、纪念广场、艺术馆、艺术空间、文体活动中心、展示中心、文化艺术中心、少年宫、学生综合服务楼、游客中心等均列入文化建筑范畴。

《当代中国建筑集成Ⅱ——文化建筑》[4]一书中将文化建筑案例分为三类,即博物馆、图书馆类,展览、文化、艺术中心类,以及其他类(陈列馆、纪念馆、茶室、公园等)。

除了以上书籍之外,有不少论文也对国内外的文化建筑进行了研究。朱浩嵘根据文化展现方式的不同,将文化建筑分为展览建筑(如博物馆、展览馆、美术馆等)、观演建筑(如剧场、音乐厅、影院等)和阅览建筑(如图书馆、档案馆、阅览室等)三类[5]。郭卫宏等提出文化建筑类型包含展示中心、纪念馆、图书馆、博物馆等[6]。谭钰琳介绍了丹麦的当代文化建筑案例,主要包括博物馆、美术馆、音乐厅、图书馆、文化中心[7]。李璐指出文化建筑是一种与文化相关的建筑类型,包含歌剧院、图书馆、博物馆等公共文化空间和艺术馆、当代艺术中心等文化艺术区[8]。

也有文献对中小城市以及乡村文化建筑进行了研究。姜秋实提出中小城市多馆复合的文化建筑体系,其功能包含:观演功能、展览功能、查询阅览功能、文娱活动功能[9]。倪睿贤提出当代的乡村文化建筑应主要包含:乡村文化活动中心(图书馆、活动室)、乡村剧场、博物展览馆、乡村旅游接待客厅、乡村文化培训站、传统工艺作坊等进行文化生活交流的场所[10]。

1.1.2 标准规范调研

与现有论著类似,现行国家和地方等相关标准规范也未对文化建筑所包含的范围有统一规定。以下列举博物馆、剧场、图书馆等建筑的相关定义,为本书中文化建筑的定义提供参考。

1.《博物馆建筑设计规范》(JGJ 66—2015)

现行行业标准《博物馆建筑设计规范》(JGJ 66—2015)中将历史类博物馆、艺术类博物馆、科学与技术类博物馆、综合类博物馆、纪念馆、美术馆、科技馆、陈列馆、自然博物馆、技术博物馆等均列为博物馆,相关定义如下:

(1)博物馆(museum building):为满足博物馆收藏、保护并向公众展示人类活动和自然环境的见证物,开展教育、研究和欣赏活动,以及为社会服务等功能需要而修建的公共建筑。

(2)历史类博物馆(museum of history):以历史的观点来展示藏品,主要按编年次序为重要的历史事件提供实证和文献资料的博物馆。

(3)艺术类博物馆(museum of art):主要展示其藏品的艺术与美学价值的博物馆。

(4)科学与技术类博物馆(museum of science and technology):以分类、发展或生态的方法展示自然界,以立体的方法从宏观或微观方面展示科学成果的博物馆。

(5)综合类博物馆(comprehensive museum):综合展示自然、历史、艺术方面藏品的博物馆,通常为地区性的地志博物馆。

(6)纪念馆(memorial museum):为纪念某一历史事件、人物而设立的博物馆,属于历史类博物馆的一种。

(7)美术馆(art museum):为教育、研究和欣赏的目的,收藏、保护并向公众展示美术藏品的艺术博物馆。

（8）科技馆（science and technology museum）：以提高公民科学素质为目的，开展科普展览、科技培训等活动的科学与技术类博物馆。

（9）陈列馆（exhibition hall）：小型的或专题性的博物馆。

（10）自然博物馆（museum of nature history）：以分类、生态和历史的观点了解自然和人类环境，展示其进化过程的科学与技术类博物馆。

（11）技术博物馆（museum of technology）：收集、保存、展示和研究产业、专业或是专项工程技术成果的科学与技术类博物馆。

2.《剧场建筑设计规范》(JGJ 57—2016)

现行行业标准《剧场建筑设计规范》（JGJ 57—2016）中对剧场进行了如下定义：剧场（theater）指设有观众厅、舞台、技术用房和演员、观众用房等的观演建筑。

3.《图书馆建筑设计规范》(JGJ 38—2015)

现行行业标准《图书馆建筑设计规范》（JGJ 38—2015）对图书馆进行了如下定义：图书馆（library）指以收集、整理、保管、研究和利用书刊资料、多媒体资料等为主要功能，以借阅方式为主并可提供信息咨询、培训、学术交流等服务的文化建筑。

4.《大型公共文化设施建筑合理用能指南》(DB31/T 554—2015)

现行上海市地方标准《大型公共文化设施建筑合理用能指南》（DB31/T 554—2015）中将文化建筑分为博物馆、图书馆和社区文化活动中心三类，并对这三类建筑分别进行定义。

（1）博物馆（museum）：指征集、典藏、陈列和研究代表自然以及人类文化遗产的实物场所，并对具有科学性、历史性或者艺术价值的物品进行分类，为公众提供知识、教育和欣赏的由政府举办的非营利性机构、建筑物、场所。

（2）图书馆（library）：指由政府举办，向社会公众开放的收集、整理、保管和利用书刊、音像制品、电子出版物等各类资料的公益性文化机构。

（3）社区文化中心（cummunity cultural activities center）：指由政府主办，以满足社区群众基本文化需求为目标，主要设置在街道、镇（乡）的多功能、综合性的公益性文化机构。

1.1.3 文化建筑的主要类别

尽管各类论著和标准规范对文化建筑有着不同的定义，但是它们都将博物馆、科技馆、美术馆、展览馆、展示中心、剧场和图书馆等具有文化传播功能、能传达人文精神的建筑列入了文化建筑的范畴。

参照以上内容，本书主要探讨包含博览建筑、影剧院和图书馆三类典型文化建筑的能效提升适宜技术。其中,博览建筑指具有陈列、展览功能的建筑,包含美术馆、科技馆、展览馆、纪念馆、展示中心等;影剧院指具有放映、表演、观演功能的建筑,包含音乐厅、剧院、影院等;图书馆包括学校、企事业和向社会公众开放的公共图书馆建筑。

1.2　文化建筑的特点

1.2.1　功能空间组成

文化建筑由于其功能需求,通常设有入口门厅大堂以便于人员出入、缓冲和集散,还需配置办公室、餐饮区域、售卖区域、卫生间、机电设备间、车库、维修间等管理和辅助用房。

博览建筑、影剧院、图书馆根据规模和使用功能要求,设有不同使用功能的房间,如博览馆的登录厅、展厅、演讲厅、藏品库房和加工制作用房等,剧场建筑的观众厅、休息厅、舞台、化妆间、服装间和道具库房等,图书馆的书籍阅览或多媒体阅览室、会议厅、演讲厅、多功能厅、讨论室、书库和典藏库等。

1. 博览建筑

博物馆是博览建筑中较为典型的建筑类型,因此本小节以博物馆为例展开介绍博览建筑的空间组成。

国内外学者对博物馆提出了不同的功能分区原则。我国根据管理和使用要求,将博物馆的功能区划分为陈列展览区、藏品库房区、文物保护技术区、公众服务区和办公区等[11]。日本学者将博物馆划分为利用者空间(即展示、教育、公众服务等)、学艺空间(即研究、整理、保管等)和监理空间(即机关庶务及机械室等)。也有学者将博物馆划分为公众非藏品区、公众藏品区、私人藏品区、私人非藏品区和室外区域。

综合我国现行的规范标准《博物馆建筑设计规范》(JGJ 66—2015)、《公共美术馆建设标准》(建标 193—2018)、《科学技术馆建设标准》(建标 101—2007)、《文化馆建筑设计规范》(JGJ/T 41—2014),博物馆的功能用房可分为展览用房、藏品库房、技术与业务用房、公共服务用房和管理保障用房(表 1-1)。

关于博物馆各类功能分区的面积占比,国内外专家学者也提出了不同的看法。国外有些学者认为博物馆的一般公众藏品区占比应为 40%,公众非藏品区、非公众藏品区、非公众非藏品区各占 20%[11]。国内部分文物专家认为应该按陈列室面积和文物库面积的比例确定文物库房的面积,进而分配博物馆各类建筑面积。根据博物馆体量,可分别确定陈列室与文物库的面积比,面积比分别如下:大型馆(1∶2)～(1∶1);中型馆(1∶1)～(2∶1);小型馆 2∶1。其中,建筑面积 > 10 000 m² 的博物馆为大型馆,建筑面积在 4 000～10 000 m² 的博物馆为中型馆,建筑面积在 4 000 m² 以下的为小型馆。

表 1-1 博物馆功能用房

序号	功能用房类型	功能	同类型功能用房
1	展览用房	为公众展示艺术作品的特定建筑空间以及相关辅助空间	固定陈列展厅、临时展厅
2	藏品库房	为保管藏品而专设的空间、通道	藏品装卸、接收、临时存放和保存用房
3	技术与业务用房	对艺术作品进行科学研究、技术处理的专设空间	实验、修复、摄影、消毒、研究整理、录音录像等用房
4	公共服务用房	用于公共教育活动以及公共交流活动的空间	报告厅、多功能厅、计算机与网络教室、卫生间、母婴室、茶水间以及问询、寄存、售卖等用房
5	管理保障用房	用于行政和后勤管理的空间	行政办公、资料档案、安保监控、值班、文印、休息、车库、设备、附属设施、卫生间等用房

联合国教科文组织对科技类博物馆的功能面积分配比例提出了以下建议:科普展教占 52.4%,公众服务占 10.6%,后勤管理占 37%。

博物馆的陈列展览区、藏品库区建筑面积占总建筑面积的比例可参照现行行业标准《博物馆建筑设计规范》(JGJ 66—2015)表 4.1.2 的规定(表 1-2)或根据规模和使用要求确定。

表 1-2 陈列展览区、藏品库区建筑面积占总建筑面积的比例

博物馆类别		功能区	功能区建筑面积占总建筑面积的比例/%				
			特大型	大型	大中型	中型	小型
历史类、艺术类(以古代艺术藏品为主)		陈列展览区	25~35	30~40	35~45	40~55	50~75
		藏品库区	20~25	18~25	12~20	10~15	≥8
艺术类(以现代艺术藏品为主)		陈列展览区	30~40	35~45	40~50	45~55	50~75
		藏品库区	15~20	15~20	12~18	10~15	≥8
科学与技术类	自然博物馆	陈列展览区	25~35	30~40	35~45	40~55	50~75
		藏品库区	20~25	18~25	12~20	10~15	≥8
	技术博物馆		按工艺设计要求确定				
	科技馆	展览教育区	55~60	60~65	65~70	65~75	—
		藏品库区	10~15	10~15	5~15	5~15	
综合类		陈列展览区	25~35	30~40	35~45	40~55	50~70
		藏品库区	20~25	18~25	15~20	10~15	≥10

注:科技馆通常将展览用房与教育用房合称为展览教育区,因此面积比例按展览教育区列出。

2. 影剧院

剧场是影剧院中较为典型的建筑类型,因此,本小节以剧场为例展开介绍影剧院的空间组成。

根据现行行业标准《剧场建筑设计规范》(JGJ 57—2016),剧场建筑观演需求通常为歌舞剧、话剧、戏曲等,不同观演需求的舞台及观众厅都有不同尺寸的要求。歌舞剧所需舞台尺寸较大,观众厅可容纳的观众数量也较多,话剧和戏曲所需表演区面积较小,观众厅可容纳的观众数量较少。

剧场建筑根据其建筑功能,主要功能房间通常包含观众厅、舞台、前厅、休息厅和售票处等。

观众厅是剧场中除了舞台外主要的使用空间,也是人员最为密集的空间。根据剧场规模,以观众厅座位数为指标,小型剧场≤800 座,中型剧场 801～1 200 座,大型剧场1 201～1 500 座,特大型剧场>1 500 座。观众厅座位数较多时通常会选择竖向以增加座位数,因此较大规模的剧院会设有 2～3 层观众厅。

舞台分为镜框式舞台和开敞式舞台,根据剧场类型可设有主舞台、侧舞台、后舞台、乐池、台唇、耳台、台口、台仓和台塔等。

前厅和休息厅是剧场的重要区域,是人流出和汇入的区域,可以起到交通枢纽和空间过渡的作用,也是整个剧场的咽喉要道。

根据剧场的规模、等级及所处的环境,售票处一般有以下三种布置方式:单独建在基地内或门厅入口外;设在主体建筑内,窗口面向室外;设在剧场前厅内,呈柜台式。

剧场各功能用房种类及功能如表1-3所示。

表 1-3   剧场功能布局分类

序号	功能用房类型	功能	同类型功能用房
1	休息厅	演职人员、观众休息空间	休息室、VIP 休息室、咖啡休闲吧等用房
2	观众厅	观众观看演出的特定空间	观众厅、观演厅等用房
3	舞台	演员演出的特定空间	舞台、演出厅等用房
4	后台演出用房	演职人员化妆、换装等活动的特定空间	化妆室、抢妆室、服装室、乐队休息室、乐器调音室、盥洗室、浴室、厕所、候场室等用房
5	道具库房	为保管演出道具而专设的空间	用于道具装卸、接收、临时存放和保存等的用房
6	公共服务用房	用于公共教育活动以及公共交流活动的特定空间	用于购票、报告厅、多功能活动、问询、寄存等的用房
7	管理保障用房	用于公共美术馆行政和后勤管理的特定空间	用于行政、图书档案、安保监控、值班、文印、休息、车库、设备、附属设施、卫生间等的用房

3. 图书馆

图书馆的功能分区主要考虑满足图书馆开架与闭架管理相结合、纸质图书与数字资源利用相结合、提供文献资源与提供文化活动相结合的服务模式需求。功能用房主要包括藏书、借阅、咨询服务、公共活动与辅助服务、业务、行政办公、技术设备、后勤保障八类用房[12]。根据服务人口规模,图书馆分为大型、中型和小型图书馆三类。不同规模图书馆内各功能用房设置数量和功能略有差别,从藏书区功能分布来说,大型图书馆藏书区设置最为完善,包括基本书库、阅览室藏书区和特藏书区等藏书区;中型图书馆设有阅览室藏书区和特藏书区,而基本书库不属于必要设置区域;小型图书馆则一般仅设置阅览室藏书区,基本书库和特藏书区不属于必要设置区域。从阅览室功能分布来说,大、中型图书馆通常设有各类阅览室,包括一般阅览室、少年儿童阅览室、特藏阅览室、多媒体阅览室、视障阅览室等,而小型图书馆中特藏阅览室、视障阅览室不属于必要设置区域。从咨询服务区功能分布来说,大、中型图书馆咨询服务区功能较为完善,包含办证、检索、出纳、咨询,而小型图书馆一般仅包含办证、检索区域,其余区域则根据项目条件可选择性地设置。各类型图书馆必要设置和可选择性设置区域梳理详见表1-4。图书馆用房功能及类型如表1-5所示。

表 1-4　　　　　　　　　　大、中、小型图书馆必要设置和可选择性设置区域

图书馆分类	功能分区	必要设置区域	可选择性设置区域
大型图书馆	藏书区	基本书库、阅览室藏书区、特藏书区等	无
	阅览室	一般阅览室、少年儿童阅览室、特藏阅览室、多媒体阅览室、视障阅览室等	无
	咨询服务区	办证、检索、出纳、咨询	无
中型图书馆	藏书区	阅览室藏书区、特藏书区	基本书库
	阅览室	一般阅览室、少年儿童阅览室、特藏阅览室、多媒体阅览室、视障阅览室等	无
	咨询服务区	办证、检索、出纳、咨询	无
小型图书馆	藏书区	阅览室藏书区	基本书库、特藏书区
	阅览室	一般阅览室、少年儿童阅览室、多媒体阅览室	特藏阅览室、视障阅览室
	咨询服务区	办证、检索	出纳、咨询

表 1-5　　　　　　　　　　　　　　　　图书馆用房类型与功能

序号	功能用房类型	功能	同类型功能用房
1	阅览用房	用于阅览、讨论的特定空间	阅览室、讨论室、电子阅览室等用房
2	图书修复用房	用于图书复原、维修的房间	图书修复室、技术与业务用房等房间
3	图书库房	为保管图书而专设的空间	用于装卸、接收、临时存放和保存等的用房
4	公共服务用房	用于公共教育活动以及公共交流活动的特定空间	用于借还、作报告、多功能活动、问询、寄存等的用房
5	管理保障用房	用于行政和后勤管理的特定空间	用于行政办公、图书档案、安保监控、值班、文印、休息、车库、设备、附属设施、卫生间等的用房

1.2.2　建筑造型

文化建筑以多层建筑为主,室内建筑空间较高,建筑总高度不高,但建筑占地面积较大,建筑形体变化丰富,以不规则的形态居多。在博览建筑、剧场、图书馆等建筑的主入口大厅、大堂和阅览空间,因立面形态和内部使用功能的要求,往往设置大面积玻璃幕墙以展示建筑主立面形象,也为室内高大空间带来良好的采光。而剧场观众厅、展厅、书库、档案库等对声学、光学、视觉要求和温湿度要求较高的室内空间,立面开设较少外窗或不开窗。

文化建筑作为公众活动场所,具有地域性强、开放性强、包容性强、公众参与性强的特征,其建筑设计构思通常具有特定的人文理念和文化蕴义,建筑造型传达了该文化建筑的场所精神,因此各类文化建筑的造型都具有独特性甚至是唯一性。下文将通过同济大学建筑设计研究院(集团)有限公司设计的 8 个案例介绍呈现文化建筑造型的独特性。

1. 上海自然博物馆

上海自然博物馆(建设单位:上海科技馆;设计单位:同济大学建筑设计研究院(集团)有限公司、PERKINS＋WELL 设计事务所)以绿螺为原型进行设计,整个建筑从静安雕塑公园中盘旋升起,充分体现了建筑与自然的本源关系,是一座绿色、低碳、生态的博物馆建筑。该项目总建筑面积约为 45 000 m²,展览教育服务面积约为 32 200 m²,设计年接待观众 200 万人次,见图 1-1。

2. 上海浦东美术馆

上海浦东美术馆(建设单位:上海陆家嘴(集团)有限公司;设计单位:同济大学建筑设计研究院(集团)有限公司、Ateliers Jean Nouvel)外观兼具美观和实用,现代并富有中国

(a) 绿螺设计原型

(b) 鸟瞰图

图 1-1　上海自然博物馆效果图

传统文化特色。设计者从杜尚的作品《大玻璃》当中得到灵感,用时间这一第四维度来满足视觉要求。美术馆面向黄浦江的立面大玻璃,可以反射出对岸外滩的建筑物,随着时间的推移而呈现不同的景观;而当"大玻璃"背景布置艺术作品或灯光显示时,又可以呈现"镜面""白色""图像"和"黑色底面"四种场景,详见图 1-2。"大玻璃"还可以依据不同的展出装置产生出不同的场景,让展出的艺术作品成为整个浦东滨江展示面的中心,得以被观察到,"大玻璃"的应用既能真实地展现对面的历史建筑,也能成为艺术家们的舞台;浦东美术馆大玻璃展厅在世界上独一无二,是世界美术馆中的标志。详见图 1-3。

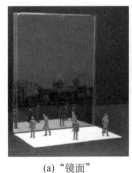  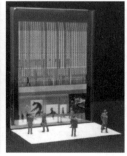 

(a) "镜面"　　　　　(b) "白色"　　　　　(c) "图像"　　　　　(d) "黑色底面"

图 1-2　上海浦东美术馆四种"大玻璃"使用场景

(a) "大玻璃"倒映出江对岸的建筑群像

(b) "大玻璃"呈现艺术展品

(c) 鸟瞰图

图 1-3　上海浦东美术馆项目效果图

3. 郑州美术馆新馆、档案史志馆

郑州美术馆新馆、档案史志馆(建设单位:郑州市建设投资集团有限公司;设计单位:同济大学建筑设计研究院(集团)有限公司)项目位于郑州西部新城区,与郑州博物馆、郑州大剧院共同组成未来的"文博中心"组团,详见图 1-4。建筑外立面恰到好处地采用斜面与切口设计,分别与周边重要建筑和公共空间等环境因素对话。面向城市广场的建筑东立面设计了通透巨大的索网玻璃幕墙(图 1-5),在中庭中形成巨大的框景,展现东侧城市广场中熙来攘往的空间景观。建筑外立面采用暖灰色预制混凝土装饰板作为立面主材,整体色彩携带地域文化元素的基因,现代化的处理手法又使得其艺术性提升,呈现出

时代的崭新面貌。条纹肌理使得大尺度的建筑形体保持粗粝质感的同时,兼具了近人尺度的细节。立面开窗采用参数化演绎渐变表皮肌理,取意于河南巩义石窟中凿刻过的历史痕迹,也如青铜器的铭文一般为建筑形体增添精致细节(图 1-6)。

图 1-4　郑州美术馆新馆、档案史志馆项目实景图

图 1-5　建筑东侧索网幕墙

图 1-6　建筑表皮与肌理

4. 马家浜文化博物馆

马家浜文化博物馆(建设单位:嘉兴市文化广电新闻出版局、嘉兴经济技术开发区投资发展集团有限责任公司;设计单位:同济大学建筑设计研究院(集团)有限公司)位于浙江省嘉兴市马家浜遗址东南角,以"国内一流、国际影响"为建馆目标,是一所以马家浜文化为主题,强调科普性、知识性、教育性的史前文化博物馆(图1-7)。参考原始聚落的概念,博物馆将几个简单纯粹的原型单元体拼接组合,每个单体之间形成迂回小路,沿着该小路展开博物馆的展览、休憩空间。通过单元体的拼接,建筑形体间自然形成了五个庭院,点缀并丰富了整个建筑空间体验(图1-8)。建筑外立面采用陶土色的清水混凝土(图1-9),是经原始手段处理粗糙后的材料,可以突出马家浜文化出土陶器的典型特征。

图1-7 马家浜文化博物馆实景图

(a) 原始聚落形态　　　　　　　　　　　　(b) 聚落重构与拼接

图1-8 建筑形体构思

(a) 施工现场　　　　　　　　　　　　(b) 材料细节

图1-9 建筑陶土色混凝土外立面

5. 上海交响乐团音乐厅

上海交响乐团音乐厅(建设单位:上海交响乐团;设计单位:同济大学建筑设计研究院(集团)有限公司、日本矶崎新工作室)建于衡山路—复兴路历史文化风貌区,区域内集中分布了上海花园、洋房、公寓等。音乐厅主"尊重"和"融合",由 1 200 座的演奏厅和 400座的室内乐演奏厅组成。建筑外部朴素的陶土砖和顶部灵动的曲面相结合,如同一本摊开的音乐总谱(图 1-10)。

(a) 鸟瞰实景

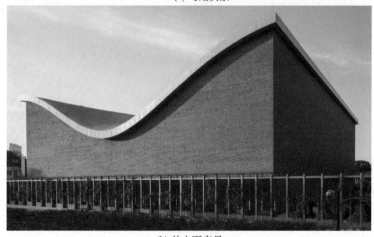

(b) 外立面实景

图 1-10　上海交响乐团音乐厅实景图

6. 上海宛平剧院

上海宛平剧院(建设单位:上海市宛平艺苑;设计单位:同济大学建筑设计研究院(集团)有限公司)被昵称为"上海之扇",是一座具有传统韵味的现代观演建筑。剧院以中国传统折扇为设计灵感,勾勒出建筑柔美、充满弧形肌理的外立墙。折扇精巧典雅的特点与传统戏曲剧场相结合,为城市带来文化气息。从中国传统合院中汲取灵感,建筑设计也引入传统的造园手法,让多个不同规模和形式的表演厅堂在空间中错落叠放,提供了处处有舞台、层层可观演的复合空间,呈现移步换景、立体园林景象的"戏曲之苑"(图 1-11、图 1-12)。

图 1-11　上海宛平剧院实景图

图 1-12　上海宛平剧院立面图

7. 海南省图书馆

海南省图书馆(建设单位:海南省文体设施建设管理公司;设计单位:同济大学建筑设计研究院(集团)有限公司)位于海南文化公园内,属于海南文化公园建设的一部分。图书馆在建设时考虑与公园整体环境的和谐性,采用"园馆相融"的设计理念,通过中国传统园林的造园手法进行总体布局,建筑采用分段式坡屋面、双柱外凹式竖向线条、石材与大面积玻璃窗强烈对比的设计手法,使得建筑风貌与周边环境相得益彰(图1-13)。

图1-13　海南省图书馆实景图

8. 淮安市城市博物馆、文化馆、美术馆、图书馆

淮安市城市博物馆、文化馆、美术馆、图书馆项目(建设单位:淮安新城投资开发有限公司、淮安市规划局、淮安市文化局;设计单位:同济大学建筑设计研究院(集团)有限公司)(图1-14)位于江苏淮安生态新城。基地由西北向东南依次布置了城市博物馆、文化馆、美术馆、图书馆。根据四馆各自的规模大小,自然形成了两端高、中间低的整体形态。

图1-14　淮安市城市博物馆、文化馆、美术馆、图书馆项目实景图

结合大坡屋面,墙面或内倾、或外倾,使建筑形态更为活跃,室内外空间更为丰富。各馆之间以广场、庭院串联,自然产生了既整体又通透、既独特又和谐、虚实相生的外观效果。立面还融入了 U(Urban)、C(Culture)、A(Art)、L(Library)四个字母,分别喻义四馆的功能。"四馆"整体造型的灵感源自"漕运之都"淮安最具特点的漕舫,城市博物馆灵感来自厚重的古城楼,文化馆的造型由 12 片"花瓣"组成,象征淮安市花月季绽放(图 1-15),图书馆的立面肌理仿佛层层的"书页",不仅提供柔和的自然光,还有利于建筑节能(图 1-16)。

图 1-15 文化馆月季花瓣立面

图 1-16 图书馆书页立面肌理

1.2.3 设计的工作年限

在设计工作年限内,且在正常施工和正常使用情况下,结构应能够承受预期可能出现的各种作用,应能保障结构和结构构件的预定使用要求,并应保障足够的耐久性。现行国家规范《工程结构通用规范》(GB 55001—2021),根据建筑工程的使用功能、建造和使用维护成本以及环境影响等因素规定了设计工作年限,详见表1-6。

表1-6　　　　　　　　　　　　　设计工作年限分类

序号	分类	设计工作年限/年
1	临时性结构	5
2	普通房屋和构筑物	50
3	特别重要的建筑结构	100

文化建筑的重要性可根据其定位、规模及所在地区的需求而定。同济大学建筑设计研究院(集团)有限公司近年来设计新建的文化建筑中,除少数博览建筑因其重要的纪念展示功能,设计工作年限达100年外,影剧院和图书馆设计使用年限一般为50年,与常规公共建筑一致,部分项目情况见表1-7。

表1-7　　　　　　　　　　文化建筑案例的设计工作年限

序号	项目名称	文化建筑类型	设计工作年限/年
1	上海自然博物馆	博览建筑	100
2	河南省科技馆新馆[①]	博览建筑	50
3	上海博物馆东馆[②]	博览建筑	100
4	程十发美术馆[③]	博览建筑	100
5	上海交响乐团音乐厅	影剧院	50
6	上海音乐学院歌剧院[④]	影剧院	50
7	宝山音乐厅[⑤]	影剧院	50
8	海南省图书馆	图书馆	50
9	中科大图书馆[⑥]	图书馆	50

注:① 河南省科技馆新馆的建设单位为河南省科学技术馆,设计单位为同济大学建筑设计研究院(集团)有限公司。
② 上海博物馆东馆的建设单位为上海博物馆,设计单位为同济大学建筑设计研究院(集团)有限公司。
③ 程十发美术馆的建设单位为上海中国画院,设计单位为同济大学建筑设计研究院(集团)有限公司。
④ 上海音乐学院歌剧院的建设单位为上海音乐学院,设计单位是由同济大学建筑设计研究院(集团)有限公司、伊莉莎白与克里斯蒂安德包赞巴克建筑事务所联合设计。
⑤ 宝山音乐厅的建设单位为上港集团瑞泰发展有限责任公司,设计单位为同济大学建筑设计研究院(集团)有限公司、上海颐景建筑设计有限公司、上海慕名工程设计有限公司。
⑥ 中科大图书馆的建设单位为中国科学技术大学,设计单位为同济大学建筑设计研究院(集团)有限公司、上海灵章建筑设计有限公司、华优建筑设计有限责任公司、安徽铂锐厨业有限公司、合肥工业大学建筑设计研究院、合肥市规划设计研究院。

1.2.4 运行时间

通过对上海自然博物馆、上海博物馆、郑州科技馆、上海图书馆、上海音乐学院歌剧

院、宛平剧院、扬州大剧院等文化建筑的相关资料调研,发现博览建筑、图书馆、影剧院的
开放时间均各有特点。

博览建筑有固定的闭馆日,且日开放时间固定,全馆同时开放或关闭,部分博览建筑
还有停止入场时间。本节调研的博览建筑运行时间如表1-8所示。

表1-8 博物馆运行时间表

序号	博物馆名称	日开放时间	闭馆日(除法定节假日外)	停止入馆时间
1	上海自然博物馆	9:00—17:15	每周一	15:30
2	上海博物馆	9:00—17:00	每周一	16:00
3	郑州科技馆	9:00—16:30	每周一、二	—
4	浦东美术馆	10:00—18:00	每周一	17:30
5	程十发美术馆	10:00—18:00	每周一	17:00
6	故宫博物院	8:30—17:00	—	16:00
7	中国科技馆	9:30—17:00	每周一	16:30
8	浙江省博物馆	9:00—17:00	每周一	—

一般影剧院经营项目为剧目演出,每天的演出剧目、演出场次和演出时间根据排班时
间而定,因此影剧院日开放时间和闭馆时间大多不固定。

通过对上海交响乐团音乐厅现场调研发现,该音乐厅除春节外其余日期基本每天都
有演出,演出时间一般从20:00开始,持续时间为2~3 h。为了保证晚上演出质量,日间
建筑照常运行以满足演出人员的排练和走台(表1-9)。

表1-9 上海交响乐团音乐厅运行时间

序号	类型	时间段	备注	周末、节假日
1	建筑营运时间	8:00—22:30	演出时间为20:00—22:30, 其余时间为排练	除春节外,其余运行 时间不区分周末、节 假日和工作日
2	空调系统营运时间	7:00—22:30	—	
4	照明、设备营运时间	8:00—22:30	靠窗区域设置可调节照明	

与博览建筑类似,图书馆也有固定的闭馆日,通常是每周一闭馆,如遇法定节假日则
该天不闭馆。与博览建筑不同的是,图书馆各部分功能区根据功能需求开放时间不同,且
不设停止入馆时间。另外,为了顾及上班族的时间,图书馆部分阅览室开放时间通常至
20:30(表1-10是上海图书馆开放时间表)。

表 1-10　　　　　　　　　　上海图书馆开放时间①

开放服务	开放区域		开放时间
读者办证服务	1F	办证处	8:30—17:00
书刊借还服务（少儿图书外借暂不开放）	1F	综合出纳台（参考外借）	8:30—17:00
		中文书刊外借室（普通外借）	8:30—20:30
书刊阅览服务	1F	综合阅览室（参考阅览）	8:30—17:00
		视觉障碍者阅览室	8:30—17:00
		多媒体报纸阅览室	8:30—20:30
		近代文献阅览室	8:30—17:00
	2F	中文社会科学图书阅览室	8:30—20:30
		中文社会科学期刊阅览室	8:30—20:30
		经济、法律阅览室	8:30—20:30
		古籍阅览室	8:30—17:00
		家谱阅览室	8:30—17:00
	3F	中文科技图书阅览室	8:30—20:30
		中文科技期刊阅览室	8:30—20:30
		中文参考工具书阅览室	8:30—17:00
		新阅读体验阅览室	8:30—17:00
		创·新空间（产业图书馆暂不开放）	8:30—17:00
		视听区/VOD 点播	8:30—17:00
	4F	友谊图书馆/联合国资料托存区	8:30—17:00
		外文图书会议录阅览室	8:30—17:00
		外文报纸阅览区	8:30—17:00
		外文期刊阅览区	8:30—17:00
会议展览服务	据会议、展览具体安排		

---

① 上海图书馆官网：http://beta.library.sh.cn/SHLibrary/kfsj.aspx。

2 文化建筑用能

本章以上海市文化建筑为例,对文化建筑逐月耗电量、耗气量、用电强度等方面展开分析,并与其他建筑类型进行比较,总结文化建筑的用能组成和特点,提出文化建筑用能管理措施。本章将围绕文化建筑用能组成、用能特点和用能管理对文化建筑用能进行阐述,为提出文化建筑能效提升适宜技术奠定基础。

2.1 文化建筑用能组成

文化建筑用能种类主要为电力和天然气,对于有集中供暖需求的文化建筑,其能源种类还包括市政热力。将电力、天然气、热力等各类用能相加即可得到文化建筑年综合能耗。文化建筑年综合能耗计算方法可参照式(2-1)计算:

$$E = \sum_{i=1}^{n} (E_i \times p_i) \tag{2-1}$$

式中　E ——文化建筑年综合能耗,kgce/a;

　　　n ——文化建筑消耗的能源类型数量;

　　　E_i —— 文化建筑日常运行消耗的第 i 种能源实物量,单位为实物单位;

　　　p_i —— 第 i 类能源折算标准煤系数。

以上海地区为例,电力主要供应文化建筑供暖空调用电、动力用电、照明用电和特殊用电(变电所、设备房、电梯机房等用电),可根据使用功能不同设置分项计量。文化建筑一般不设餐饮厨房,仅提供简餐服务,因此不存在厨房餐饮的天然气用量,天然气主要供应文化建筑冬季供暖和剧场淋浴。

图 2-1 为上海某博物馆建筑 2015—2019 年逐月用电量和用气量数据,除个别月份用能数据存在明显差异外,在大部分情况下,博物馆每年的逐月用能趋势较为接近,即夏季(6—9 月)用能较高,其次为冬季(11 月—次年 3 月),其余月份用能较低。

2.2 文化建筑用能特点

建筑规模的不同,导致各类文化建筑年综合能耗存在着差异。通常采用建筑用能指标(即单位建筑面积年综合能耗消耗量)对各文化建筑用能水平进行评估。文化建筑用能指标计算见式(2-2):

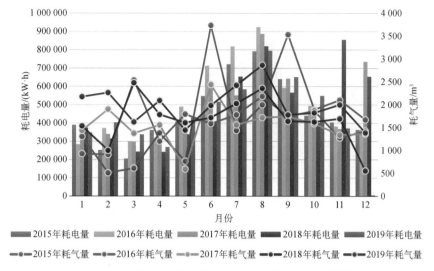

图 2-1 上海市某博物馆 2015—2019 年逐月耗电量、耗气量情况

$$e = \frac{E}{S} \tag{2-2}$$

式中 e ——文化建筑用能指标,即文化建筑单位建筑面积年综合能耗,kgce/(m²·a);

$\quad\quad$ S ——文化建筑总建筑面积,m²;

$\quad\quad$ E ——文化建筑年综合能耗,kgce/a。

以上海市文化建筑用能为例。通过对 2010 年上海市剧场和博物馆建筑的调研统计发现,在天然气使用方面,有部分文化建筑采用天然气供暖和提供生活热水,年天然气耗气量指标约为 4.17 m³/(m²·a),约占文化建筑总能耗的 11%。在电力使用方面,2010年平均用电量指标为 131.46 kW·h/(m²·a),约占文化建筑平均总能耗的 90%[13]。因此,电力是文化建筑中的主要用能种类。

2015 年上海市 711 栋大型公共建筑的月平均用电量指标和年平均用电量指标详见图 2-2[14]。2020 年、2021 年上海市联网公共建筑能耗情况详见图 2-3[15]、图 2-4[16]。可

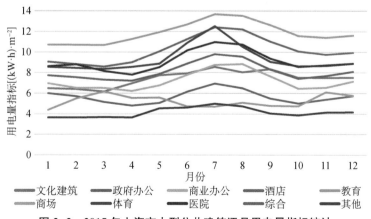

图 2-2 2015 年上海市大型公共建筑逐月用电量指标统计

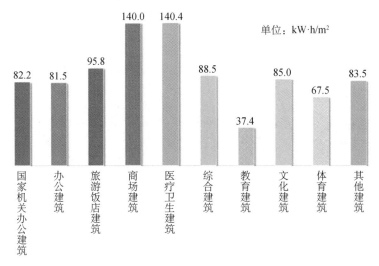

图 2-3　2020 年上海市能耗监测平台联网的各类公共建筑用电强度

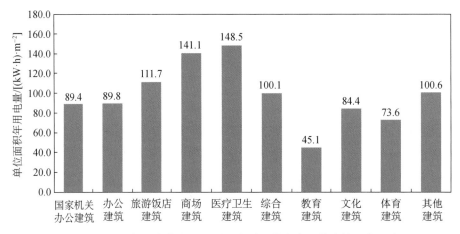

图 2-4　2021 年上海市能耗监测平台联网的各类公共建筑用电强度

以看出,文化建筑用电量指标在各类大型公共建筑中处于中等位置,与教育、政府办公和其他类建筑相比较高,略高于商业办公(个别月份除外);低于商场、医院、酒店建筑。

2015 年上海市文化建筑逐月能耗详见表 2-1 和图 2-5[14]。可以看出,文化建筑在夏季(7～9 月)出现用电量高峰,与夏季空调系统用能较高有关。

表 2-1　2015 年上海市文化建筑逐月用电量指标统计表

月份	1	2	3	4	5	6
耗电量指标/[(kW·h)·m^{-2}]	6.49	6.41	6.18	6.97	7.75	7.94
月份	7	8	9	10	11	12
耗电量指标/[(kW·h)·m^{-2}]	8.57	8.05	8.35	7.52	7.51	7.52

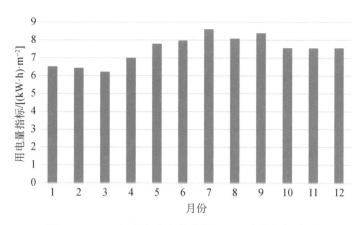

图 2-5　2015 年上海市文化建筑逐月用电量指标统计

2.3　文化建筑用能管理

随着国家和地方各类建筑节能设计标准、规范的相继出台,文化建筑的节能设计已逐渐趋于成熟。然而,通过调研发现,很多文化建筑的实际运行并不能体现最初的节能设计理念,这也是大多数公共建筑存在的问题。

例如,虽然有些文化建筑在设计阶段设计了冷凝热回收、冷却塔免费供冷、过渡季节全新风运行、排风热回收等节能措施,但在运行时,由于各方面的原因,通常极少采用以上节能措施,节能技术的优势不能发挥。此外,建筑设备选型是根据设计负荷进行配置的,实际项目运行中多数时间处于部分负荷状态,由于缺乏精细的调控策略,导致设备在部分负荷下的运行效率往往偏低。

因此,为了规范文化建筑运行用能,越来越多的标准规范对文化建筑的用能管理提出了要求。首先,文化建筑应建立建筑能耗监测系统,对能源进行分类分项计量,通过能耗监测管理平台发现不合理的用能现象,从而加以纠正和改进。其次,应建立健全能源管理制度,设立能源管理岗位,明确岗位职责,落实各项节能措施,确保节能规划目标和年度节能目标的完成。最后,文化建筑单位应积极开展节能宣传教育活动,切实将节能理念融入至用能管理团队、文化建筑工作人员及参观人员的日常习惯中,进而营造全员节能的良好氛围。

3 文化建筑能效提升原则与路径

我国的人均住宅面积已经接近发达国家水平,但人均公共建筑面积与发达国家相比还相对处在低位(图 3-1)。在我国既有公共建筑中,人均办公面积已经较为合理,但医院、学校、博物馆、剧场、图书馆、交通枢纽等公共服务类建筑的面积还相对较低,因此该类建筑的规模还存在较大增长空间,很可能是下一阶段新增公共建筑的主要分项。而博物馆、剧场、图书馆等文化建筑的单位面积能耗也是公共建筑中较高的,约为教育建筑能耗的 1.4 倍[14]。因此文化建筑的能效提升是建筑节能工作的重要组成部分。

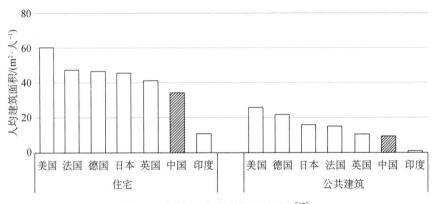

图 3-1 国内外人均建筑面积对比[17]

3.1 文化建筑能效提升原则

3.1.1 与文化建筑功能特点相适应

文化建筑是"承载文化内容"的"建筑实践",同时也是"建筑作为媒介"的"文化实践"[18],文化建筑的使用主体是广大的人民群众,因此空间的开放性和包容性、民众的参与性和互动性以及文化传播和科技的融合性,构成了文化建筑独有的特点。

博览建筑最主要的功能空间为展厅和展品库房。根据展览主题和内容的不同,展厅室内环境的要求也不同:有的空间需要有较好的自然视野,有的空间则需要避光;有的对空间照明照度要求高,有的则需要设置局部展台照明;有的空间有恒温恒湿要求,有的空间仅需符合常规舒适空间要求即可。剧场建筑的主要功能空间为演出空间,该空间对灯光和声音有较高的要求,一般无外窗,舞台和观众厅的空间高度较高,人员密度大,演出多在夜间,白天用于排练。图书馆建筑的主要功能空间为阅览和藏书,其中阅览空间需要有较好的自然光和自然通风,而有些古籍藏书库则有严格的温度和湿度控制要求。

三类文化建筑虽各有空间功能特色,但也有共通的地方,如:通常均设置较大面积的入口门厅或中庭供公众进入建筑空间,且该区域通常设有较大面积的玻璃幕墙;多设有报告厅或影视厅,该空间一般不会全天使用,而是具有固定的使用时间;均设有办公、会议、休息、值班等辅助功能用房,供物业后勤等人员使用,该部分空间特性与办公建筑类似。

因此,我们在制订能效提升策略时,应结合该类建筑的功能特点及实际运行需求,选择合适的能效提升技术,在满足建筑室内环境要求的前提下最大限度地节约能源。

3.1.2   与文化建筑负荷和用能特性相适应

文化建筑主要用能系统包括供冷供热系统、照明电气系统和给排水系统。能效提升策略和技术需与主要用能系统的负荷特性相适应,才能最大限度地发挥其节能的效果。

1. 供冷供热系统

根据设计经验,与常规公共建筑相比,文化建筑设计冷负荷指标较高,而热负荷指标较低,这是由于博物馆的展示区、剧场的观众区、图书馆的报告厅等区域均为人员密集场所,人员密度高,室内得热高所致。以夏热冬冷地区为例,办公建筑冷负荷指标一般为 120 W/m^2 左右,文化建筑冷负荷指标为办公建筑的 1.0～1.4 倍,该区域办公建筑空调设计热负荷一般为设计冷负荷的 0.7～0.8 倍。通过对各类文化建筑的冷、热负荷指标进行统计分析,发现博物馆、剧场建筑的热负荷为冷负荷的 0.3～0.5 倍,图书馆建筑热负荷为冷负荷的 0.6～0.7 倍,详见表 3-1。同时,由于人员密度高,导致人体散热和散湿形成的冷负荷和湿负荷为空调负荷的主要部分,新风冷负荷占总冷负荷的比例达 55%～65%。

表 3-1 　　　　　　　　　　各文化建筑类型供暖、空调设计负荷

序号	项目名称	类型	总建筑面积/m^2	设计冷负荷		设计热负荷		热负荷/冷负荷
				总负荷/kW	指标/(W·m^{-2})	总负荷/kW	指标/(W·m^{-2})	
1	上海自然博物馆	博物馆	45 086	5 000	170	2 475	80	0.47
2	上海交响乐团音乐厅	剧场	19 950	2 279	114	1 163	58	0.51
3	中科大图书馆	图书馆	68 285	6 018	142	3 852	85	0.60
4	安徽工程大学图文信息中心	图书馆	25 776	1 918	120	1 279	80	0.67

注:冷、热负荷指标中的建筑面积已扣除地下车库及设备用房的面积。

文化建筑适应社会大众文化活动需求,为群众研究、学习、体验、休闲娱乐等提供了重

要场所和公共服务。通过实际调研发现,博物馆和图书馆中青少年的人员数量占比最高,人群中大部分以儿童、学生为主。据河北某博物馆统计,博物馆观众年龄结构中,18～25 岁年龄占比最高,接近 50%[19]。在暑假、国庆、春节等节假日,博物馆和图书馆人流量与平时相比有大幅增加。据统计,由于暑假期间学生对课外阅读需求增长,图书馆暑期人流量比往日增加 60%,或为平时的 2～4 倍。

博物馆、图书馆等文化建筑一般设定每周一或周二为闭馆日(节假日除外),因此,此类文化建筑一年中不同时段的人流量有着明显差异,空调室内负荷会随着暑期、节假日的到来有显著提高,对暖通空调的设计选型存在一定影响。

以上海某博物馆为例,该博物馆除节假日外每周一为闭馆日。图 3-2 和图 3-3 显示了该博物馆 6 月、10 月的逐日冷负荷数据。可以看出,6 月冷负荷数据周期性会出现低谷

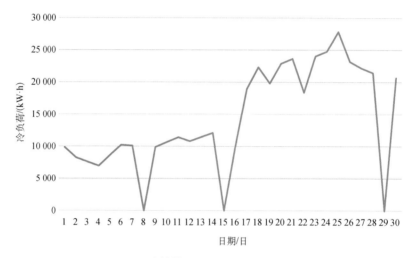

图 3-2　上海某博物馆 6 月逐日冷负荷变化图

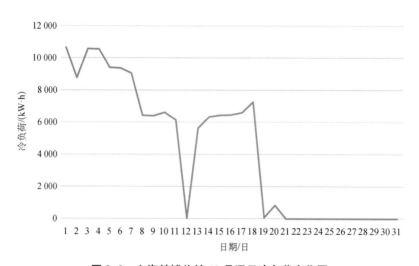

图 3-3　上海某博物馆 10 月逐日冷负荷变化图

值,例如6月8、15、29日,为周一,也是博物馆闭馆日,因此冷负荷为0;6月1日是周一也是儿童节,博物馆对外开放且接待大量儿童参观,因此冷负荷为同一周内(6月1日至6月7日)负荷较高的一天。10月1日至7日为国庆节,博物馆人流量较高,冷负荷为该月中最高的一周,而10月12日和10月19日为周一,是博物馆闭馆日,则冷负荷为0。从10月21日开始,制冷季结束,博物馆冷负荷为0。

　　以安徽某图书馆为例,该图书馆每周一为闭馆日,部分功能关闭(若周一为节假日则照常开放),图书馆部分使用功能不对外开放。图3-4和图3-5显示了该图书馆1月和7月的逐日负荷变化。可以发现,1月热负荷和7月冷负荷呈现明显的变化规律,即每7天会出现1天的负荷低于7天内其他天的负荷。这是因为1月8日、1月15日、1月22日、1月29日、7月2日、7月9日、7月16日、7月23日、7月30日均为周一,图书馆仅开放部分功能。1月1日为元旦,当天来图书馆的人流量较大,图书馆基本全部开放,负荷较1月其他天数都高。

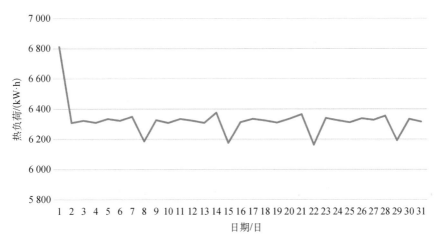

图3-4　安徽某图书馆1月逐日热负荷变化图

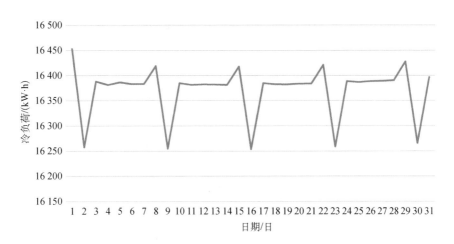

图3-5　安徽某图书馆7月逐日冷负荷变化图

由此可见,文化建筑供冷供热系统的能效提升策略应建立在对其用能负荷进行详细分析的基础上,根据负荷特性选用合适的暖通空调系统,并优化系统的设计和运行。

2. 照明电气系统

文化建筑照明电气系统能源消耗主要包括照明用电设备的能耗和电气设备自身能耗两部分。

照明灯具由于其长时间、固定化的耗能特点,所以照明系统的节能在文化建筑整体节能中发挥着至关重要的作用。照明的用能基本占整个建筑物用能的 10% 以上,因此选择高效率的灯具和附件,采用适宜的灯光控制技术,对于灯光系统的节能有很大裨益。文化建筑由于其功能复杂,对于灯光有各种要求,所以在灯具的选择上应主要采用节能型、高品质、高显色的 LED 灯,部分出于功能需要可以采用金属卤化灯等灯具。

变压器是整个供配电系统的核心,经过长年累月,其损耗是一个值得重视和关注的量,一般应选择 SCB13 型及以上难燃、低噪声、高效、低功耗的节能型变压器,由于电力电子设备的使用,风机水泵变频器、灯光调光柜、整流装置、电子设备等是文化建筑中的主要谐波源,在谐波源及变电所设置有源滤波器,可以降低供电系统中的谐波污染导致的输电线路、变压器和电机损耗,从而节约能源。文化建筑中常用电动机的类型有交流异步电动机、直流电动机、无刷直流电动机、伺服电动机等。综合项目投资成本和节能要求,应选择能效较高的电机设备也能使节能效果明显提升。

3. 给排水系统

文化建筑给排水系统能源消耗主要包括供能消耗和水资源消耗两部分。

供能消耗主要来源于热水加热和给水压力提升。文化建筑建筑层数较少,总建筑高度不高,供水压力提升(即水泵扬程)能源消耗不高,可通过选用节能型水泵设备来节能。文化建筑生活热水需求量一般较少,一般供给员工盥洗、厨房餐饮和演艺人员洗浴用热水,加热热源消耗量不大,可通过合理设置生活热水系统和选用节能型加热设备来降低能耗。对于生活热水需求量较大的剧场类文化建筑,设置集中生活热水系统时,还可通过热源的选择来降低能耗,包括余热废热利用及可再生能源利用。

水资源消耗主要用于室内卫生器具用水及室外绿化道路浇洒用水。卫生器具可选用节水型,但文化建筑卫生器具具有设置集中、使用频次较高、人员对用水安全性和舒适性要求较高等特点,因此在节水型卫生器具的选用和排水系统的设计上,还应注意保证排水顺畅、用水安全和无防疫安全风险。文化建筑场地一般绿化面积较少,一般无大片集中绿化,因此绿化灌溉用水量不大,可优先通过植物品种的选择来减少需水量。设置节水灌溉系统应注意给水管道埋深,减少受压漏损。

3.1.3 设计与运行并重

建筑能源消耗和建筑碳排放涉及其生命周期的不同阶段,包括规划、设计、建造、运行、拆除等,其中运行阶段(50 年)的建筑能耗和碳排放约占建筑全寿命周期的 70%～95%[20]。但好的设计是运行节能的基础,同时所有的设计理念和节能措施都需要高效节能的运维来实现,即必须在优化设计的基础上进行高效运维才能实现建筑能效提升的最终目标。因此,文化建筑能效提升应设计与运行并重。

3.2 能效提升策略与路径

根据以上分析,本书从设计阶段和运行阶段分别提出文化建筑的能效提升策略和路径。

设计阶段主要通过以下四个层面实现能效的提升。

(1) 增强建筑性能。通过围护结构节能、自然通风优化、自然采光优化、场地环境低影响开发建设等被动式设计手段增强建筑性能,降低文化建筑的照明、供冷、供热等的负荷需求,为减少能源消耗奠定基础。

(2) 提升设备和系统效率。通过各机电专业设备及系统效率的提升,使建筑能源需求降低,主要包含暖通空调专业的冷热源能效提升技术和末端节能技术,电气专业的变压器节能技术和照明节能控制技术,给排水专业的设备节能节水技术、余热利用技术和非常规水源利用技术,以及建筑智能化技术等。从而实现用能系统整体能效提升,以最大限度减少能源的需求,降低能源消耗。

(3) 采用可再生能源。根据文化建筑的特征选择合适的可再生能源系统,可以实现一定程度的能源自给。可再生能源在文化建筑中的应用主要有太阳能和地热能,主要应用技术为太阳能发电技术、太阳能供生活热水技术、地源热泵供冷供热供热水技术。

(4) 关注创新设计技术。通过数字化设计技术,进行数据信息共享和传递,优化文化建筑性能;通过视线分析技术,提升观众的观感;通过虚拟现实技术实现设计成果提前可视、室内光照提前验证和室内空间的预演。

运行阶段主要通过精准调适和智慧运维来降低建筑能耗。

3.2.1 增强建筑性能

1. 围护结构热工性能

建筑围护结构主要包含屋面、外墙和外窗等部位,通过增加保温层、遮阳设施等方法提高围护结构保温隔热性能,进而节约空调系统能耗。围护结构热工性能应通过节能计算,使得相关指标能满足国家和地方节能设计的标准,或比国家和地方节能设计标准略有提高。

2. 自然通风

自然通风是过渡季节节能的重要手段,通过分析当地各季节主导风速和风向,借助CFD 风环境模型,模拟当地典型风速、风向情况下外立面的风压,优化通风口方案,可以降低建筑通风系统能耗,改善室内热湿环境。

文化建筑的门厅、行政办公用房、图书阅览区等区域的外窗可设置开启扇,并使可开启面积与房间面积比例达 5% 以上,以保证在过渡季节内,该房间的自然通风换气次数可以满足 2 次/h。

3. 自然采光

自然采光是改善室内光环境的重要举措,然而增加外窗面积会导致夏季或冬季室外热量或冷量进入室内,自然采光的设计应与围护结构热工性能综合考量。

在文化建筑的门厅、行政办公用房、图书阅览区、有自然采光需求展陈区等,其透明部分面积与房间面积比应大于 1∶5,以保证室内采光系数满足相关采光设计标准的要求。

4. 场地环境低影响开发

对室外场地进行低影响开发建设,可以有效降低雨水径流、改善室外环境、降低热岛效应,从而降低室内空调使用量。

低影响开发设计可采用的技术措施主要包括透水铺装和屋顶绿化等加强场地雨水入渗的技术措施、下凹式绿地和雨水花园等滞留蓄水净化措施,还可设置雨水收集回用系统对雨水资源进行合理有效利用,以减少市政自来水的消耗。

3.2.2　提高设备能效

1. 供暖和空调系统

综合空调冷热源、输配系统及空调末端系统的适宜节能技术,在保持室内舒适度的前提下实现供暖和空调系统整体能效提升。

(1)应根据空间功能和使用特性,合理确定空调系统形式。

(2)对于集中空调系统应合理配置冷热源机组、水泵、冷却塔等设备的大小和台数,采用高效设备,因地制宜地选用变频机组。

(3)合理选择冷冻水系统形式,优化管路阻力,降低水泵扬程。

(4)优化冷冻水供回水温度、冷却水供回水温度,提高水系统整体效率。

（5）合理采用热回收装置。

（6）优化展厅、舞台、入口门厅、观众厅、影院、报告厅等高大空间的气流组织形式，并借助CFD模拟分析，优化空调送排风口布置及室内气流组织，保证实现室内舒适度的同时，降低空调能耗。

（7）对阅览室、观众厅、入口门厅、影院、会议室等人员密集房间单独进行冷、热负荷的计算分析，优化空调箱选型及风量设计，保证过渡季70%以上新风比或运行、合理设置CO_2联动新风系统。

2. 照明与电气

文化建筑照明与电气系统主要有如下能效提升策略。

（1）合理设计供配电系统，尤其体现在变电所位置应设置在电力负荷中心，以减少电力传输损耗，对变压器进行合理选型和配置，减少空载损耗。

（2）在满足房间场所照度要求前提下，功率密度值尽可能减少，功率密度值满足现行国家标准《建筑照明设计标准》（GB 50034）目标值的要求。

（3）采用LED灯具等高效节能灯具作为主要灯具。

（4）通过采用智能控制系统，通过提升管理水平，减少不必要的能耗浪费。

3. 给水排水系统

文化建筑给水排水系统主要有如下能效提升策略。

（1）选择节能设备与系统，包括集中生活热水系统能效提升、选择节能型的局部加热设备、选择节能型生活水泵。

（2）当有余热废热利用条件时，合理利用余热废热。

（3）选用节水型设备与系统，包括减少给水管网漏损、选用节水型卫生器具与设备、室外绿化采用节水型灌溉方式等。

（4）合理利用非常规水源，减少市政自来水的消耗。

4. 建筑智能化控制技术

文化建筑智慧楼宇系统主要有以下能效提升策略。

（1）根据机房系统配置设计机房群控系统。

（2）设置空调箱以及空调末端的控制系统。

（3）设置楼宇智能化管理平台。

（4）设置能耗计量、监测管理与建筑能耗分析平台。

3.2.3 充分利用可再生能源

可再生能源利用是实现我国碳中和目标的重要途径。根据文化建筑的特征因地制宜地选择合适的可再生能源系统,从能源侧降低化石燃料消耗,是文化建筑能效提升的重要路径。

文化建筑主要有以下可再生能源利用设计策略。

(1)可再生能源发电系统。文化建筑一般具有较大面积的屋顶,这为光伏发电系统的设置提供了条件。光伏发电系统可结合项目所在地的光照资源情况和建筑自身特点进行一体化设计。

(2)可再生能源供冷供热系统。可再生能源供冷供热系统主要为土壤源热泵系统和水源热泵系统。根据建筑所在气候分区不同,文化建筑的冷热负荷存在不同程度的不平衡性,这给地埋管地源热泵的利用带来了一定的挑战。在系统设计中可进行地埋侧吸热和放热的热平衡分析,根据需要设置补充冷源或热源,以最大限度利用可再生能源。在水源条件允许的情况下,可采用水源热泵系统为文化建筑供冷供热。

(3)可再生能源供热水系统。文化建筑设置集中生活热水系统时,可结合项目所在地资源情况,合理采用太阳能、地热能等可再生能源作为加热热源。

3.2.4 智慧运行

设备系统在经过设计之后,需要经过施工安装和调适运行来判断它是否达到了预设目标。对于一个新建项目,有些问题需要经过长期的运行使用才能检验出来。在系统正式投入使用之前,设计、施工和使用单位联合进行一次调适,不仅对于系统的正常使用是必要的,而且还能起到如下作用:基本上可以判断系统是否能实现预设目标;可以发现在设计、施工和设备上存在的大多数问题,从而提出补救方法,并吸取经验教训;使用单位可以熟悉和掌握系统的性能和特点。文化建筑中空调系统相对于其他系统更加复杂,空调系统的调适工作应包含所需仪表调适、空调水系统调适、空调风系统调适以及问题的诊断和分析。

在建筑正式运维阶段,除常规运行管理外,人工智能技术和基于建筑信息模型(Building Information Modeling,BIM)的智慧运维系统技术在负荷预测、系统控制、故障诊断中发挥着越来越重要的作用。通过基于 BIM 的运维系统可实现文化建筑内部设施的可视化管理、设备设施远程监控及智能调节,以及数据的积累与分析。

3.2.5 能效提升路径

综上,文化建筑能效提升路径如图 3-6 所示。

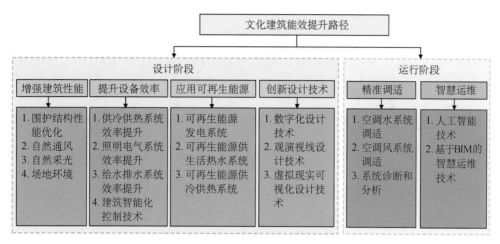

图 3-6　文化建筑能效提升路径

第2篇

设计篇

4　文化建筑性能增强技术

建筑性能增强技术是文化建筑能效提升的关键技术之一，通过被动式设计手段降低文化建筑照明、供冷、供热等负荷需求，为缩减设备选型、降低建筑运行能耗奠定基础，实现节能、减排、降碳的目的。本章将从围护结构节能、自然通风优化、自然采光优化、场地环境低影响开发建设等方面进行详细阐述。

4.1　建筑围护结构保温隔热

通过围护结构进行的室内外之间的热量传递，是供暖空调负荷的重要组成部分。围护结构的热工性能会直接影响冷热负荷的高低，进而影响建筑能耗。一般可以通过增加屋面、外墙的保温层厚度，设置屋顶绿化、垂直绿化，合理控制窗墙比，采用节能玻璃，采取遮阳措施等策略提高围护结构热工性能，减少室内冬季热量或夏季冷量的流失，从而减少供暖空调负荷的需求，降低空调供暖能耗。

围护结构的节能设计应满足国家和项目所在地《公共建筑节能设计标准》的要求。但文化建筑由于其特殊功能布局，其围护结构设计在满足节能设计标准的同时，还应结合其特点综合考量。有学者通过分析不同气候区（严寒、寒冷、夏热冬冷、夏热冬暖）公共建筑围护结构对冷负荷指标的影响，发现屋面、外墙、外窗占围护结构冷负荷指标的百分比分别为10.4%、9.9%和79.7%[21]。下文将从文化建筑的外墙、外窗、屋面、玻璃幕墙等各部位分别介绍围护结构在文化建筑中设计的独特性。

4.1.1　屋面

1. 屋面构造

屋面的传热系数应满足现行国家规范标准《建筑节能与可再生能源利用通用规范》（GB 55015—2021）中的要求。文化建筑中，建筑空间高大、建筑造型丰富，屋面以大跨轻质结构居多。普通结构的屋面一般会采用挤塑聚苯板、泡沫玻璃、真空绝热板为保温材料，轻质结构的屋面一般会采用岩棉或玻璃棉为保温材料。保温材料的厚度根据所在地区对屋面的热工性能要求来确定。

以上海地区为例，表4-1至表4-3为普通结构屋面构造示意，表4-4为轻质屋面构造示意。

表 4-1　　　　　　　　　　　　普通结构屋面(正置式平屋面)

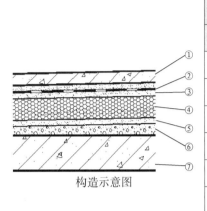

构造示意图

构造层次		导热系数 /[W·(m·K)⁻¹]
材料	厚度/mm	
① 细石钢筋混凝土	40	1.740
② 隔离层＋防水层	—	—
③ 水泥砂浆找平层	20	0.930
④ 保温层	详见表 4-5	
⑤ 水泥砂浆找平层	20	0.930
⑥ 轻骨料混凝土找坡层	30(最薄处)	0.300
⑦ 钢筋混凝土屋面板	110	1.740

表 4-2　　　　　　　　　　　　普通结构屋面(倒置式平屋面)

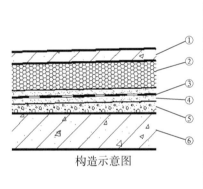

构造示意图

构造层次		导热系数 /[W·(m·K)⁻¹]
材料	厚度/mm	
① 细石钢筋混凝土	40	1.740
② 保温层	详见表 4-6	
③ 防水层	—	—
④ 水泥砂浆找平层	20	0.930
⑤ 轻骨料混凝土找坡层	30(最薄处)	0.300
⑥ 钢筋混凝土屋面板	110	1.740

表 4-3　　　　　　　　　　　　普通结构屋面(坡屋面)

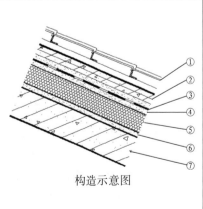

构造示意图

构造层次		导热系数 /[W·(m·K)⁻¹]
材料	厚度/mm	
① 瓦、挂瓦条、顺水条	—	—
② 细石钢筋混凝土		
③ 防水垫层	—	—
④ 水泥砂浆找平层	20	0.930
⑤ 保温层	详见表 4-7	
⑥ 水泥砂浆找平层	20	0.930
⑦ 钢筋混凝土屋面板	110	1.740

表 4-4　　　　　　　　　　　　　　轻质结构屋面(金属屋面)

	构造层次		导热系数 /[W·(m·K)⁻¹]
构造示意图	材料	厚度/mm	
	① 饰面板	—	—
	② 保温层	详见表 4-8	
	③ 饰面板	—	—

表 4-5 至表 4-8 是上海地区常用的屋面保温层最小选用厚度。

表 4-5　　　　　　　　正置式屋面保温常用保温材料最小选用厚度表

序号	保温材料名称		导热系数	保温层厚度 /mm	传热系数/ [W·(m²·K)⁻¹]
1	模塑聚苯乙烯泡沫塑料(EPS)	033 级	0.033	95	0.39
		039 级	0.039	110	0.40
2	挤塑聚苯乙烯泡沫塑料(XPS)		0.030	75	0.38
3	聚氨酯硬泡塑料(PU)		0.024	60	0.38
5	泡沫玻璃	160 型	0.058	130	0.40
		180 型	0.062	140	0.40
6	真空保温板		0.008	25	0.39

注:屋面传热系数限值按《建筑节能与可再生能源利用通用规范》(GB 55015—2021)中的 0.4 W/(m²·K)取值。

表 4-6　　　　　　　　倒置式屋面保温常用保温材料最小选用厚度表

序号	保温材料名称		导热系数	保温层厚度 /mm	传热系数/ [W·(m²·K)⁻¹]
1	模塑聚苯乙烯泡沫塑料(EPS)	033 级	0.033	120(96)	0.39
		039 级	0.039	140(112)	0.40
2	挤塑聚苯乙烯泡沫塑料(XPS)		0.030	90(72)	0.40
3	聚氨酯硬泡塑料(PU)		0.024	75(60)	0.39
4	泡沫玻璃	160 型	0.058	165(132)	0.40
		180 型	0.062	175(140)	0.40
5	真空保温板		0.008	35(28)	0.35

注:1. 保温层厚度栏中括号内数值为保温层计算厚度。

2. 屋面传热系数限值按《建筑节能与可再生能源利用通用规范》(GB 55015—2021)中的 0.4 W/(m²·K)取值。

表 4-7　　　　　　　　　坡屋面保温常用保温材料最小选用厚度表

序号	保温材料名称		导热系数	保温层厚度/mm	传热系数/[W·(m²·K)⁻¹]
1	模塑聚苯乙烯泡沫塑料(EPS)	033 级	0.033	95	0.40
		039 级	0.039	115	0.40
2	挤塑聚苯乙烯泡沫塑料(XPS)		0.030	75	0.40
3	聚氨酯硬泡塑料(PU)		0.024	60	0.40
4	泡沫玻璃	160 型	0.058	135	0.40
		180 型	0.062	145	0.40
5	真空保温板		0.008	25	0.40

注:屋面传热系数限值按《建筑节能与可再生能源利用通用规范》(GB 55015—2021)中的 0.4 W/(m²·K)取值。

表 4-8　　　　　　　　轻质(金属)屋面保温常用保温材料最小选用厚度表

序号	保温材料名称	导热系数	保温层厚度/mm	传热系数/[W·(m²·K)⁻¹]
1	岩棉	0.048	135	0.40
2	玻璃棉	0.037	105	0.40

注:屋面传热系数限值按《建筑节能与可再生能源利用通用规范》(GB 55015—2021)中的 0.4 W/(m²·K)取值。

2. 屋顶绿化

屋顶绿化有利于提高建筑屋面的保温隔热性能,由于绿植吸收了太阳的辐射热,屋顶绿化还可以减少屋顶表面的太阳辐射热。

深圳等夏热冬暖地区将屋面绿化纳入隔热措施的一种,具体设置方式为屋面有土或无土种植(屋顶绿化)。深圳经济特区技术规范《公共建筑节能设计规范》(SJG 44—2018)中规定,当屋顶被植物完全覆盖或完全遮挡时,该部分绿化的热阻可以作为附加值 0.90(m²·K)/W 计入隔热措施的热阻中。屋顶绿化构造示意见图 4-1。

上海自然博物馆建筑屋面由地面延伸向上而成,屋面全部种植绿化,既能提高屋顶的保温隔热性能,改善室内热环境,降低供暖空调能耗,同时植物的种植对于区域热岛强度的缓解也起到积极作用。图 4-2 是上海自然博物馆屋顶绿化的实景照片。

从上海自然博物馆屋顶绿化热工性能表(表 4-9)可以看出,铺设绿化草皮屋面的总热阻为 1.539(m²·K)/W,其中绿化覆土的热阻达到 0.425(m²·K)/W,占屋面总热阻的比例接近 30%,仅次于保温材料挤塑聚苯板(XPS 板)对屋面保温隔热的贡献。

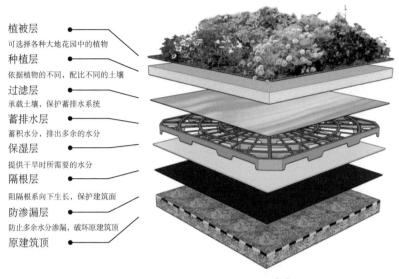

植被层
可选择各种大地花园中的植物
种植层
依据植物的不同，配比不同的土壤
过滤层
承载土壤，保护蓄排水系统
蓄排水层
蓄积水分，排出多余的水分
保湿层
提供干旱时所需要的水分
隔根层
阻隔根系向下生长，保护建筑面
防渗漏层
防止多余水分渗漏，破坏原建筑顶
原建筑顶

图 4-1　屋顶绿化构造做法示意[22]

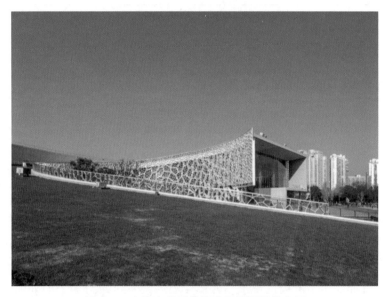

图 4-2　上海自然博物馆建筑屋顶绿化实景

表 4-9 　　　　　　　　　上海自然博物馆屋顶绿化热工性能

构造材料名称	厚度	导热系数	蓄热系数	热阻值	修正系数
	mm	W/(m·K)	W/(m²·K)	(m²·K)/W	
种植土（最薄处）	300	0.470	6.360	0.425	1.50
细石混凝土（内配钢筋）	40	1.740	17.200	0.023	1.00
无纺纤维布	—	—	—	—	—

续表

构造材料名称	厚度	导热系数	蓄热系数	热阻值	修正系数
	mm	W/(m · K)	W/(m² · K)	(m² · K)/W	
挤塑聚苯板(XPS板)	30	0.030	0.320	0.833	1.20
合成高分子防水材料	—	—	—	—	—
水泥砂浆	20	0.930	11.370	0.022	1.00
钢筋混凝土	150	1.740	17.200	0.086	1.00
屋面各层之和	540	—	—	1.389	—
屋面热阻 $(R_o = R_i + \sum R + R_e)$	1.539(m² · K)/W				$R_i = 0.11$, $R_e = 0.04$
屋面传热系数	0.65 W/(m² · K)				
屋面传热系数限值	0.70 W/(m² · K)				

4.1.2 外墙(含非透光幕墙)

1. 外墙构造

外墙的传热系数应满足现行国家规范《建筑节能与可再生能源利用通用规范》(GB 55015—2021)和现行国家标准《公共建筑节能设计标准》(GB 50189—2015)中的要求。为了适应文化建筑其不规则变化的外墙和高大的室内空间,非透光幕墙和透光幕墙是最常用的外墙形式,如金属幕墙、石材幕墙、陶板幕墙、玻璃幕墙等,这类外墙通常为轻质结构外墙。形体规整采用涂料饰面的建筑外墙也会采用普通结构外墙,如钢筋混凝土墙体、加气混凝土或混凝土砌块等墙体。非透光幕墙的轻质外墙和砌体的普通外墙都必须设置保温层才能满足现行节能设计标准的要求。普通结构外墙也可通过增加墙体厚度并利用墙体自身的热工性能满足节能设计要求。外墙保温层设置可以分为外墙外保温、外墙内保温和外墙自保温。预制装配式建筑外墙板通常会采用夹心保温。

普通结构的外墙一般会采用模塑聚苯板、挤塑聚苯板、泡沫玻璃、真空绝热板为内外保温层材料,轻质结构的外墙一般会采用岩棉或玻璃棉为保温材料[23]。保温材料的厚度根据所在地区对屋面的热工性能要求确定。自保温墙体一般会采用加气混凝土砌块或加气混凝土条板。

以上海地区为例,普通结构外墙构造示意如表 4-10—表 4-13 所示,轻质结构外墙构造示意详见表 4-14。

表 4-10 普通结构外墙外保温构造示意

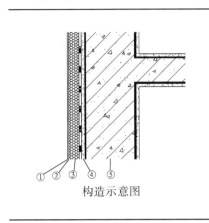

构造示意图

| 构造层次 | | 导热系数 /[W·(m·K)⁻¹] |
材料	厚度/mm	
① 饰面层	—	—
② 防护层	5(10)	0.930
③ 保温层	详见表 4-15	
④ 水泥砂浆找平层	12	0.930
⑤ 钢筋混凝土	200	1.740

表 4-11 普通结构外墙夹心保温构造示意

构造示意图

| 构造层次 | | 导热系数 /[W·(m·K)⁻¹] |
材料	厚度/mm	
① 钢筋混凝土	60	1.740
② 保温层	详见表 4-16	
③ 钢筋混凝土	180	1.740

表 4-12 普通结构外墙内保温构造示意

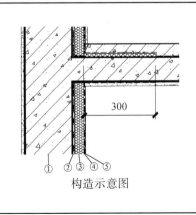

构造示意图

| 构造层次 | | 导热系数 /[W·(m·K)⁻¹] |
材料	厚度/mm	
① 钢筋混凝土	200	1.740
② 粘结层	—	—
③ 保温层	详见表 4-17	
④ 防护层	6	0.930
⑤ 饰面层	—	—

注：外墙传热系数限值按《建筑节能与可再生能源利用通用规范》(GB 55015—2021)中的[0.8 W/(m²·K)]取值。

表 4-13　　　　　　　　　　　　普通结构外墙自保温构造示意

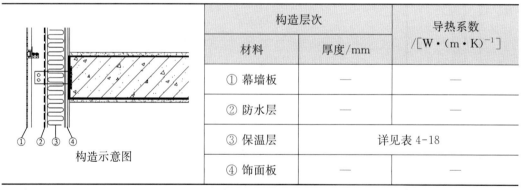

构造层次			导热系数 /[W·(m·K)$^{-1}$]
	材料	厚度/mm	
自保温墙体	① 饰面层	—	—
	② 防护层	10	0.930
	③ 蒸压加气混凝土砌块 B05	250	0.160
热桥	① 饰面层	—	—
	② 防护层	10	0.930
	③ 保温层	—	
	④ 水泥砂浆找平层	12	0.930
	⑤ 钢筋混凝土	250	1.740

构造示意图

表 4-14　　　　　　　　　　　　轻质结构外墙构造示意

构造层次		导热系数 /[W·(m·K)$^{-1}$]
材料	厚度/mm	
① 幕墙板	—	—
② 防水层	—	—
③ 保温层	详见表 4-18	
④ 饰面板	—	—

构造示意图

注:外墙传热系数限值按《建筑节能与可再生能源利用通用规范》(GB 55015—2021)中的[0.8 W/(m² · K)]取值。

上海地区常用的外墙保温层材料和最小选用厚度详见表 4-15—表 4-18。

表 4-15　　　　　　　　　　外墙外保温常用保温材料最小选用厚度表

序号	材料名称	导热系数	最小选用厚度/mm		
			蒸压加气混凝土砌块 B05 墙体	混凝土空心砌块墙体	混凝土多孔砖墙体
1	复合石墨聚苯板	0.033	20	35	35
2	复合热固聚苯乙烯泡沫保温板	0.052	35	55	55

注:外墙传热系数限值按《建筑节能与可再生能源利用通用规范》(GB 55015—2021)中的[0.8 W/(m² · K)]取值。

表 4-16   外墙夹心保温常用保温材料最小选用厚度表

序号	材料名称		导热系数	最小选用厚度/mm	
				混凝土不封边（FRP/不锈钢连接）	混凝土封边（FRP/不锈钢连接）
1	模塑聚苯板（EPS）	033 级	0.033	40/45	50/50
		039 级	0.039	50/50	60/60
2	挤塑聚苯板（XPS）		0.030	35/40	45/45
3	聚氨酯硬泡塑料		0.024	30/30	35/40

注：外墙传热系数限值按《建筑节能与可再生能源利用通用规范》（GB 55015—2021）中的[0.8 W/(m²·K)]取值。

表 4-17   外墙内保温常用保温材料最小选用厚度表

序号	材料名称		导热系数	最小选用厚度/mm		
				蒸压加气混凝土砌块 B05 墙体	混凝土空心砌块墙体	混凝土多孔砖墙体
1	模塑聚苯乙烯泡沫塑料（EPS）	033 级	0.033	30	45	40
		039 级	0.039	35	50	50
2	挤塑聚苯乙烯泡沫塑料（XPS）		0.030	30	40	40
3	聚氨酯硬泡塑料		0.024	25	30	30
4	泡沫玻璃	160 型	0.058	50	—	—
		180 型	0.062	55	—	—
5	真空保温板		0.008	10	13	13
6	岩棉板		0.040	40	55	55

注：1. "—"表示达到建筑围护结构热工性能要求的厚度超出保温材料规范限制的合理厚度。

2. 外墙传热系数限值按《建筑节能与可再生能源利用通用规范》（GB 55015—2021）中的[0.8 W/(m²·K)]取值。

表 4-18   轻质结构外墙常用保温材料最小选用厚度表

序号	材料名称	导热系数	最小选用厚度/mm
1	岩棉板	0.040	100
2	玻璃棉	0.037	100

注：1. 外墙传热系数限值按《建筑节能与可再生能源利用通用规范》（GB 55015—2021）中的[0.6 W/(m²·K)]取值。

2. 轻质结构外墙还应满足《民用建筑热工设计规范》（GB 50176—2016）中对于隔热设计的要求。

2. 垂直绿化

与屋顶绿化类似，垂直绿化的设计也可以提高围护结构的保温隔热性能，减少外墙表面的辐射热。

深圳等夏热冬暖地区将垂直绿化纳入隔热措施的一种,其具体设置方式为东、西外墙采用花格构件或爬藤植物遮阳(垂直绿化)。深圳经济特区技术规范《公共建筑节能设计规范》(SJG 44—2018)中规定,东、西外墙体遮阳构造可以按 0.30 $(m^2 \cdot K)/W$ 的当量热阻附加值计入隔热措施的热阻中。种植单元和垂直绿化构造示意图详见图 4-3。

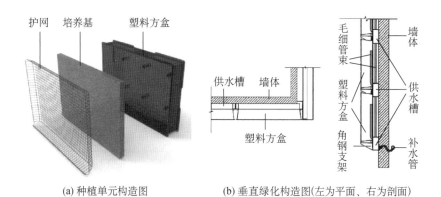

(a) 种植单元构造图　　　　(b) 垂直绿化构造图(左为平面、右为剖面)

图 4-3　垂直绿化构造示意[24]

图 4-4 为上海自然博物馆建筑的垂直绿化设计效果图。该建筑的东立面设计为整面的垂直绿化,采取 500 mm×500 mm 绿化模块单元,营造出整体又富于变化的肌理,同时增强了墙体的保温隔热性能。植物种类包括扶芳藤、瓜子黄杨、金森女贞、红叶南天竹。绿化模块可替换,方便植物养护。

图 4-4　上海自然博物馆建筑东立面垂直绿化

4.1.3　外窗(含透光幕墙)

随着现代建筑材料的发展,大面积玻璃幕墙越来越受到建筑师的青睐,它给建筑带来了阳光,开阔了视野,使建筑从封闭走向开放[25]。文化建筑的入口门厅、大堂是建筑重要的形象展现空间,大片玻璃幕墙能为入口空间创造自然采光和良好的视觉效果,但透明的玻璃难以抵抗夏季的太阳辐射,会增加建筑的制冷能耗。因此建筑外窗和透光幕墙是文化建筑围护结构保温隔热、降低能耗的关键。改进后的优质玻璃可以使建筑物更加美观,同时能降低供冷、供热成本,使生活和工作在建筑内的人们感觉更加舒适[26]。在外窗、玻璃幕墙设计时需考虑的关键因素有:窗墙面积比、玻璃传热系数、玻璃遮阳系数/太阳得热系数、外窗及透光幕墙的气密性等。

1. 窗墙面积比

博览建筑对于展陈区有特殊的照明要求,其展品需要灯光陪衬烘托展览效果,所以不需要自然采光,展厅的外墙不开设外窗。但这类建筑通常会在入口大厅、登录厅及管理办公区有自然采光和通风要求,大面积的玻璃幕墙和外窗使得建筑总体的窗墙面积比较大,尤其是入口位置的外墙窗墙面积比会达到70%以上,超过规范标准中的规定限值。

上海自然博物馆建筑充分利用地下空间,地下建筑面积超过建筑占地面积的5倍。因展品有特殊灯光要求,大部分展陈区均设于地下一至二层(图4-5)。该建筑的南向室内为入口大厅和过渡空间,并设有下沉庭院,因此采用大面积玻璃幕墙。南立面窗墙比较大,为0.74,其余朝向的窗墙比均在0.45以下。

图4-5 上海自然博物馆地下展厅实景图

上海浦东美术馆位于上海外滩对岸,其面向黄浦江的立面是建筑的主要形象和设计理念的重要体现。该立面结合展陈区灯光布景的背衬和室内外视觉要求,设置了大玻璃外墙,其主要功能空间的中心点距地面1.5 m高度的位置与外窗各角点连线形成的立体角内,均能通过外窗看到室外自然景观和对岸外滩建筑群,具有极佳的视觉效果。该建筑面向黄浦江对岸外滩建筑群的立面窗墙比为0.65,其余立面窗墙比为0.10~0.16。图4-6是上海浦东美术馆面向外滩建筑群的大玻璃立面,可以看到浦西外滩建筑群在大玻璃面上的映射效果。

图 4-6　上海浦东美术馆大玻璃立面

博览建筑、影剧院等建筑在功能布局时,应尽量把对采光要求不高的辅助用房(如卫生间、楼梯间、设备间、空调机房等)布置在北向区域。

例如,某博物馆建筑在建筑北向布置了电梯井、扶梯、楼梯间、垃圾房、设备间、空调机房、管道井等非主要功能房间和采光要求不高的功能区,因此北向窗墙面积比为 0.36,可以有效降低北向外墙的冷、热损失。

剧场的观众厅有声学要求,一般不靠外墙布置,不需要设置外窗,但其入口大厅和休息区可做形象展示,一般会设置通透的大面积玻璃幕墙。综合不同朝向窗墙面积比,剧场的整体窗墙面积比的平均值基本可控制在 0.70 以下。上海杨浦大剧院(建设单位:上海杨浦文化娱乐有限公司;设计单位:同济大学建筑设计研究院(集团)有限公司)、上海音乐学院歌剧院等剧场各立面窗墙比平均值仅略高于 0.10。也有一些剧场将观众厅、舞台设在建筑中心内区,沿外墙布置入口大厅、休息厅、走道等,这会使外立面窗墙比较大,比如苏州狮山剧院(建设单位:狮山广场发展有限公司;设计单位:同济大学建筑设计研究院(集团)有限公司)、扬州大剧院(建设单位:扬州市规划局、扬州报业传媒集团;设计单位:同济大学建筑设计研究院(集团)有限公司)、上海宝山音乐厅等剧场各立面窗墙比平均值或接近 0.50,或在 0.50 以上,或大于 0.70 的规定限值。表 4-19 统计了几个剧场建筑案例的窗墙面积比。

表 4-19　　　　　　　　　　剧场案例的窗墙面积比

序号	项目名称	东立面窗墙比	南立面窗墙比	西立面窗墙比	北立面窗墙比	平均值
1	杨浦大剧院	0.07	—	0.15	0.12	0.11
2	上海音乐学院歌剧院	0.10	0.04	0.10	0.23	0.12
3	苏州狮山剧院	0.70	0.6	0.52	0.5	0.58
4	扬州大剧院	0.54	0.42	0.55	0.46	0.49
5	宝山音乐厅	0.61	0.73	0.83	0.71	0.72

图书馆建筑通常将对采光要求高的阅览区沿建筑外墙布置,以充分利用自然采光,较为典型的平面布局为核心筒＋沿外墙阅览区(图 4-7)。图书馆建筑阅览区所在的立面窗墙面积比在 0.35～0.45,一般可控制在规定限值的 0.70 以内,但也有少数图书馆建筑的窗墙面积比超过规定限值(表 4-20)。

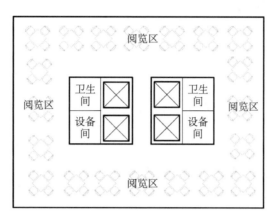

图 4-7　图书馆平面布局

表 4-20　　　　　　　　　　　　　图书馆案例窗墙比统计表

序号	项目名称		东立面窗墙比	南立面窗墙比	西立面窗墙比	北立面窗墙比	平均值
1	嘉兴文化艺术[①]中心图书馆		0.35	0.67	0.26	0.27	0.39
2	海南省图书馆	东楼	0.23	0.24	0.26	0.30	0.26
		西楼	0.28	0.24	0.28	0.24	0.26
3	闽江学院图书馆[②]		0.44	—	0.41	0.37	0.41
4	中科大图书馆		0.44	0.42	0.44	0.50	0.45
5	内江师范学院新校区图书馆[③]		0.36	0.43	0.41	0.34	0.39
6	四川轻化工大学东部新城校区图书馆[④]		0.74	0.67	0.74	0.69	0.71

注:① 嘉兴文化艺术中心图书馆的建设单位为嘉兴市秀湖实业投资有限公司,设计单位为同济大学建筑设计研究院(集团)有限公司。
② 闽江学院图书馆的建设单位为闽江学院,设计单位为同济大学建筑设计研究院(集团)有限公司。
③ 内江师范学院新校区图书馆的建设单位为内江师范学院,设计单位为同济大学建筑设计研究院(集团)有限公司。
④ 四川轻化工大学东部新城校区图书馆的建设单位为自贡市城市建设投资开发集团有限公司,设计单位为同济大学建筑设计研究院(集团)有限公司。

2. 外窗的热工性能

外窗(透光幕墙)的热工性能是由型材和玻璃共同决定的,应根据各气候区对各朝向窗墙比和外窗热工性能规定限值,选用隔热型材和双玻单中空或三玻双中空玻璃。夏热冬冷地区的文化建筑一般可采用双玻单中空玻璃或三玻双中空玻璃;严寒和寒冷地区的文化建筑,当窗墙比超过 0.40 时应采用三玻双中空玻璃。

3. 建筑遮阳

建筑遮阳可分为固定遮阳和可调节遮阳,也可按照形式分为水平遮阳和垂直遮阳。水平遮阳用于太阳高度角高的南向方位,垂直遮阳用于太阳高度角较低的东西朝向。可调节遮阳可以随阳光方位角的推移灵活变化开启关闭,也可调节遮阳片角度,以有效抵挡夏季的太阳辐射热。节能外窗采用低辐射玻璃,玻璃本身具有一定的遮阳系数,可以在夏季挡住辐射热进入室内,当然也会在冬季挡住温暖的太阳光进入室内。

文化建筑外观的艺术效果是建筑师设计理念的重要体现。水平或竖向的挑板构件排列组合可创造强烈的韵律感,并起到较好的遮阳效果。建筑师巧妙地运用建筑形体、外挑构件、遮阳设施等设计元素进行一体化设计,既满足了节能设计要求,也可达到较好的建筑立面艺术效果。

1) 建筑构件一体化自遮阳

建筑构件一体化遮阳为固定遮阳的形式之一,遮阳角度不会随着太阳光线的改变而改变,可根据建筑方位及太阳光入射的角度设置,以达到良好的遮阳效果。

文化建筑入口门厅通常设有大片玻璃幕墙,结合建筑雨棚或挑檐遮阳是常用的建筑形体遮阳技术。上海自然博物馆的主入口上方大尺度的水平挑板与垂直挡板,挡住了入口大面玻璃表面的太阳辐射热(图 4-8)。入口门厅的挑板构件丰富了建筑造型,展现了通透的玻璃体与厚重的清水混凝土的质感对比,线条切割强化了建筑的体量感和层次感。

上海棋院(建设单位:上海棋院;设计单位:同济大学建筑设计研究院(集团)有限公司)也是一座文化建筑,其建筑立面采用错位花格的处理手法,韵律感极强的花格凹口嵌入外窗,带来了丰富变幻的立面,同时又实现外窗的水平和垂直遮阳(图 4-9)。

图 4-8　上海自然博物馆主入口遮阳效果图　　　　图 4-9　上海棋院建筑立面及细部

2）挡板外遮阳

穿孔铝板是挡板遮阳构件最常用的材料（图4-10），也是固定式遮阳的一种形式，它可以起到控制眩光、遮挡阳光的作用，还可以在幕墙表面生成光影效果，凸显建筑的艺术美学。

图 4-10　穿孔铝板的应用案例①

以上海自然博物馆为例，该建筑南向下沉庭院的弧形玻璃幕墙外侧采用了不规则的金属构架。金属构架模仿"人类细胞骨骼结构"的构图形式，将"细胞"这一代表生命起源的元素融入遮阳设计中，减少了玻璃幕墙的受光面和接受辐射热的表面面积，起到了良好的遮阳效果，实现了建筑造型与设计理念的有机融合。

该项目的"细胞墙"可分解为以下不同层级的遮阳方式。

（1）内层细胞金属框架与玻璃构成了建筑的外围护体系，代表人类的组织和肌肉，玻璃采用透光率较高反射率低的Low-e中空玻璃，同时控制玻璃的外部反射率，使之小于15%，从而减少玻璃反射对周边环境的光污染。

（2）中间层细胞状钢结构支撑尺度较大，代表身体的骨骼结构。

（3）外层的细胞状遮阳构件屏是建筑的外表皮；中间层和外层两层不规则细胞状遮阳框架前后叠加，为幕墙提供了遮阳，计算组合框架的综合遮阳系数为0.6。

"细胞墙"结构分解详见图4-11，"细胞"遮阳构件实景图详见图4-12。遮阳构件呈现了与自然协调的美学比例，既丰富了建筑外立面层次，又在适度遮阳、避免眩光的前提下满足了博物馆展厅对采光的要求。

3）可调节遮阳

可调节遮阳技术可用于室外也可用于室内，用在室外的遮阳效果会更好，包括手动、电动和感应调节，可根据遮阳要求、避免眩光要求、太阳光入射角度等调节遮阳板或遮阳百叶的角度。

以河南省科技馆新馆为例，该建筑立面采用玻璃和金属组合的建筑幕墙，并设有透光玻璃屋顶（图4-13），虽然创造了良好的建筑内部光环境，但在夏季会带来较大的冷负荷，冬季夜晚又会造成大量热损失。巨大的玻璃和金属幕墙还会造成眩光，影响周边及建筑本身的室内外光环境。因此，建筑立面设置了可调节外遮阳，采用电动感应技术，根据室

① 图片来源：http://www.sdtxmq.com/Article/qtcklbzjzb_1.html。

内需求,自动调节外遮阳片的角度,控制进入室内的直射光和太阳辐射,从而有效避免了视觉眩光产生。可调节外遮阳能灵活控制,实现了夏季可阻挡太阳辐射,冬季可引入阳光,降低了建筑空调和供暖能耗,改善了室内采光环境,又减少了玻璃幕墙的受光面,减少了幕墙玻璃的光污染。图 4-14 为该建筑外立面及室内效果图。

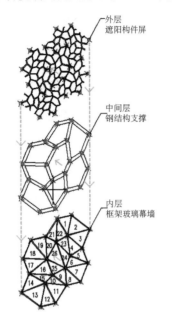

图 4-11 "细胞墙"结构分解图   图 4-12 "细胞"遮阳构件实景图

(a) 西侧透视图   (b) 东侧鸟瞰图

(c) 南侧透视图   (d) 北侧透视图

图 4-13 河南省科技馆新馆建筑造型效果图

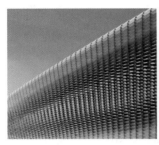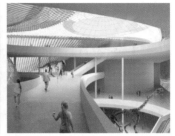

图 4-14　河南省科技馆新馆室内光环境效果图

外窗中空玻璃的中置百叶是一种较好的窗与遮阳一体化技术(图 4-15)。中置百叶可通过手动或电动调节,灵活控制遮阳和采光需求,常用于文化建筑中办公管理等辅助用房中。

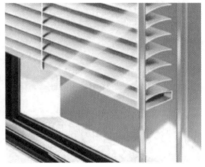

图 4-15　中空百叶效果图①

4) 光伏薄膜遮阳技术

应用太阳能光伏发电的建筑,可在建筑的透光屋顶和玻璃幕墙上设置太阳能薄膜,利用太阳能薄膜减少太阳辐射热,起到遮阳作用。柔性的光伏薄膜可较好地适应文化建筑的异形和曲面,还有多种颜色供选择,实现在太阳能光伏发电的同时,遮挡太阳辐射,满足遮阳要求(图 4-16)。

图 4-16　光伏薄膜在文化建筑中的应用②

---

① 图片来源:https://jj.qjy168.com/offer/43193216.html。

② 图片来源:http://www.windosi.com/news/201507/496509.html。

4.2 自然通风

4.2.1 自然通风

建筑中的自然通风有利于改善室内环境空气质量,带走室内热量,节约过渡季节的建筑能耗。自然通风可以利用风压、热压或风压与热压结合的方式实现。

风压自然通风是利用自然界风力与建筑的交互作用,使得建筑表面内外形成风压差,建筑迎风面风压较大,室外风在压力作用下进入室内,室内空气通过背风面开口排出,从而实现风压作用下的自然通风[图 4-17(a)]。

热压自然通风是利用热空气上升的原理,当室内温度高于室外温度时,建筑底部室内外压差较大,室外空气通过底

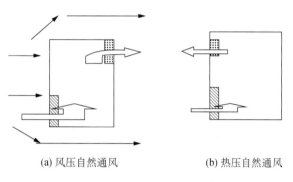

(a) 风压自然通风　　　(b) 热压自然通风

图 4-17　自然通风原理图[①]

部引入至室内,通过顶部开口排出,从而实现热压作用下的自然通风[27][图 4-17(b)]。

在一般情况下,热压和风压这两种自然通风的动力因素是同时并存的。

4.2.2 自然通风口布置

风压作用下的自然通风效果受建筑物周边风速、风向、建筑周边遮挡、自然地形及建筑自身造型等因素的影响。因此,建筑通风开口的设置应通过分析以上因素的耦合关系进行确定。

在建筑方案设计时,应根据建筑造型,结合周边环境及当地风速、风向,对建筑过渡季室外风环境进行 CFD 模拟计算分析,得出建筑表皮风压分布特征,在此基础上优化通风开口布置方案。根据模拟计算结果,在建筑内外表面风压差大于 0.5 Pa 且表面风压为正压的位置布置自然通风进风口,在建筑内外表面风压差大于 0.5 Pa 且表面风压为负压的位置布置自然通风排风口。

图 4-18 为上海某博物馆春季、秋季建筑表面风压图,图中红色代表春秋季典型工况下建筑表面风压为正压且大于 0.5 Pa,该区域有助于引入室外风;蓝色代表春秋季典型工况下建筑表面风压为负压,且小于 -0.5 Pa,该区域有助于室内排风。红色和蓝色区域均表示建筑内外表面风压差大于 0.5 Pa,在该区域布置通风口将有利于进风和排风,实现室内自然通风。

---

①　图片来源:http://archcy.com/focus/saveenergy/5f73edf079474da1。

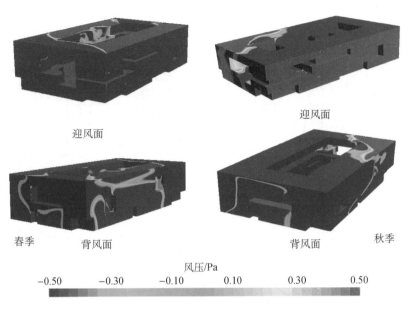

图 4-18　过渡季建筑表面风压图

通过 CFD 模拟分析计算结果,可以确定建筑适宜布置通风口的表面,该结果可以作为文化建筑设计时室内功能布局的参考,即应将适宜布置通风口的表面作为有自然通风需求的房间的外立面。

4.2.3　自然通风在文化建筑中的应用

文化建筑可采用自然通风,但对有温湿度要求,有声、光要求而不能开设外窗的空间或房间则采用机械通风。有条件的空间应尽量采用自然通风。

现行国家标准《民用建筑设计统一标准》(GB 50352—2019)规定,"生活、工作的房间的通风开口有效面积不应小于该房间地面面积的 1/20"。设计中可根据使用功能的不同,利用风压和热压的自然通风方式,以满足通风的基本要求。

在中庭和门厅,可通过入口大门或中庭天窗开启扇的设置,在风压和热压作用下实现自然通风。在阅览室、讨论室、行政办公室等沿外墙布置的房间,可设置可开启窗扇,在风压作用下实现自然通风。在有特殊温湿度要求的房间(如藏品库房、特殊展厅、图书库房、音乐器材库等),一般通过恒温恒湿空调机组满足室内温湿度要求。在一些因使用要求而布置于建筑内区且不设外窗的房间(如影院、有特殊灯光要求的展厅、有特殊声学要求的剧场等),一般通过设置组合式空气处理机组进行机械通风,满足室内新风需求。

1. 中庭自然通风

通过对多个文化建筑的调研统计发现,虽然文化建筑平面形状多为不规则形,但是其中庭平面形状一般较为规整,为矩形或(椭)圆形[28]。图 4-19 为文化建筑案例的中庭平面形式。

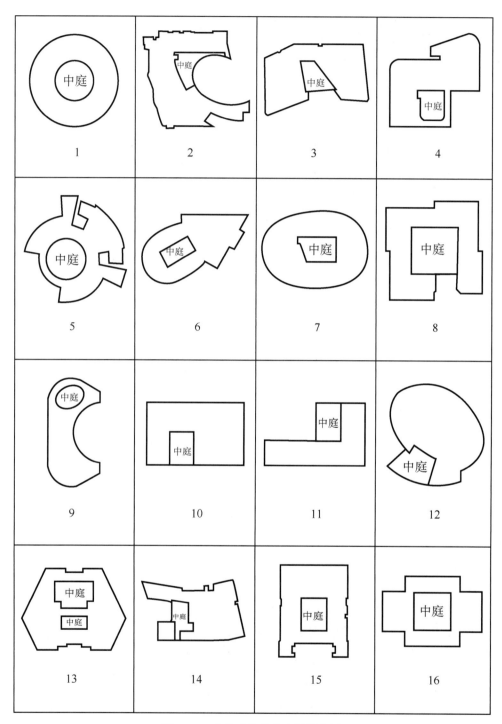

图 4-19 文化建筑的中庭平面案例

通过统计发现,中庭贯穿层数为 1～5 层,大多不超过 4 层,中庭高度大多在 10～45 m,中庭位置多位于中心或边缘。表 4-21 为以上文化建筑案例建筑基本信息统计结果。

表 4-21　　　　　　　　　中庭自然通风案例建筑基本信息表

案例编号	中庭贯穿层数	基底面积/m²	中庭高度/m	中庭位置
1	1	3 892.22	11.95	中心
2	3	6 266.64	18.00	边缘
3	3	2 267.06	17.90	边缘
4	2	1 799.77	7.70	边缘
5	3	1 732.16	18.24	边缘
6	3	3 446.26	15.40	中心
7	3	2 446.56	15.40	中心
8	4	2 519.40	26.30	中心
9	5	6 453.48	45.50	边缘
10	3	2 513.73	12.30	边缘
11	3	1 746.68	12.30	边缘
12	2	2 762.45	9.00	边缘
13	4	10 669.85	23.99	中心
14	3	1 809.56	24.18	边缘
15	3	4 704.84	18.90	中心
16	3	8 228.69	24.70	中心

在文化建筑的中庭设计中,可以采用 CFD 模拟软件对中庭自然通风情况进行模拟分析,并根据模拟结果优化中庭空间形态及风口设置,从而充分发掘中庭自然通风有利条件和节能潜力。

图 4-20 为采用 CFD 模拟软件对上海自然博物馆中庭在过渡季典型工况下的自然通风模拟分析。模拟结果显示了过渡季该中庭的温度垂直分布情况,以及中庭进风、排

风气流情况。从图 4-20 上海自然博物馆过渡季节中庭温度垂直分布图中可以看出,当室外温度为 16 ℃时,自然通风工况下,中庭底部温度为 17 ℃,中庭中部为 18~19 ℃,中庭顶部为 19~20 ℃,中庭过渡季温度垂直分层效果显著。当室外温度为 18 ℃时,温度垂直分布呈现同样的效果,模拟结果表明该中庭在过渡季中具备通过热压实现自然通风的能力。

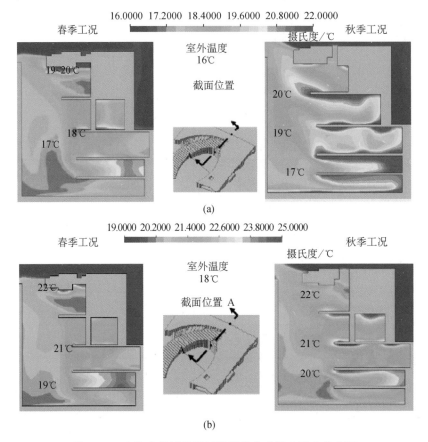

图 4-20 上海自然博物馆过渡季节中庭温度垂直分布图

图 4-21 和图 4-22 是上海自然博物馆春季、秋季受热压影响的气流分布图。可以看出,在无外力作用下,因受热压影响,与中庭相连的开口处形成了良好的进风效果,中庭内部气流集中向中庭顶部排出,实现了中庭开口至顶部之间良好的自然通风效果。

文化建筑的入口门厅(图 4-23)由于人员进出频繁、大门敞开时间较多,门厅上方可设置电动天窗,通过电动天窗的启闭,在热压和风压共同作用下形成入口至天窗的自然通风,既降低了空调、通风系统能耗,又改善了室内环境,不失为文化建筑被动设计的有效措施。

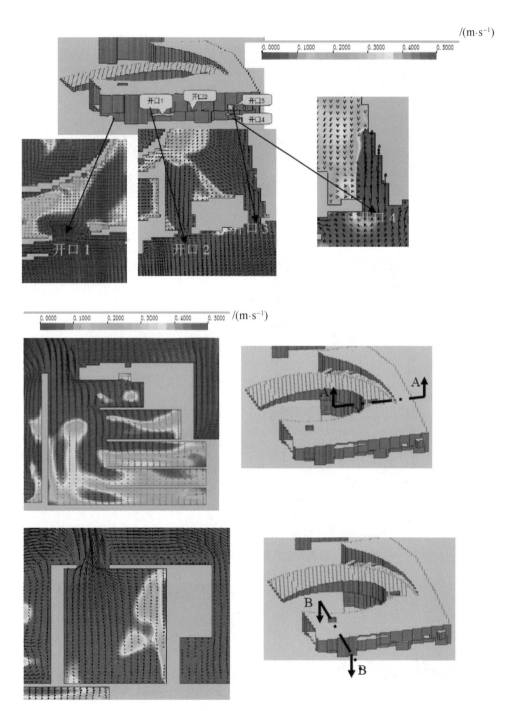

图 4-21　春季工况下中庭进风、排风气流分布图

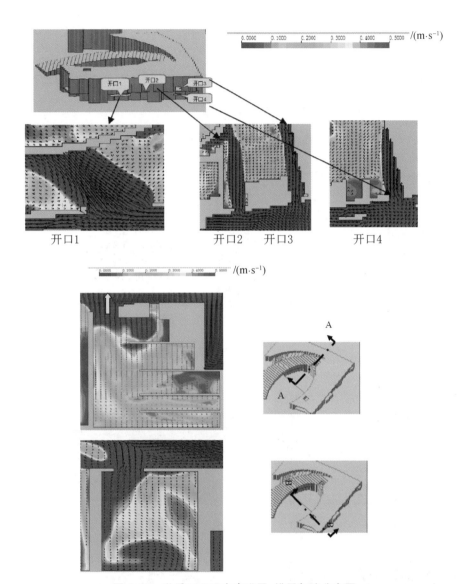

图 4-22　秋季工况下中庭进风、排风气流分布图

(a) 上海自然博物馆入口门厅

(b) 上海交响乐团音乐厅入口门厅

图 4-23　入口门厅

2. 有窗房间的自然通风

文化建筑中有许多房间需要自然通风,此类房间应沿外墙布置,创造设置外窗的基本条件,外窗应设置开启扇,过渡季通过开启外窗、利用风压达到自然通风。

利用风压自然通风的房间,当房间可开启窗扇面积占房间面积的比例达到5%以上时,房间有条件实现过渡季自然通风换气次数达到2次/h,满足室内空气品质的最低换气次数要求。

以安徽工程大学图文信息中心(建设单位:安徽工程大学;设计单位:同济大学建筑设计研究院(集团)有限公司)为例,其建筑形体和各立面外窗设置见图4-24和图4-25。

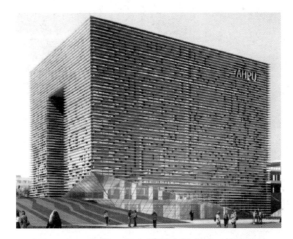

图4-24　安徽工程大学图文信息中心效果图

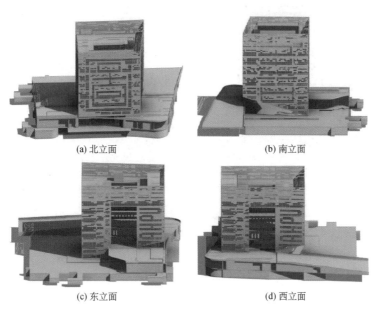

(a)北立面　　　　　　　　　　(b)南立面

(c)东立面　　　　　　　　　　(d)西立面

图4-25　安徽工程大学图文信息中心各立面外窗布置图

该图书馆设有外窗的采编室、管理办公室、阅览室、讨论室等房间的通风开口与房间地板面积之比均达到5%及以上,采用模拟软件按照房间的通风换气次数满足2次/h以上的标准,对上述房间进行过渡季典型工况下的自然通风模拟分析,得到该建筑自然通风模拟的模型(图4-26)。

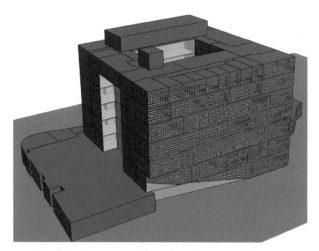

图4-26　安徽工程大学图文信息中心自然通风模拟模型图

模拟结果显示,这些房间在过渡季典型工况下自然通风换气次数均可满足2次/h的要求,并可改善室内热环境和室内空气品质。该图书馆设置外窗的房间换气次数达标占比达91.3%,详见表4-22。

表4-22　　　　　　　　　　　　　设置外窗房间换气次数统计

楼层	计算面积/m²	换气次数达标面积/m²	换气次数达标比例/%
一层	2 580.02	2 326.50	90.2
二层	1 351.82	1 351.82	100
三层	1 318.23	1 318.23	100
四层	1 144.24	1 144.24	100
五层	1 318.30	1 318.30	100
六层	1 177.95	870.43	73.9
七层	1 344.79	1 012.35	75.3
合计	10 235.35	9 341.88	91.3

注:"换气次数达标比例"为主要功能房间春、秋季节平均自然通风换气次数均达到2次/h的面积比例。

4.3 天然采光

4.3.1 天然采光作用

良好的光环境是建筑的基本性能要求,现行国家规范《建筑环境通用规范》(GB 55016—2021)明确规定,"对光环境有要求的场所应进行采光和照明设计计算"。建筑光环境可通过天然采光和人工照明协调来满足视觉要求。其中,人工照明需消耗电力能源,公共建筑中有40%～50%的能耗来自照明插座。充分利用天然采光可以在满足视觉要求的同时降低建筑照明能耗,对建筑能效提升有着重要意义。

4.3.2 天然采光设计

天然采光虽然可以节约人工照明能耗,但文化建筑内一些空间和房间因对光环境有特殊要求,不可采用天然采光,为此,应根据不同功能需求采取不同的采光对策。

特殊展厅、藏品库房、图书库房、影院、演艺厅等房间,通常对光环境要求较高,需进行专项照明设计,故此类房间不设置外窗或天窗,不考虑自然采光。

阅览室、普通展厅和辅助配套用房如门卫室、贵宾室、办公室、休息室、资料室等应充分利用自然采光,设计时尽可能将此类房间沿外墙布置,地下或半地下空间可通过设置下沉庭院以最大限度获得天然光,以减少人工照明能耗。通过对多个文化建筑主要功能房间自然采光进行性能化模拟后发现,当沿外墙布置的辅助用房窗地比大于1/5时,房间采光系数满足现行国家标准《建筑采光设计标准》(GB 50033—2013)的采光系数标准值的要求。

因建筑造型和平面布局的条件所限,布置在建筑内区或地下室的空间或房间在综上,天然采光上有难度,可以采用下沉庭院、屋顶天窗、导光管等技术措施,直接或间接利用天然光。

综上所述,天然采光设计的主要技术措施有:外窗和透光玻璃幕墙、下沉庭院、屋顶天窗和导光系统。

1. 透光玻璃幕墙

透光玻璃幕墙可以使建筑较好地获得天然采光。文化建筑中的中庭通常会设置大面积玻璃幕墙,不仅创造了室内优良的采光效果,也可以融合室内、室外空间景观,带来卓越的视觉体验。

以郑州美术馆为例,它在面向城市广场的东立面设计塑造了通透的整片玻璃幕墙(图4-27),从中庭内部向外望去,玻璃幕墙形成了一幅巨大的框景,展现美术馆东侧城市广场上熙来攘往的场景。

图 4-27 郑州美术馆中庭玻璃幕墙实景图

该玻璃幕墙使中庭获得天然采光,白天不需要人工照明,减少了建筑照明能耗,透过玻璃进入室内的光线让室内空间在光影变幻下变得丰富生动(图 4-28)。

图 4-28 郑州美术馆中庭采光实景图

玻璃幕墙是文化建筑常用的立面处理手段。玻璃幕墙虽然有美观透光的效果,但也不容忽视其无法阻挡阳光辐射带来的刺眼眩光和日晒(图 4-29),从而影响室内环境舒适度,增加空调能耗的问题,这种情况多发生在夏热冬冷地区和夏热冬暖地区。建筑设计空间布局时应考虑玻璃幕墙下方的功能区域,也可采用技术措施减少眩光和辐射热,如选用具有较好遮阳性能的低辐射玻璃、在幕墙玻璃表面镀上隔热膜或设置活动遮阳等。

图 4-29 夏热冬暖地区某图书馆中阅览室

2. 下沉庭院

上海自然博物馆为了降低建筑体量对周边环境的影响,其建筑高度受限,约 70% 的建筑面积设在地下。为了创造地下空间良好的光环境,建筑南向采用了下沉庭院,将自然光引入地下,环绕地下庭院的是通高细胞表皮玻璃幕墙,使采光、遮阳、造型达到了完美统一。下沉庭院对室内采光的改善效果详见图 4-30。

图 4-30 上海自然博物馆下沉庭院改善室内采光

上海交响乐团音乐厅的大、小排演厅等均处于半地下,通过地下公共空间连接。为解决地下空间的光环境问题,设计采用了下沉庭院的处理手法,沿下沉庭院附近的区域采用人工照明加以辅助,人工照明的照度可调,可根据室外光线强弱调节照度,以减少人工照明的能耗(图 4-31)。

图 4-31　上海交响乐团音乐厅地下空间室内采光实景图

3. 屋顶天窗(采光顶)

透光屋顶可以使大进深的建筑空间获得良好的采光。文化建筑的内区空间通常会设置屋顶天窗以解决内区中庭的采光问题。为了解决屋顶天窗带来的夏季辐射热,有效的技术措施是结合屋顶天窗设置活动遮阳。冬季和过渡季收拢遮阳,夏季展开遮阳,既可获得采光和冬季的温暖,也可减少太阳辐射热进入室内。天窗玻璃还可以采取涂覆隔热膜或涂覆太阳能薄膜阻挡太阳辐射热。屋顶天窗不是越大越好,应执行现行节能设计标准,将透光屋顶的面积控制在建筑屋顶面积的 20％以内。图 4-32 是上海自然博物馆中庭顶部的框架式弧形屋顶天窗,该天窗采用了光伏薄膜玻璃,将采光、遮阳及太阳能光伏组件融为一体。图 4-33 是博物馆屋顶的细胞状玻璃天窗,采光和光影变化丰富了建筑公共空间的感受。

图 4-32　光伏玻璃采光顶　　　　　　　　图 4-33　细胞状屋顶天窗

4. 管道式导光系统

以上海自然博物馆为例，其位于地上三层的办公区进深较大，无法利用外窗满足室内自然采光需求，因此在原有建筑设计的基础上，在办公区增加主动导光设施，以进一步改善采光效果。项目采用管道式导光系统，在屋顶设置采光口 18 个，为下部 730 m^2 办公空间提供自然光。主动导光区域示意图见图 4-34，主动导光设备细部构造及导光示意见图 4-35 和图 4-36，导光管室内效果详见图 4-37。

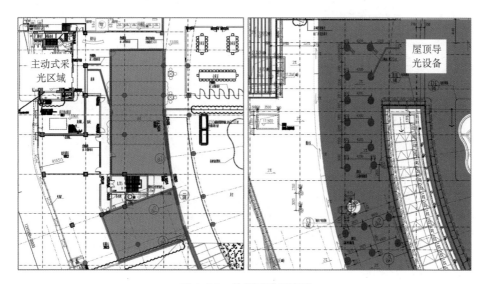

图 4-34 导光区域示意图

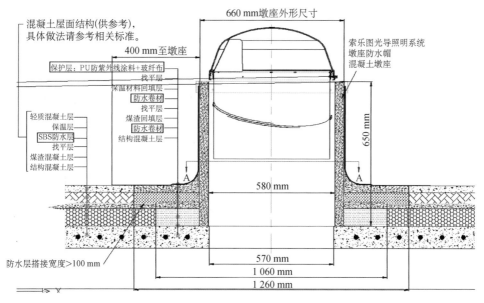

图 4-35 导光设备细部构造

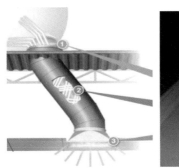

(a) 示意图   (b) 实物图

①—采集区；②—传输区；③—输出区

图 4-36 导光示意图

图 4-37 导光管室内实景图

通过采用主动导光设备,结合外窗自然采光,该办公区采光系数可以满足国家采光设计标准值要求,采光系数达标比例为 96%。

4.4 场地环境

除了建筑本身的围护结构、通风和采光等能量交换方式以外,还可以通过改善室外场地环境来直接或间接降低建筑的负荷需求,间接提升建筑性能。

自 2013 年启动海绵城市国家战略以来,海绵城市建设迅速成为环境改善和经济发展的一大热点。在 2015 年第一批 16 个试点城市和 2016 年第二批 14 个试点城市的基础上,各省市先后出台了促进海绵城市建设的指导意见,形成全面推进海绵城市建设的新格局。对建筑工程场地进行低影响开发建设,可以有效降低径流、改善室外环境,在整个海绵城市建设系统中,起到源头减排、缓解热岛效应的重要作用。

4.4.1 降低建筑工程能耗

对室外场地进行低影响开发建设,能够直接或间接减少建筑工程的能源消耗,在建筑工程的碳减排行动中发挥十分积极的作用。一方面,屋顶花园、生物滞留设施、景观水系、生态化停车场等场地生态化设施能够大大改善场地气候条件,降低城市热岛效应,从而使建筑工程空调使用时间缩短,直接减少建筑耗电量。另一方面,低影响开发建设能够减少场地水泥硬化地面的面积,水泥使用量大大降低,而水泥生产过程中的碳排放足迹是比较长的,通常每生产 1 t 水泥熟料因碳酸盐矿物分解和有机碳燃烧排放的 CO_2 占生产熟料所产生的碳排放量的 52%。此外,低影响开发建设能有效改善场地生态环境,而生态环境的改善又能反过来促进社区成员参与自愿减排的行列,从社区成员行为层面降低建筑工程能耗,减少碳排放。文化建筑场地的低影响开发建设,能够将绿色与人文进行有机结合,打造出特有的绿色人文环境。

4.4.2 低影响开发技术措施

文化建筑场地低影响开发建设,应通过对场地降雨等气候条件、土壤渗透性及地下水位等地质条件、周边排水管网及河道等市政排水条件、场地竖向及周边道路标高等竖向条件、场地下垫面条件等进行综合分析,结合低影响开发建设目标,提出适宜的低影响开发技术路线,选择适宜的低影响开发技术措施。

低影响开发技术措施主要包括"渗""滞""蓄""净""用""排"六大措施手段。促进场地雨水入渗的技术措施主要为透水型铺装;加强场地雨水径流滞纳调蓄的设施主要为生物滞留设施;雨水净化回用设施主要为雨水蓄水池及处理回用系统;促进场地雨水合理排放的设施主要为道路雨水口和绿地内的溢流井等超标雨水排放设施。

1. 透水铺装

按照不同面层材料,透水铺装可分为透水砖铺装、透水水泥混凝土铺装和透水沥青混凝土铺装,嵌草砖、园林铺装中的鹅卵石、碎石铺装等也属于透水铺装。透水砖铺装和透水水泥混凝土铺装主要适用于广场、停车场、人行道以及车流量和荷载较小的道路,透水沥青混凝土路面还可用于机动车道。文化建筑场地在进行透水铺装选材时,需要特别关注透水铺装的景观效果,还要考虑透水铺装的承载能力以及后期运营管理的方便。透水铺装典型构造见图 4-38。

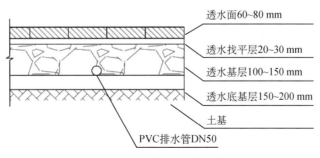

图 4-38 透水铺装典型构造示意图

2. 生物滞留设施

加强场地雨水径流滞纳调蓄的设施主要为下凹式绿地（广义），即具有一定调蓄容积且可用于调蓄和净化径流雨水的绿地，包括生物滞留设施、渗透塘、湿塘、雨水湿地等。其中，目前在低影响开发建设中最为常见的主要为生物滞留设施。生物滞留设施是指在地势较低的区域，通过植物、土壤和微生物系统蓄渗、净化径流雨水的设施。生物滞留设施分为简易型生物滞留设施和复杂型生物滞留设施，按应用位置不同又称作雨水花园、生物滞留带、高位花坛、生态树池等。简易型生物滞留设施构造较为简单，具有蓄水功能的结构层主要为顶部的下凹蓄水层，构造详见图 4-39。文化建筑通常绿地面积较少，可用于设置生物滞留设施的区域比较有限，为充分发挥其蓄水功能，可考虑设置复杂型生物滞留设施，其砾石结构渗透层也具有蓄水能力，构造详见图 4-40。但需注意，对于径流污染严重、设施底部渗透面距离季节性最高地下水位或岩石层小于 1 m 及距离建筑物基础小于 3 m（水平距离）的区域，应采用底部防渗的复杂型生物滞留设施。

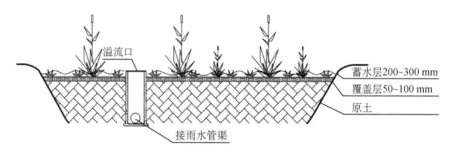

图 4-39 简易型生物滞留设施典型构造示意图

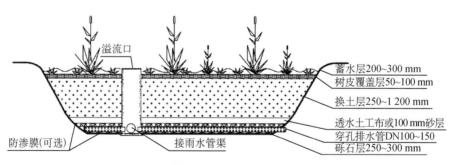

图 4-40 复杂型生物滞留设施典型构造示意图

3. 蓄水池

加强场地雨水净化和回用的措施主要为雨水蓄水池。蓄水池指具有雨水储存功能的集蓄利用设施，同时也具有削减峰值流量的作用，主要包括钢筋混凝土蓄水池、砖、石砌筑蓄水池及塑料蓄水模块拼装式蓄水池，用地紧张的城市大多采用地下封闭式蓄水池。雨水蓄水池的设置需重点关注排水安全问题,蓄水池宜在室外埋地设置,若场地条件限制无法设置在室外,则应优先设置在地下一层,以便于重力溢流;人孔的设置高度大于室外地坪标高,避免事故或暴雨时机房被淹;溢流管设置在室外,溢流管水位标高应大于进水管 0.30 m;当达到溢流水位时,同时启动排污泵排水,排水泵应在 12 h 内排空蓄水池;当遇到市政排水不畅、室外被淹的时候,为避免室外雨水通过进水管、溢流管倒灌至地下室,应在雨水进水管和溢流管安装阀门备用,紧急情况可以关闭。地下雨水蓄水池若设置在地下一层以下,则必须设置由蓄水池水位控制的紧急关闭阀门,并能手动关闭阀门。

4. 溢流设施

下凹式绿地内应设置溢流井,超过下凹式绿地调蓄能力的雨水能通过溢流井有效组织排放至室外雨水管网,防止道路积水。雨水蓄水池前端设置溢流井,超过蓄水池蓄水容积的雨水能够安全有效地排放至市政雨水管网或河道,防止场地内涝。

5 文化建筑设备与系统效率提升技术

在被动的建筑性能增强技术设计手段基础上,采用提升设备和系统效率的主动式技术用于降低建筑运行能耗,可以进一步提升文化建筑能效。本章将从暖通空调专业的冷热源能效提升技术和末端节能技术、电气专业的变压器节能技术和照明节能控制技术、给排水专业的设备节能节水技术、余热利用技术和非常规水源利用技术,以及建筑智能化技术等方面进行详细阐述。

5.1 空调冷热源系统

文化建筑的冷热源系统是整个建筑温度、湿度环境的保证,文化类建筑的负荷特性和一般公共建筑有所不同,不同类型的文化建筑之间也有较明显的区别。这些因素都对冷热源设计的优化有着重要的参考意义。不同类型、不同项目在设计冷热源系统时都应考虑项目本身的负荷特点。

文化建筑具有建筑面积大、展示度高、服务性高、人员密度高等特征,其室内环境的要求也较高,一般主要功能空间采用集中供暖空调系统。对独立运行的房间、有特殊温湿度需求的房间一般单独设置冷热源,以便于根据不同区域空调的使用时间特性和负荷特性,独立、互不干扰地控制各区域的空调系统,达到节能的目的。常见的集中冷源有电驱动蒸汽压缩性制冷机组、地源热泵机组或风冷热泵机组。根据项目所在地市政热源条件,热源常见的有市政热源、地源热泵、燃气热水锅炉或风冷热泵。表5-1为部分文化建筑冷热源信息统计。

博览建筑的负荷规模和节假日关系明显,工作日和周末以及法定假日的负荷相差极大,因此在系统设计和设备选型上须考虑不同使用场景的需求。影剧院类建筑的主要负荷时间通常在晚上,日间负荷来自一些公共服务和保障区域以及不定期的排练需求,负荷较低。设计冷热源时需重点考虑以上特点,重点考虑夜间高权重的运行能耗优化。图书馆类的建筑,负荷特性和办公楼较为接近,在思路上可参考办公楼的设计。

除市政供热热源外,较大型规模的文化类建筑主要的冷热源通常为冷水(热泵)机组,本章重点讨论冷水机组相关的冷热源能效提升,并从设备的能效提升和系统设计的能效提升两方面进行阐述。

表 5-1 文化建筑集中冷热源类型统计

序号	项目名称	冷源设计			热源设计			备注
		类型	供冷量/kW	台数	类型	供热量/kW	台数	
1	上海自然博物馆	螺杆式地源热泵机组	1 000	2	螺杆式地源热泵机组	1 000	2	—
		螺杆式冷水机组	1 561	2	燃气热水锅炉(辅助热源)	930	3	
2	河南省科技馆新馆	螺杆式地源热泵机组	2 009/320	2/1	市政热源换热器	1 218	2	冷却塔免费供冷,地源热泵机组供生活热水
		离心式冷水机组	4 315	3	螺杆式地源热泵机组	2 200/302	2/1	
3	上海博物馆东馆	磁悬浮离心机组	3 164	6	燃气热水锅炉	2 800	3	(室外温度低于10 ℃时)冷却塔免费供冷
		螺杆式风冷热泵机组	836	2	螺杆式风冷热泵机组	880	2	
4	程十发美术馆	冷热一体风冷热泵	490	2	冷热一体风冷热泵	490	2	—
		常规风冷热泵	490	1	常规风冷热泵	490	1	
5	上海音乐学院歌剧院	螺杆式冷水机组	910	3	燃气热水锅炉	700	2	冷却塔免费供冷
6	宛平剧场	螺杆式冷水机组	910	3	燃气热水锅炉	698	2	—
7	扬州大剧院	离心式冷水机组	1 680	4	燃气热水锅炉	930	4	冷却塔免费供冷
8	宝山音乐厅	螺杆式冷水机组	574	2	燃气热水锅炉	99	6	锅炉热水经换热机组换热后供应末端
					换热机组	300	2	
9	中科大图书馆	离心式冷水机组	2 110	2	市政热源换热器	2 600	2	
		螺杆式冷水机组	1 055	1				

5.1.1 冷源系统设备能效提升

冷源系统中设备通常包含:冷水机组、冷冻水泵、冷却水泵和冷却塔等。这些设备的能效提升技术和措施不尽相同,以下将分别进行阐述。

1. 冷水机组

冷水机组是最常见的文化类建筑的冷源,配套水泵和冷却塔一起作为冷源系统。作为冷源系统中能耗最大的设备,冷水机组占制冷机房系统总能耗的 70%~80%,是有效提升冷热源系统能效的重中之重。冷水机组按照压缩机的不同类型一般可以分为:涡旋式冷水机组、螺杆式冷水机组和离心式冷水机组。机组的类型和数量选择与建筑冷负荷息息相关,其中最主要的影响因素包括项目体量、规模、冷负荷和单台机组冷量的大小。涡旋式冷水机组被广泛用于 175~800 kW 的冷量范围,且通常搭配风冷冷凝器作为小型项目的冷源;螺杆式冷水机组冷量范围较广,但因其在 350~1 500 kW 的范围内具有较大的成本和效率优势,最常应用于该冷量范围内;离心式冷水机组的单机冷量可以做得很大,通常应用在大于 1 500 kW 的单机负荷项目中,但磁悬浮式离心机组由于其特殊的压缩机特性以及容量规模,也较多应用于 1 000 kW 以下的冷量[29]。

由于涡旋式冷水机组在文化类建筑中较少应用,故不具体阐述。下文将重点讨论离心式冷水机组和螺杆式冷水机组。针对这两种常见的冷水机组,变频压缩机的应用是近年来冷水机组节能的重要措施,并且在很多项目实践中都具有良好的效果。不同形式的压缩机应用变频技术后的特性以及适用条件不尽相同,这需要结合项目情况在仔细研判后进行选择。

1) 变频离心机组

变频离心机组适用于低冷却水温运行时间较长以及期间负荷有明显波动的场合。在文化类建筑中,有相当一部分的项目有此特性,比如博物馆、美术馆、剧院等。这些建筑类型的参观人数、上座率等会明显影响冷负荷,同时空调运行跨度时间也较长,过渡季节使用空调的概率很高。剧院类建筑夜间运行权重大,环境温度相较于白天低,这些特点都是适合使用变频式离心机组的条件。如能合理地配置变频离心机,将大大提升冷源设备的效率。

离心式压缩机(图 5-1)是一种速度型压缩机,依靠电机通过增速齿轮或直接带动叶轮高速旋转产生的离心力提升制冷剂气体的速度,然后进入扩压室,并在其中完成由动能向静压的转换。离心式压缩机的部分负荷调节可以通过调节导流叶片或者改变电机转速来实现。

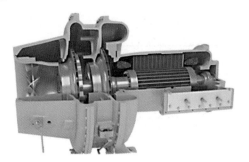

图 5-1 离心式压缩机示意图

　　调节导流叶片是目前定频离心机常用的负荷调节手段,可以通过降低压缩机的吸气量来节约部分负荷下的压缩机功耗。但调节导流叶片其本质是一种节流调节方式,会使压缩机偏离本身高效工作区域,损失压缩机本身的效率。导流叶片调节时,压缩机的工作点会由最高效率区间向左偏移,从而导致效率降低(图5-2)。

　　通过改变电机转速来调节压缩机的叶轮转速,从而进一步降低单位时间内吸气量的方式是一种更理想的负荷调节手段。当电机转速降低时,压缩机的叶轮转速降低,单位时间内的制冷量减小,不存在节流损失。此外,压缩机的高效运行区域会随着转速的变化而改变,从而可在部分负荷时同样保持较高的效率(图5-3)。

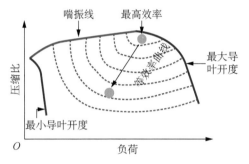
图5-2　压缩机效率曲线(调节导流叶片)

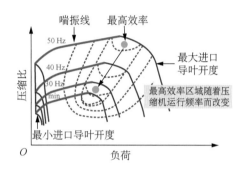
图5-3　压缩机效率曲线(调节电机转速)

　　当压缩机转速降低的同时,由于离开压缩机叶轮的气体速度也降低,气体本身的动能会随之减少,从而导致动能转化后的静压降低。而一旦这个降低的静压低于冷凝器的冷凝压力或者工况所需要的冷凝压力,那么此时冷媒将无法顺利从压缩机进入冷凝器,从而导致机组发生喘振而不能正常工作的情况。所以,通常变频机组的调节手段都是变频器结合导流叶片同时使用。当冷凝压力没有随着负荷降低而明显降低时,通过导流叶片调节机组负荷;当冷凝压力随着负荷的降低也明显降低时,通常是压缩机转速和导流叶片同时调节,以保证机组的部分负荷效率最高。同时,变频压缩机的使用可以进一步改善离心机组本身在高冷凝压力及低负荷下的喘振隐患。目前,主流的变频离心机组负荷调节方式大多是导流叶片和变频控制两种技术的结合,其中有一些新型的优化压缩机叶轮设计的变频离心机,可以降低叶轮转速来改变对压缩比的影响,从而使压缩机在更大的范围内降低转速来节约能耗。

　　对于离心冷水机组,当水冷冷凝器进水温度或风冷冷凝器的进风温度明显降低,且机组负荷在20%~85%时,变频离心机组的效率明显高于定频离心机组;在20%~50%负荷时,得益于降低的压缩机转速,变频机组节能效果更加显著(图5-4)。而当水冷冷凝器进水温度或风冷冷凝器的进风温度恒定为设计温度时,由于冷凝压力恒定,为了维持一定的排气压力无法降低压缩机的转速,就只能通过导流叶片来进行负荷调节,变频的优势反而不能体现。同一负荷率下,定频离心机组的性能系数(Coefficient of

Performance，COP)均高于变频离心机组的 COP，这是由于变频器增加的能耗所致(图
5-5)。所以，变频离心机组的节能效果不仅与负荷相关，也与室外湿球温度或干球温度息
息相关，在冷凝器工况变化不大的场合较难体现节能效果。

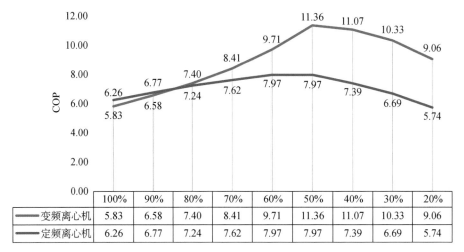

	100%	90%	80%	70%	60%	50%	40%	30%	20%
变频离心机	5.83	6.58	7.40	8.41	9.71	11.36	11.07	10.33	9.06
定频离心机	6.26	6.77	7.24	7.62	7.97	7.97	7.39	6.69	5.74

图 5-4　冷凝器进水温度随负荷降低而降低条件下离心机组部分负荷下的 COP 曲线

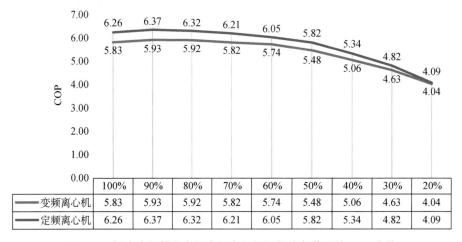

	100%	90%	80%	70%	60%	50%	40%	30%	20%
变频离心机	5.83	5.93	5.92	5.82	5.74	5.48	5.06	4.63	4.04
定频离心机	6.26	6.37	6.32	6.21	6.05	5.82	5.34	4.82	4.09

图 5-5　恒定冷凝器进水温度下离心机组部分负荷下的 COP 曲线

2) 变频螺杆机

螺杆式压缩机是容积式压缩机，利用压缩机中的两个阴、阳转子的相互啮合，在机壳
内回转而完成吸气、压缩与排气过程(图 5-6)。低负荷时，定频螺杆机组通过滑阀减小输
气量降低负荷，压缩机的工作点会随着输气量的降低而改变，机组效率降低，因此定频螺
杆机单位冷量的能耗会随着负荷的降低而增加。

变频螺杆机(图 5-7)通过增加变频器调节压缩机转速来降低输气量，以适应负荷的
变化，从而使机组运行在转速最小且效率最高点。

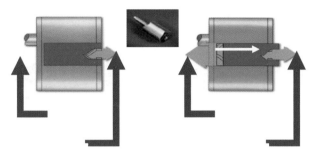

图 5-6　螺杆式压缩机示意图

图 5-7　变频螺杆机示意图

如图 5-8 所示,结合应用可变压缩比技术,可进一步优化非设计工况的压缩机运行,并进一步提升变频螺杆的实际运行效率。这一点可以使该类型变频螺杆机兼具离心机组变频的特点,在压缩比发生变化时,即环境温度或者冷却水温度发生明显变化时可以拥有更好的非额定工况效率。

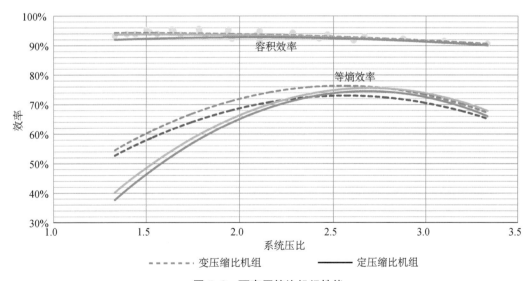

图 5-8　可变压缩比机组性能

对一般变频螺杆机而言,由于其压缩机的压缩能力不受冷凝器进水温度或者环境温度影响,当机组的负荷降低时,变频器可以随时根据负荷调节转速,降低电机功耗,可拥有明显高于定频机组的部分负荷能效。同型号变频螺杆机的 COP 在非满载下均比定频螺杆机高(图 5-9 和图 5-10)。

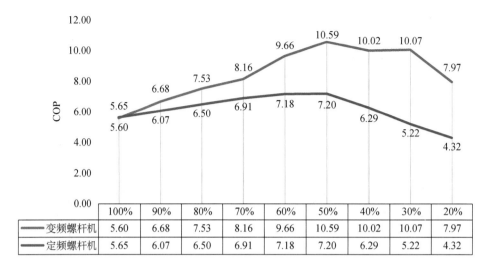

	100%	90%	80%	70%	60%	50%	40%	30%	20%
变频螺杆机	5.60	6.68	7.53	8.16	9.66	10.59	10.02	10.07	7.97
定频螺杆机	5.65	6.07	6.50	6.91	7.18	7.20	6.29	5.22	4.32

图 5-9　冷凝器进水温度随负荷降低而降低条件下螺杆机部分负荷下 COP 曲线

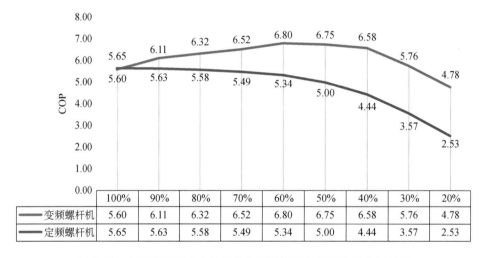

	100%	90%	80%	70%	60%	50%	40%	30%	20%
变频螺杆机	5.60	6.11	6.32	6.52	6.80	6.75	6.58	5.76	4.78
定频螺杆机	5.65	5.63	5.58	5.49	5.34	5.00	4.44	3.57	2.53

图 5-10　恒定冷凝器进水温度条件下螺杆机部分负荷下 COP 曲线

若是配备了可变压缩比技术的螺杆机组,其在变冷却水工况下的部分负荷效率将会更高(图 5-11),更适合在一些季节变化或者环境温度变化的场合使用。

一般而言,当项目的容量适合采用水冷或风冷螺杆机组时,应优先采用变频螺杆机,同时根据是否有季节变化来考虑可变压缩比技术的应用,由此可在提升冷源能效时获得显著收益。

3) 磁悬浮冷水机组

磁悬浮冷水机组属于变频离心机的一类,采用磁悬浮轴承,无润滑油设计,对于机组的维护保养较为友好。其拥有变频式离心机组的一般特点,在低负荷和低冷却水温下,具

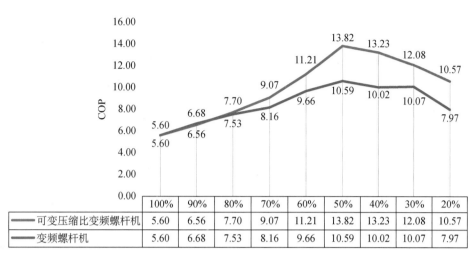

图 5-11 冷凝器进水温度随负荷降低而降低条件下可变压缩比螺杆机部分负荷下 COP 曲线

有明显的效率优势。同时,磁悬浮机组高速压缩机设计可以一定程度改善常规变频离心机的转速调节限制,在较高冷却水温的状态下也可以通过转速调节来提高机组的部分负荷效率。大多数磁悬浮机组还采用了永磁电机,可以明显提升电机在部分负载下的效率。基于以上技术设计,磁悬浮机组在部分负荷状态下工作相对于常规离心机、螺杆机和变频机组有明显的效率优势。图 5-12 为典型磁悬浮机组的效率曲线,由图可见,即使冷却水温度不变,磁悬浮机组的部分负荷 COP 在 50%～90% 较满负荷时也有所提高,相较于一般变频离心机有明显差异。

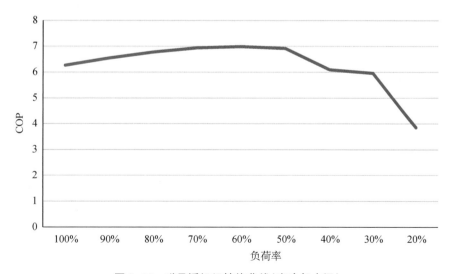

图 5-12 磁悬浮机组性能曲线(定冷却水温)

在低冷却水温下,磁悬浮机组的效率特性和变频离心机非常类似,可以大幅提升机组的部分负荷运行效率,因此在有明显负荷波动、夜间负荷较多或者过渡季节有制冷需求的文化类建筑中,特别是对消声隔振要求较高的场合,如博物馆、美术馆、剧院、演艺厅等建筑,磁悬浮机组有独特的应用优势。

目前,磁悬浮冷水机组可分为小冷量压缩机多机头设计和大压缩机设计两类。理论上,多机头设计可以带来更好的部分负荷效率,但多压缩机同样面临多压缩机协同控制和机组自身控制逻辑复杂的问题,并且明显带来造价的上升。从行业惯例来看,超过 3 个压缩机的设计非常少。在目前的行业技术方案中,大冷量的解决方案有很多选择,为了采用磁悬浮技术而妥协压缩机数量的方案应谨慎采用。

当磁悬浮机组和常规机组搭配且共同工作时,机组的负荷率较高,磁悬浮机组的部分负荷效率优势较难体现,此时应考虑项目的使用场景来配置磁悬浮机组的台数和运行策略。可单独设置磁悬浮机组以应对项目的低负荷、小负荷以及过渡季节的运行需求。当项目使用全磁悬浮配置时,还需要考虑系统的运行策略和负荷特性,若项目的平均负荷率较高且以夏季工作为主,则磁悬浮机组的效率优势难以体现;若项目的平均负荷率较低且有过渡季节的运行需求,也须详细考虑运行策略和配套设备的整体运行,防止为了体现机组效率优势而牺牲了配套设备能耗的情况发生。

以上海某博物馆项目为例,该项目设置了集中冷热源系统。根据使用要求和管理经验,博物馆空调系统需要全年不间断运行,需要设置一台备用制冷机作为系统冗余,项目选用了 5 用 1 备制冷量为 900RT 的变频磁悬浮高效离心机组供冷。机组在设计工况下 COP 为 5.70,额定工况的 COP 为 6.35,与国家现行标准《公共建筑节能设计标准》(GB 50189—2015)相比,COP 提高了 15.7%。同时,磁悬浮离心机组采用直流变频技术,压缩机的转速随着负荷的变化,可实现能力在 2%~100% 内无级调节,优化了机组能耗,名义工况的 IPLV 高达 9.42,大幅度提高了部分负荷工况下的能效。

通过能耗模拟软件分析(表 5-2),该磁悬浮冷水机组和离心式冷水机组相比,节能率约为 18.79%,水泵、风机等也采取了节能措施,建筑空调系统整体能耗降低幅度为 22.34%。

表 5-2　　　　　　　　　　上海某博物馆空调系统能耗节能率

能耗分项	设计建筑		参照建筑		节能率 /%
	年能耗/ (MW·h)	单位面积年能耗/ [(kW·h)·m⁻²]	年能耗/ (MW·h)	单位面积年能耗/ [(kW·h)·m⁻²]	
变频磁悬浮高效离心机组 螺杆式空气源热回收型 四管制热泵机组	754.2	6.66	928.7	8.20	18.79
机房专用风冷型恒温恒 湿空调机组	12.7	0.19	14.5	0.20	7.92
变制冷剂流量空调机组	21.0	0.11	22.9	0.13	12.31

续表

能耗分项	设计建筑		参照建筑		节能率/%
	年能耗/(MW·h)	单位面积年能耗/[(kW·h)·m^{-2}]	年能耗/(MW·h)	单位面积年能耗/[(kW·h)·m^{-2}]	
冷热水输配系统	1 570.9	13.88	2 346.4	20.73	33.05
风机	277.6	2.45	290.0	2.56	4.25
锅炉	881.1	7.78	927.2	8.19	4.98
合计	3 517.6	31.07	4 529.7	40.02	**22.34**

4) 热回收冷水机组[①]

冷水机组在提供冷水的同时,通过冷却塔或者风冷冷凝器把热量传递到大气中。若回收此热量,用于生活热水的预热、直接加热,或空调箱再热以及预热等,可明显提升能源利用效率。

在文化类建筑中,存在一定的生活热水需求和较精确的温湿度控制需求,需要空调箱再热,因此冷凝热回收有明确的应用场景。

冷水机组做热回收通常有以下两种系统布置形式。当热回收的需求始终大于或者等于冷水机组的排热时,可以用热负荷代替冷却塔(图 5-13);当热回收的需求无法保证始终大于或者等于排热时,可以采用热回收专用机组(图 5-14),热回收冷凝器处理热需求,常规冷凝器排出多余的热量,热回收的量可以在 0~100% 调节。风冷机组的热回收原理图基本与冷水机组热回收原理图类似,其中冷却塔被风冷冷凝器代替。

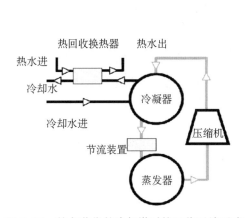

图 5-13　热负荷代替冷却塔时热回收系统形式

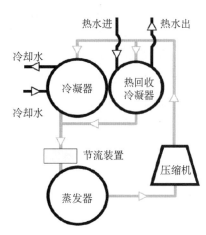

图 5-14　专用热回收机组系统形式

当机组采用热回收应用时,不论采用何种布置形式,热水的温度都将直接影响冷媒的

---

① Trane. Applications Engineering Manual—Waterside Heat Recovery in HVAC Systems[M]. Trane, 2003.

冷凝温度,从而对压缩机的工况提出了不同的需求,更高的热水温度需要更高的冷凝压力,这会导致机组的制冷效率变差。通常热回收机组能提供的热水温度不超过 60 ℃,可以满足生活热水、空调箱再热等常见需求。

当采用热回收机组时,需注意热回收机组的主要工作是制冷,热量是副产品。热量取决于冷量,所以冷热需求同时发生是热回收应用的前提。多个机组联合运行时,可优先运行热回收机组,以确保可以提供更多的热回收量。

热回收机组只能控制冷水的出水温度,对于热水的温度无法直接控制。针对这一问题,解决办法通常有以下三种:

(1) 配置系统层级控制器,保证热水温度的相对精度(图 5-15)。

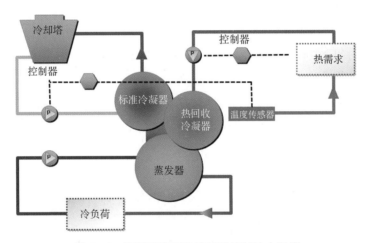

图 5-15　配置系统层级控制器控制热水温度

(2) 机组以热水控制优先进行冷回收,并通过其他形式保证冷冻水需求。可参见图 5-16 系统布置形式。热回收机处于系统冷冻水回水侧的旁路位置,将冷冻水预冷,同时热回收机组可根据热水需求调节负荷并稳定热水温度。当采用此系统时,需注意热回收机组的冷量占比不宜过大,否则可能导致在旁路水泵能耗过大和热需求不多时系统供冷出现不足的问题。

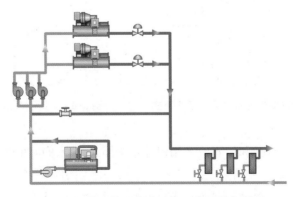

图 5-16　热水控制优先时热回收系统布置图

（3）四管制风冷机组配置平衡换热器（图5-17）。无论热负荷的需求或者冷负荷的需求高低，都可通过平衡换热器来保证机组的吸热和排热一致，从而在任何情况下均可保证冷热负荷的需求和控制水温。

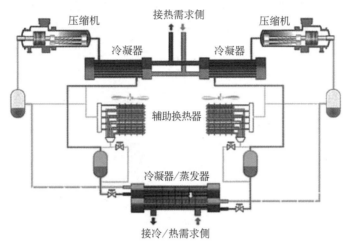

图5-17　采用平衡换热器控制水温

上海市某博物馆项目采用了螺杆式空气源热回收型四管制热泵机组，通过回收的冷凝热，满足了博物馆内部部分精密空调再热的热源需求和部分夏季、过渡季生活热水热负荷需求。螺杆式空气源热回收型四管制热泵机组制冷COP为3.40，比现行国家标准《公共建筑节能设计标准》（GB 50189—2015）提高12%以上，有效节约了制冷主机能耗。

2. 冷冻水泵和冷却水泵

冷冻水泵和冷却水泵在制冷机房中起到冷热量输配的作用，其能耗约占机房能耗的20%左右，其中冷冻水泵的选择与冷冻水系统形式息息相关。下文将主要对冷冻水泵系统形式及冷冻水泵选择、冷却水泵选择、变频水泵的效率优化以及节能措施进行说明。

1）一级泵系统、二级泵系统适用性[29]

过去冷水机组生产商要求冷水机组蒸发器的冷水流量维持不变，使蒸发器不会发生流量突然减少的情况，以确保不会因为压缩机卸载不及时而导致蒸发器结冰。这是因为当时控制系统反馈时间长，信号传输速度慢、频次低，无法根据系统的波动和变化及时做出机组调整，同时，相对不高的换热效率导致冷媒蒸发温度较低，所以通常不能允许机组的冷冻水流量出现频繁和大范围的变化。故较常见的冷冻水泵系统设计为一级泵定流量系统，要求主机与水泵一一对应，保证机组的流量稳定（图5-18）。冷水机组和冷冻水泵联动开启和关闭，虽然控制简单，运行可靠，但水泵在部分负荷下全速运行会浪费流量，需要末端关闭阀门来降低流量。这造成了系统始终处于较高运行压力，整体能耗存在较大浪费的情况。

在此基础上发展出的二级泵变流量系统是指在冷水机组蒸发侧流量恒定的前提下，可以把传统的一级泵分解为两级。在二级泵变流量系统中，二级泵是变流量的，在空调系统处于部分负荷时，根据负荷要求(通常是压差信号)提供相应的冷冻水量，以节约二级泵的能耗。一级泵与相对应的冷水机组联锁启停，通过启停一级泵与相应冷水机组来调节冷水生产环路的水流量。由于机组的冷冻水流量无法时刻保持和末端的需求流量匹配，因此旁通管保持常开。当机组的水泵供给大于末端需求时，旁通管正向流过多余的水流；当供给侧小于需求侧时，会出现逆向水流，同时系统的冷冻水供水温度会升高，此时需要加载机组蒸发量以保证末端的需求。二级泵变流量系统可以在冷水机组侧保持定流量的同时兼顾负荷侧节约水泵功耗的目的(图5-19)。

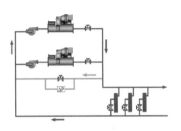
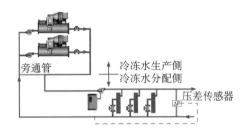

图5-18　一级泵系统示意图　　图5-19　二级泵变流量系统水流量控制示意图

近年来，冷水机组的技术不断进步，绝大多数机组都能适应蒸发器和冷凝器变流量运行，因此直接采用一级泵变流量系统是最可靠、最节能的系统方式。相较于二级泵系统而言，一级泵系统节约了一组水泵的占地和管路连接，旁通管径更小，且整个水路的水泵变频运行可最大化节能(图5-20)。当负荷侧发生变化时，可直接通过信号调节水泵转速，保证需求和供给一致，在节约水泵能耗的同时保证末端阀门不至于在长期过流的情况下因开度过小导致调节性变差。

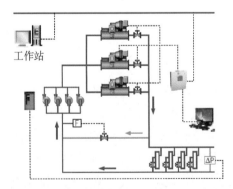

图5-20　一级泵变流量系统水流量控制示意图

二级泵系统依然在一些场合具有重要的实用价值。在冷水使用侧存在明显差异化的项目中，分别设置不同的二级泵组有助于系统稳定运行和节能，不同泵组可根据需求运行，最大化实现使用侧的水泵节能，同时该系统中一级泵同样可以变频运行，保证系统的整个冷冻水侧变流量运行。

在一级泵变流量运行的系统中,冷水机组的流量变化范围和可接受流量变化率是两个重要指标。

机组允许的最低流量和最高流量之间是该机组允许的流量变化范围。根据一般设计原则,机组换热器的水流速度须同时保证充分换热、减少震动和管壁磨损,因此流速通常建议保持在一个固定范围内。近年来,一些生产商已经可以将流速范围进行优化提升,这推动了一级泵变流量系统的发展。允许的最低流量越小,系统节能的潜力越大,同时更宽的变流量范围有助于简化系统的控制逻辑。机组能接受的流量变化率决定了在流量变化时机组正常工作和稳定出水温度的能力。当系统中出现剧烈负荷变化或者机组加减载时,机组的流量可能面临大幅度变化,如一台机组运行,同时另外一台机组加机时,运行机组可能面临50%流量的减少,此时如机组每分钟流量变化只能控制在10%,那么系统阀门行程时间需要5 min,系统的冷冻水温度需要更长时间稳定。如果这个变化率提高到每分钟30%,则系统的流量可以在2 min内稳定,水温也能更快得到稳定。

因此,在文化类建筑中,当一般冷冻水用户无明显分区、使用时间相同且负荷特性也相同时,宜优先采用一级泵冷冻水系统布置,同时冷冻水泵宜做变频,并须注意考虑机组的流量变化适应能力。

2) 冷却水泵

冷却水泵变频情况相对复杂。就水泵本身和机组的变流量承受能力而言,冷却水泵和冷冻水侧类似,但冷却水泵变流量的节能效果还有待细致研究。当冷却水泵变频时,可以近似维持冷却水侧的温差,机组冷却水的进水温度由冷却塔的运行状态和室外条件决定。在此情况下,降低冷却水流量会提高机组的冷却水出水温度,导致机组的冷凝压力提升,机组效率变差,同时冷却塔的运行能耗亦会发生改变。因此,冷却水侧变频涉及冷水机组、冷却水泵和冷却塔三种设备,情况复杂,是否节能需要结合各设备和具体项目的情况细致分析,在应用时建议谨慎处理。

3) 变频水泵选型

当选择变频水泵时,须考虑变频水泵的平均综合效率。类似冷水机组,水泵同样存在高效工作区域和相对低效工作区域,不同的运行工况具有不用的效率,对于水泵的选型同样需要权衡全年运行工况的实际需求。如图5-21所示,某水泵的额定工作点位于高效区间,但当水泵变频运行后,在部分负荷状态下(50%流量)水泵的效率会明显降低。

如采用另一种选型(图5-22),水泵的额定工作点并非最高效率点,但当水泵变频运行处于部分流量时(如50%),水泵的运行效率明显升高。如果全年运行工况分析表明该水泵的平均负荷率为50%左右,那该水泵更适合应用于该变流量系统。

因此,变频水泵的选型应关注项目平均负荷率的水泵效率,使水泵大部分时间在高效区运行,因此应结合项目负荷和冷水机组的流量变化范围对全年工况下的水泵流量进行分析,且应在运行时间权重最高的流量区间内考察变频水泵的效率。

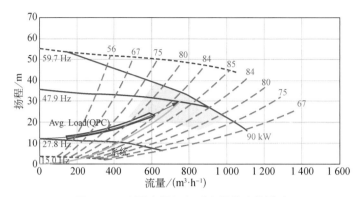

图 5-21　水泵变频运行对水泵效率的影响

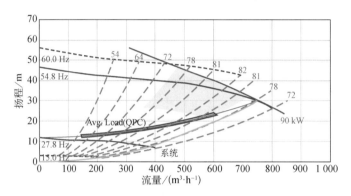

图 5-22　水泵变流量运行对水泵效率的影响

在一级泵变流量的工程实践中,可以见到不同的水泵系统布置形式。其中一种和传统的定流量系统类似,即机组和水泵一一对应,当对应机组开启时,水泵开启,机组负荷变化时水泵变流量运行(图 5-23);另一种是一机对一泵的形式,即将所有的水泵并联后通过母管接入冷水机组(图 5-24)[1]。

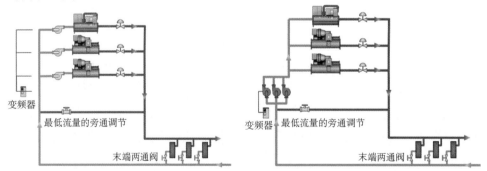

图 5-23　冷水机组和水泵一一对应连接形式　　图 5-24　水泵和机组共同集管连接形式

当主机的规格一致或者相近时(阻力相近),在节能和系统的运行适应能力方面,图 5-24 布置方式的优点更多。当系统负荷降低时,并联的水泵泵组可以同频率调速,同时水

---

① Trane. 中央空调节能系统设计指南——一次泵变流量系统[M]. Trane,2011.

泵的台数和机组的开启台数解耦,有利于水泵频率灵活调节,还可以在一定条件下有效地减少主机的开启时间和次数。在某些特殊情况下,如冷冻水温度适当升高或者冷却水温度降低,冷水机组的可用冷量会超出设计工况下的最大能力。可以设想过渡季节中某个场景,当系统的负荷刚好超出一台的设计容量时,若采用图 5-24 的系统布置,由于流量和机组的负荷完全解耦,水泵组的调节能力完全适应末端的需求,主机则可以根据其能力继续加载,从而不需要开启第二台机组,此时单台机组的近满载状态高效率运行也非常有利于系统的运行能效提升,还可以有效缓解"小温差综合征"。若采用图 5-23 的系统布置,当系统的流量高于一台机组的需求时,即使冷水机组实际还未满载,由于与之相对应的水泵无法提供更多的水量,系统仍需开启第二台机组供冷,且两台机组的负荷可能都在 50% 的附近,机组的能效可能较差。

但是,对于大小机组搭配的系统,图 5-24 的连接方式可能导致通过母管进入机组的流量和预计不一致。因此对该类系统配置更推荐一机对一泵的布置形式(图 5-23)。水泵的扬程和流量根据对应机组选型,保证和实际需求匹配,同时频率变化时也可以有效节约能耗。

以某歌剧院项目为例,演出及排练时段建筑的人流量、设备使用率等均处于高峰,而其余时段则较低,建筑空调负荷高峰及低谷差距较大。基于此,项目冷水机组、冷冻水泵、冷却塔均采用变频技术,项目共设置 4 台冷冻水泵(3 用 1 备),所有水泵并联后通过一根母管与冷水机组相连,使得机组部分负荷变频运行时水泵可以在低功率下运行,降低部分负荷运行时水泵能耗(图 5-25)。

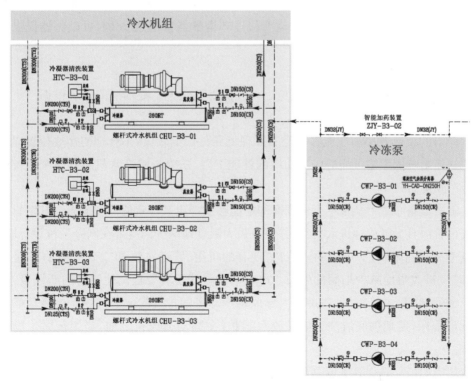

图 5-25　某歌剧院冷水机组与水泵运行系统图

3. 冷却塔

1）冷却塔配置

冷却塔的换热效率和性能参数受实际现场条件影响较大,存在因地制约而性能无法充分发挥的风险,因此,需要一定的性能冗余以保证冷却塔在实际应用中能提供所需要的冷却水温度。在冷却塔的性能冗余明显时,可以通过风扇变频的方式调节实际运行时的能耗。若不采用变频风扇,冗余的性能仍可带来更低的冷却水温度,同样有助于提高冷水机组的运行效率。除特殊考虑外,宜采用开式冷却塔,根据现场条件和性能要求选取合适的型号。当冷却水泵采用变流量设计时,需要校核冷却塔对于流量降低或者变化的适应能力。

以位于河南洛阳的某大型综合类博物馆为例,该项目空调冷源采用 3 台制冷量为 1 085 kW 水冷变频螺杆式冷水机组,共设置 3 台冷却能力为 1 394 kW 的开式方形横流冷却塔,冷却塔性能参数详见表 5-3。

表 5-3   项目冷却塔性能参数

冷却塔形式	冷却能力 /kW	循环水量 /(m³·h⁻¹)	进水温度 /℃	出水温度 /℃	数量 /台
方形横流冷却塔	1 394	240	37	32	3

通过计算可得,建筑总制冷量为 3 255 kW,冷却塔冷却能力为 4 182 kW,冷却塔冷却能力为冷水机组制冷量的 1.28 倍。该项目冷却塔性能余量达 28%,可以保证提供实际应用中所需的冷却水温。

2）冷却塔布置要求

冷却塔应置于空旷通风处,以避免出现气流短路情况。冷却塔间隔应根据厂家要求合理布置。

冷却塔的换热效率和性能参数受实际现场条件影响较大,不合理的摆放位置以及现场其他气流影响因素均可能造成冷却塔的性能下降,从而影响冷水机组和整个系统的正常运行以及运行效率。

正确的设备布置可从根本上保证冷却塔能够发挥出其标定的冷却能力。其宗旨是保证空气可自由且无障碍地进入机组,并保证最大限度地减少回流。在制冷系统设计阶段,要重点考虑空间限制,如周围的建筑物、现有的机组、管道位置和今后可能的扩建计划等,同时应最大限度减少细菌的生长。冷却塔的设置位置要远离建筑物的新风吸入口、可开启的通风窗、厨房排气口,避免主导风将冷却塔的排气吹向公共场所。冷却塔应进行水处理程序,定期彻底清洗。如果放水困难,在起动通风机之前,要用抗微生物剂冲洗系统。

冷却塔的顶部必须等于或高出邻近的墙、建筑物或其他构筑物,如果低于周围构筑物,回流可能成为主要问题。如果机组是在迎风侧(图 5-26),排出空气将被吹向建筑物后朝各个方向扩散,包括向下朝进风口方向。如果风是从相反方向吹来,则风吹过建筑物所产生的负压区将使排出空气被压回进风口(图 5-27)。即使不发生上述情况,高大建筑物的存在也常常会阻止排出的热湿空气扩散。

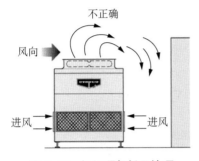

图 5-26 机组顶部低于墙顶

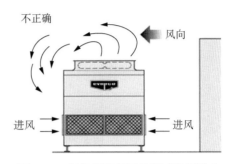

图 5-27 机组顶部低于墙顶时的风影响

要改变图 5-26 和图 5-27 中所示的情况,可用钢结构将机组抬高,使其顶部高出墙顶,如图 5-28 所示。也可以外加通风机排风罩,把冷却塔的排风口提高到一个合适的高度上,如图 5-29 所示。如果以上两种布置都无法实现,需设备厂家根据现场情况进行特殊评估。

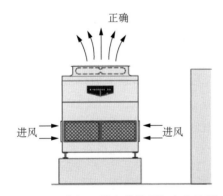

图 5-28 将机组抬高使其顶部高出墙顶

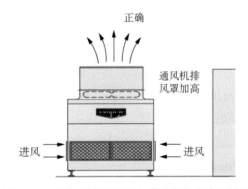

图 5-29 将通风机排风罩加高使其顶部高于墙顶

对于多台冷却塔的项目,需要在系统的设计阶段就仔细地研究如何进行设备布置。

大型、多台冷却塔的安装工程,要尽可能地增加距离尺寸,以获得更加可靠的冷却塔运行效果。这个增加量取决于机组数量、安装的形式、原有设备以及周围环境等。

周围环境对大型安装工程的设计有重要的影响。大型安装工程位于山谷、低凹地区或在建筑物之间时,将增加排出空气回流的机会,从而提高了环境湿球温度。如果环境条件将引起空气回流的情况能够确定发生,设备的选型和平面布置就要按照预计的环境湿球温度来确定。

对于大型多台机组,另一个特别重要的考虑因素是夏季主导风向。为了最大限度地减少空气回流的机会,机组的位置与主导风向的关系如图 5-30 所示为最佳。

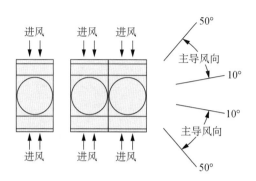

图 5-30　冷却塔布置与主导风向的关系

风冷机组的布置类似冷却塔,需参考制造厂商的安装场地要求。

以某博物馆建筑为例。该建筑在屋顶设有设备平台,平台上布置 6 台冷却能力为 2 902 kW 的变频方形逆流冷却塔,冷却塔进出水温度为 36.5 ℃/31.5 ℃,循环水流量为 500 m³/h。冷却塔性能参数详见表 5-4。

表 5-4　　　　　　　　　　　某博物馆冷却塔性能参数

冷却塔形式	冷却能力 /kW	循环水量 /(m³ · h⁻¹)	进水温度 /℃	出水温度 /℃	数量 /台	风机变频/ 定频
方形逆流冷却塔	2 902	500	36.5	31.5	6	变频

冷却塔布置在屋面设备平台处,冷却塔周边基本无建筑遮挡,通风散热效果良好。北侧设有屋顶花园,为人员非长期逗留区域,不属于敏感建筑。

项目所在地夏季主导风向为东南风,冷却塔布置时考虑进风方向与夏季主导风向平行,以最大限度降低空气回流,改善冷却效果。图 5-31 为推荐的冷却塔布置方案。

5.1.2　系统能效提升

在过去的几十年中,随着冷水机组的技术改进和机载控制技术的革新,冷水机组的单位冷量能耗大大下降。目前,冷水机组的最高效率以及部分负荷下的效率已经大幅度提高。当冷水机组的效率接近逆卡诺循环极限时,机组的成本将会剧增。

从冷源系统的角度看,在 20 世纪 70 年代,以一个普通冷站的年度能耗为例,冷水机组所占的能耗为 73%,冷冻水泵和冷却水泵所占的能耗为 18%,冷却塔所占的能耗为 9%。进入 21 世纪后,机组效率大幅度提升,其年运行能耗占机房比重明显降低。在某典型项目中,冷水机组能耗仅占 58%,而冷冻水泵、冷却水泵(占 26%)和冷却塔(占 16%)的能耗所占比例上升了,如图 5-32 所示。

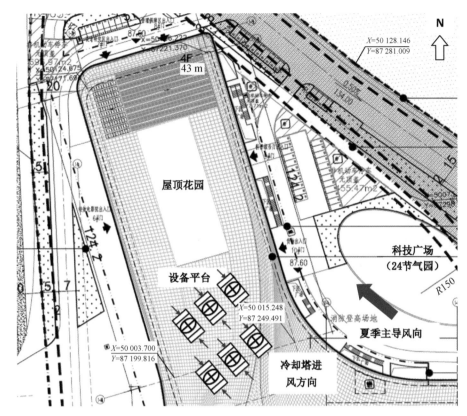

图 5-31　博物馆项目设备平台上推荐的冷却塔布置方案

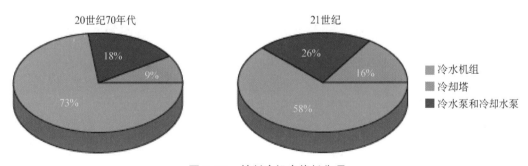

图 5-32　某制冷机房能耗分项

　　因此,需要从整个冷源系统的角度重新考虑效率的提升和整体的优化。重新配置合理的冷源系统,挖掘系统的节能潜力。

1. 冷冻水侧设计工况优化

　　冷冻水侧的设计工况需要考虑冷水机组、水泵和末端换热设备的综合能效来设置,常见的设计工况是 7~12 ℃,但目前国内已有很多项目采用 6~12 ℃/6~13 ℃ 这样的大温差设计,传统的 5 ℃ 温差已不再适合在当前的技术条件下继续作为标准工况去设计,适度地加大温差有助于优化冷水机房的系统总能效。冷量计算的基本公式如下：

$$Q = mC_p \Delta T \tag{5-1}$$

式中　Q ——冷量，J；

　　　m ——质量，kg；

　　　C_p ——比热容，J/(kg·℃)；

　　　ΔT ——升高或降低的温度，℃。

假定比热容 C_p 为常数，为保持冷量 Q 不变，可以降低水的流量来增大温差。当冷冻水侧的温差增加时，如维持冷冻水的出水温度不变，以 7 ℃ 为例，则冷水机组的蒸发温度几乎不变，机组的效率可以维持不变。越高的温差需要越低的水流量，这将带来冷冻水泵流量的降低，且有很大的机会降低管路系统的摩擦阻力。水系统阻力越小，扬程需求越低，水泵的能耗越低。

水系统管道的摩擦阻力可通过下式计算：

$$\Delta P_m = \lambda \cdot \frac{l}{d} \cdot \frac{\rho \cdot v^2}{2} \tag{5-2}$$

式中　ΔP_m ——摩擦压力损失，Pa；

　　　λ ——摩擦阻力系数；

　　　l ——管道长度，m；

　　　d ——管道直径，m；

　　　ρ ——流体的密度，kg/m³；

　　　v ——流体在管道内的流速，m/s。

局部阻力可通过下式计算：

$$\Delta P_j = \xi \cdot \frac{\rho \cdot v^2}{2} \tag{5-3}$$

式中　ΔP_j ——局部压力损失，Pa；

　　　ξ ——局部阻力系数；

　　　其他同上。

可见，阻力和流速的平方成正比关系，当管道的尺寸不变时，流速和流量成正比。所以，降低流量后，如保持管道尺寸不变，管道的阻力将以平方的关系迅速下降。

在条件允许的情况下，文化类建筑可以考虑打破经济流速的思维定式和设计准则，在降低水泵的流量之后，考虑用"偏大"的管道尺寸获得更加低的管道阻力，从而降低水泵的扬程需求。管道尺寸决定了管道的横截面积，在同流量的情况下，管道流速和管道尺寸的平方成反比，考虑到阻力计算公式，阻力和管道尺寸的 5 次方成反比，因此适度考虑降低比摩阻的选择会带来极大的收益。

水泵的轴功率可通过下式计算:

$$N_Z = \frac{\rho \cdot G \cdot H}{102 \cdot \eta} \tag{5-4}$$

式中　N_Z——水泵轴功率,kW;

　　　G——流量,m^3/s;

　　　H——扬程,kPa;

　　　η——水泵效率;

　　　其他同上。

假设某建筑的设计冷冻水温差 5 ℃,水泵扬程为 30 m(1 m 水柱=9.8 kPa)。当设计温差变为 8 ℃时,考虑到机组的换热量近似不变,温差变大,流量降低约 32.5%,管路系统包含机组的阻力则从 30 m 降为约 14 m,水泵扬程则可以从 30 m 降到 14 m。再加上 32.5%的流量下降,新的水泵轴功率仅为原水泵的 31%左右。

通过以上分析可知,一方面,当流量降低、扬程降低的时候,水泵的功率是快速下降的,这也说明了降低流量,节约能耗的可行性。另一方面,当冷冻水流量降低时,会影响末端设备的换热,末端设备不管是空调箱还是风机盘管,属于空气—水的换热器,其换热过程可以分为三个阶段,即空气—盘管外壁对流换热,盘管外壁到盘管内壁导热以及盘管内壁到水对流换热。其中,管内的水侧对流换热系数受水流速影响较大,当水流量降低时换热能力变差,这就导致了部分大温差设计需要较大型号的空气末端来弥补因为流量降低而丧失的换热能力。如果保持冷冻水出水温度不变,提高冷冻水温差后,为了维持末端设备的相同换热能力,通常需要增加末端的换热面积,这种做法通常导致末端阻力变化,风机能耗增高。其优点是冷水机组的效率不受大温差影响,冷水机房的能效较高,但不能忽视因末端换热设备的能耗增加影响整个空调系统的总体能耗。通常,末端系统常用定风量设计,这会导致增加的风机能耗将长期并且严重地影响整个系统的能效水平。这些都需要权衡考虑。

另一个设计思路,是在增大温差的同时适当降低冷冻水的出水温度,因为更低的冷冻水出水温度可以提高末端换热的温差,这将有利于末端的换热。比如,目前常见的 6~12 ℃/6~13 ℃这样的大温差设计就是考虑到用更低的冷冻水温来补偿末端的换热下降,从而使得末端的风机能耗维持和常规设计同一水平。更低的冷水温度可以增加表冷器换热时冷水与空气间的对数温差,虽然大温差形成的低流量会降低表冷器的换热系数,但总体上,末端表冷器的换热量会维持近似不变。换言之,合理配置低温低流,换热充分的末端表冷器在大温差工况下可以维持末端换热量不变。

《ASHRAE 绿色设计手册》(*ASHRAE Green Guide*)能源输送章节建议冷冻水温差为 7~11 ℃。一般而言,当温差为 6~7 ℃时,且当冷冻水供水温度为 6 ℃时,空调箱的换热能力和常规设计相近;当温差为 8 ℃,冷冻水供水温度为 5 ℃时,空调箱的换热能力和常规设计相近。[30]

综上,不同的设计温差拥有不同的水泵节能比例,且有不同的冷水机组效率以及末端的换热能力变化,考虑到空调系统能耗分析结论的明确性,可在维持末端换热能力不变的情况下,根据实际的室内环境需求以及设备选型特点进行综合比选,得出最合适的设计温差和设计冷冻水温度。

例如上海市某博物馆建筑,冷冻水供/回水温度为 6.0 ℃/13.0 ℃,设计温差为 7 ℃。该技术减少了冷冻水系统的流量,缩小管网输送管路的尺寸和水泵容量,减少输送能耗。采用该技术后,空调冷冻水系统循环水泵耗电输冷比仅为 0.015 6,比现行国家标准《公共建筑节能设计标准》(GB 50189—2015)的规定限值减低 31.27%,见表 5-5。

表 5-5　　　　　　　　　空调冷(热)水系统循环水泵耗电输冷(热)比

水系统	流量	扬程	工作效率	耗电输冷(热)比		
	m³/h	m	%	EC(H)R	限值	80%×限值
空调冷冻水系统	428	32	86	0.015 6	0.022 7	0.018 2

2. 冷却侧设计工况优化

在目前的文化类建筑中,冷却水侧常见的设计水温是 32~37 ℃,这和其他公共建筑并无明显不同,这一设计原则在绝大部分中国地区的湿球温度条件下都可以达到,属于可用设计工况,但是对于很多地区,此温度并不是一个"优化"的或者适合的设计工况。冷却水温度的直接决定条件是项目当地在设计条件下的湿球温度。冷却塔属于蒸发换热设备,其换热的原动力是环境湿球温度,当风扇的转速越高,冷却塔的换热面积越大时,获得的冷却水温度越低。但是这种变化的规律并非线性,当冷却水温度越来越接近湿球温度时,冷却塔需要付出的能耗代价迅速增加,且经济性迅速降低。一般而言,设计条件下的冷却水趋近温度在 3~4 ℃时的冷却塔选型较为经济,同时可以兼顾冷却塔风扇和冷水机组的能耗平衡。因此,针对不同地区的文化类建筑,可在当地设计湿球温度的情况下考虑 3~4 ℃的冷却塔趋近温度,得到一个合适的冷却水温度设计值。

对于冷却水侧的设计温差而言,很少有考虑像冷冻水侧一样的大温差设计,5 ℃的温差也是一个传统的但非优化的设计。冷却水的温差牵涉到冷水机组、冷却水泵和冷却塔三种不同设备的能耗和选型,当设计冷却塔出水温度确定后,越高的冷却水温差会带来越高的冷水机组能耗,因为机组的冷凝压力取决于冷却水的高温侧温度,温度越高、压力越高,压缩机做功越多,详见图 5-33。

同时越高的温差带来越低的水流量,这可以使冷却水泵流量降低,冷却水泵的能耗降低。在文化类建筑中,条件允许的情况下,冷却水侧同样可以考虑打破经济流速的思维定式和设计准则,考虑用"偏大"的管道尺寸获得更加低的管道阻力,从而降低水泵的扬程需求。假设某建筑的设计冷却水温差 5 ℃,水泵扬程为 25 m,其中 5 m 为冷却塔进塔水压,

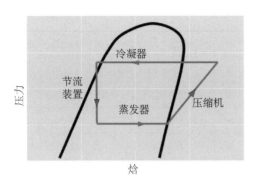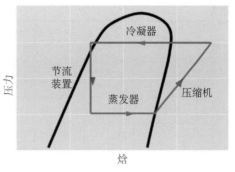

图 5-33　冷水机组压缩机做功原理图

20 m 为系统阻力,当设计温差变为 8 ℃时,考虑到机组的换热量近似不变,温差变大流量降低约 32.5%,管路系统包含机组的阻力则从 20 m 降为 9 m,加上 5 m 的冷却塔进塔水压不变,水泵扬程则可以从 25 m 降到 14 m。再加上 32.5% 的流量下降,新的水泵轴功率仅为原水泵的 38% 左右。

另一方面,在冷却塔出口温度不变的情况下,越高的冷却塔进水温度越有利于冷却塔的蒸发换热,且温差拉大、流量降低后,对冷却塔的填料面积要求降低,在同样的比表面积下可以降低风机的阻力,所有在确定冷却塔出水温度后增大温差可以降低冷却塔的能耗。表 5-6 为某厂家的冷却塔快速选型表格,由表可见,当按照 32~37 ℃工况 300 m³/h 的冷却水量以及 28 ℃ 的湿球温度来选型时,需要使用 300 型号的冷却塔。当冷却塔工况变为 32~40 ℃时,相同散热量需求下,水量在 185 m³/h 左右,则根据选型表可选择型号为 250 型号或 300 型号。型号变小能耗降低,或者同型号变速风机可以降低转速。

表 5-6　　　　　　　　　　　　某厂家冷却塔快速选型表(湿球温度 28 ℃)

流量单位		m³/h														
温差/℃		5			6			7			8			9			10		
供回水温度/℃		38/33	37/32	36/31	39/33	38/32	37/31	40/33	39/32	38/31	41/33	40/32	39/31	42/33	41/32	40/31	43/33	42/32	41/31
型号	50	63	50	39	55	44	34	49	40	31	45	37	29	42	34	27	39	32	25
	65	81	65	50	71	58	45	64	52	40	59	48	37	54	44	35	51	42	33
	80	100	80	62	87	71	55	79	64	50	72	59	46	67	55	43	63	52	41
	100	124	100	78	109	89	69	98	80	63	90	74	58	84	69	55	79	65	52
	125	156	125	97	136	110	86	122	99	77	112	91	71	104	85	67	98	80	63
	150	186	150	116	163	133	103	147	120	94	135	110	87	125	103	81	118	97	77
	175	216	175	137	190	155	122	172	141	111	158	130	103	148	121	96	139	115	91
	200	248	200	156	218	178	138	196	160	126	180	148	116	168	138	110	158	130	104
	250	312	250	194	272	220	172	244	198	154	224	182	142	208	170	134	196	160	126

续表

	300	372	300	232	326	266	206	294	240	188	270	220	174	250	206	162	236	194	154
	350	432	350	274	380	310	244	344	282	222	316	260	206	296	242	192	278	230	182
	450	558	450	348	489	399	309	441	360	282	405	330	261	375	309	243	354	291	231
型号	500	624	500	388	544	440	344	488	396	308	448	364	284	416	340	268	392	320	252
	600	744	600	464	652	532	412	588	480	376	540	440	348	500	412	324	472	388	308
	700	864	700	548	760	620	488	688	564	444	632	520	412	592	484	384	556	460	364
	875	1 080	875	685	950	775	610	860	705	555	790	650	515	740	605	480	695	575	455

若考虑降低冷却水的出水温度以设计大温差,同时维持冷却塔的进水温度不变,则冷水机组的效率几乎和常规设计一致,冷却塔的能耗变化规律可简要分析如下。参见表 5-6,冷却塔在 32～37 ℃,31～37 ℃工况下,100 型号冷却塔 5 ℃温差时可以处理 100 m³/h 的冷却水,但在 6 ℃温差下,冷却塔的处理水量只能达到 69 m³/h,而此时同冷水机组的冷却水量在 83 m³/h 左右(5 ℃温差换算到 6 ℃温差后,流量会从 100 m³/h 降低到 83 m³/h)。可以看出,当拉大温差同时使冷却水温度降低时,那么冷却塔的散热能力也降低,或者需要更大冷却塔和更高的风机能耗来匹配系统的需求。

综上,一个合适的冷却水设计温差以及运行温差需要兼顾冷水机组、冷却水泵和冷却塔三种设备的性能均衡,才能达到总系统最优的效果。5 ℃温差的设计是一个较为均衡的设计温差,可以较好地协调不同设备的选型和能耗。但随着行业的发展、技术的演进以及制造技术的升级,各项设备的特性已经发生了较为明显的变化,因此有必要重新考虑合适的冷却水温差设计。《ASHRAE 绿色设计手册》能源输送章节建议冷却水温差为 7～10 ℃。根据不同的设备特性,不同的项目适用不一样的冷却水设计温差,不同城市的气候不同,冷却水温差的优化设计应该也有所不同,但总体而言,增大冷却水的温差是一个普遍趋势。

更低的冷却水温度和更高的温差会带来更好的机房能效,但此时也需要考虑机组的流量变化适应能力。在实际项目设计时,应根据项目实际情况对项目冷却侧供回水温度分别进行设定,确定比选方案,采用控制变量法对制冷机房进行全年能耗模拟,并结合经济性分析确定最优方案。

例如上海某博物馆项目总冷负荷 2 500 RT,采用 2 台 1 000 RT 和 1 台 500 RT 高效离心机组。冷冻水、冷却水侧均采用大温差小流量设计,冷冻水温差由 5 ℃增大为 6.8 ℃,使冷冻水流量比常规设计流量减少 26.5%;冷却水温差由 5 ℃增大为 8 ℃,使冷却水流量比常规设计流量减少 37.5%,因此水泵及冷却塔能耗大大减少。虽然冷水机组能耗略有增加,但可使空调水系统的整体能耗下降。

5.2　空调末端系统

5.2.1　房间负荷特性及空气处理

1. 房间负荷特性

空调负荷的准确计算是空调末端配置的基本依据,空调负荷主要包括人员负荷、照明负荷、设备负荷、围护结构负荷和新风负荷等。根据《民用建筑供暖通风与空气调节设计规范》(GB 50736—2012)和《公共建筑节能设计标准》(GB 50189—2015)的有关规定,施工图设计阶段必须对空调区的冬季热负荷和夏季逐时冷负荷进行计算。

博览建筑的展示区、影剧院建筑的观众区、图书馆建筑的报告厅都是人员密集场所,特别是影剧院建筑的观众区,人员密度可达 1~2 人/m²,空调冷热负荷指标高达 500~800 W/m²,详见表 5-7。

表 5-7　　　　　　　　　　剧场人员密度统计表

剧院名称	观众厅建筑面积/m²	观众厅座椅数/座	人员密度/(人·m⁻²)	供冷量/kW	供热量/kW	冷指标/(W·m⁻²)	热指标/(W·m⁻²)
上海交响乐团音乐厅	1 900(包括舞台)	1 030	0.54	560	460	295	242
上海音乐学院歌剧院	733	1 212	1.65	518	592	576	658
宛平剧场	640	968	1.51	506	478	562	531
扬州大剧院	900	1 302	1.45	675	771	750	857

展示区、观众区、报告厅一般位于建筑内部,人体散热和散湿形成的冷负荷和湿负荷成为其室内空调负荷的主要部分。以上海某歌剧院观众厅为例,该观众厅建筑面积 733 m²,观众厅座椅数 1 212 座,人员密度 1.65 人/m²。在计算空调负荷时,新风量 20 m³/(h·人)、照明标准 8 W/m²,夏季室内温度 25 ℃,夏季相对湿度 60%。通过计算,得出其夏季冷负荷,详见表 5-8。

表 5-8　　　　　　　　　　上海某歌剧院负荷计算表

总冷负荷(全热)	514.96 kW
总冷负荷(显热)	217.35 kW
夏季人员冷负荷(全热)	136.66 kW
夏季人员冷负荷(显热)	73.83 kW
室内冷负荷(全热)	188.13 kW
夏季室内湿负荷	79 864.55 g/h
新风冷负荷(全热)	326.83 kW

根据表 5-8 数据计算可知,夏季室内湿负荷达 79 864.55 g/h。人员负荷占室内冷负荷的 72.6%,新风冷负荷是室内冷负荷的 1.74 倍,而新风冷负荷占总冷负荷的 63.5%。因此,做好除湿和排风热回收很有必要。

2. 空调除湿

展示区、观众区和报告厅都属于人员密集场所,需要的除湿量巨大,同时送风温差较小,因此送风状态点存在温度高,相对湿度小的特点。对于现有的空调送风系统形式而言,如采用一次回风系统,需要大量的再热,从节能的角度而言是不合适、不经济的。因此,相当部分的人员密集场所在空调系统的选择上会考虑采用二次回风系统,利用二次回风的混合来提高送风温度、降低相对湿度,从而满足设计要求。但由于二次回风具有系统的复杂性和控制的困难性等特点,在实际项目中,往往存在运行不佳的情况,难以达到室内温、湿度要求。另外一种处理方式是将温、湿度进行独立控制,由除湿器承担湿负荷,空调承担显热负荷,其效果比二次回风系统更好。

空调除湿的方法比较多,主要有升温除湿、冷冻除湿、转轮除湿、溶液除湿,以及混合除湿等,它们的优缺点及适用场合详见表 5-9。

表 5-9 空调除湿常见方法、优缺点及适用场合

方法	工作原理	优点	缺点	备注
升温除湿	湿空气通过加热器,温度升高的同时,相对湿度降低	简单易行,投资和运行费用都不高	除湿的同时,空气温度升高,且空气不新鲜	适用于对室内温度没有要求的场合
通风除湿	向潮湿空间输入较干燥(含湿量小)的室外空气,同时排出等量的潮湿空气	经济、简单	保证率较低,有混合损失	适用于室外空气干燥、室内要求不很严格的场合
冷冻除湿	湿空气流经低温表面,温度下降至露点温度以下,湿空气中的水蒸气冷凝析出	性能稳定,工作可靠,能连续工作	设备费和运行费较高,有噪声	适用于空气露点温度高于 4 ℃的场合
溶液除湿	由于空气的水蒸气分压力大于除湿溶液表面的饱和蒸汽分压力,水蒸气由气相向液相传递,空气的含湿量减小	除湿效果好,能连续工作,兼有清洁空气的功能	设备比较复杂,初投资高,再生时需要有热源,冷却水耗量大	适用于除湿量大、室内显热比小于 60%、空气出口露点温度低于 5 ℃的系统
固体除湿	利用某些固体物质表面的毛细管作用,或相变时的蒸汽分压力差吸附或吸收空气中的水分	设备简单,投资和运行费用都较低	除湿性能不太稳定,并随时间的增加而下降;需要再生	适用于除湿量小,要求露点温度低于 4 ℃的场合

续表

方法	工作原理	优点	缺点	备注
转轮除湿	湿空气通过以吸湿材料加工成的载体,如氯化锂转轮,在水蒸气分压力差的作用下,吸收或吸附空气中的水分成为结晶水,而不变成水溶液;转轮旋转至另一半空间时,吸湿载体通过加热而被再生	吸湿面积大,性能稳定,能连续进行除湿,湿度可调,除湿量大,能全自动运行	设备较复杂,并需要再生	适用温度范围宽,特别适宜于低温、低湿状态下应用
混合除湿	综合利用以上所列某几种方法,联合工作			

转轮除湿是在实际工程中应用最广泛的固体吸附式除湿技术之一。转轮用吸附材料的良好亲水性可吸附空气中的水分,降低空气的湿度。转轮除湿机由除湿转轮、传动装置、风机、过滤器、再生用加热器等组成。在除湿过程中,吸附转盘在驱动装置带动下缓慢转动,当吸附转盘在处理空气区域吸附水分子达到饱和状态后,进入再生区域,由高温空气进行脱附再生,这一过程不断周而复始,干燥空气连续经温度调节后送入空调区,达到高精度的温湿度控制要求。

溶液除湿也是工程中广泛应用的一种除湿方式。溶液除湿过程是依靠空气中水蒸气的分压力与除湿溶液表面的饱和蒸汽分压力之间的压力差为推动力进行质传递的。由于空气中水蒸气的分压力大于溶液表面的饱和蒸汽分压力,所以,水蒸气由气相向液相传递。随着质传递过程的进行,空气的含湿量减少,水蒸气分压力相应减小;与此同时,溶液则因被稀释而表面的饱和蒸汽分压力相应增大。当压差等于零时,质传递过程达到平衡,这时溶液已没有吸湿能力,必须进行再生(通过对溶液加热升温,使水分蒸发、浓度提升);利用再生后的浓溶液,继续进行除湿。除湿过程中释放出的部分潜热,由冷却空气带走。溶液在除湿器和再生器之间往复循环。一般除湿器内部或者入口处都有冷却装置,对于溶液的冷却可以使溶液具有更强的吸湿能力,同时使得溶液对于新风也有一定的降温能力。在再生器中设有加热装置,使得溶液很容易将其中的水分蒸发,实现溶液的再生。

3. 排风热回收

排风热回收装置是利用空气-空气热交换器来回收排风中的冷(热)能对新风进行冷热预处理的设备。空气-空气热交换器是排风热回收器的核心,主要分为全热换热器和显热换热器两类。全热换热器是用具有吸湿作用的材料制作的,它既能传热又能传湿,可同时回收显热和潜热。显热换热器是用没有含吸湿作用的材料制作的,只有传热,没有传湿能力,只能回收显热。

按照空气-空气热交换装置的不同种类,排风热回收装置的常用形式有热管换热器、转轮换热器、板式换热器、板翅式换热器和中间热媒式换热器等,常用热回收装置的特点和技术经济比较详见表 5-10 和表 5-11。

表 5-10 常用热回收装置的特点

热回收装置种类	结构特点	风量范围/ $(m^3 \cdot h^{-1})$	阻力/Pa	热回收形式
热管换热器	密封管内的工质（氨、氟利昂、甲醇等）在受热情况下发生相变，实现两端热量的传递，仅能回收显热	1 500～36 000	200 左右	显热
转轮换热器	结构紧凑、设备体积小。采用铝合金之类的芯材可做成显热回收型，采用吸湿性不燃材料或带吸湿性涂层的芯材可做成全热回收型	500～100 000	140～160	显热/全热
板式换热器	一般采用铝箔作为基材，实现新风、排风之间的显热交换	250～5 000	200～300	显热
板翅式换热器	采用不燃性矿物纤维作为基材，实现全热回收	250～8 000	350 左右	全热
中间热媒式换热器	由循环泵、新风、排风换热器和密闭式膨胀罐组成，实现显热回收	1 500～3 600	200 左右	显热

表 5-11 常用热回收装置的技术经济比较

热回收装置种类	效率	设备费用	维护保养	占用空间	交叉污染	自身耗能	接管灵活	抗冻能力	使用寿命
热管换热器	高	高	易	无	中	无	好	好	优
转轮换热器	高	高	中	有	大	有	差	差	中
板式换热器	低	低	中	无	大	无	差	中	良
板翅式换热器	较高	中	中	无	大	无	差	中	中
中间热媒式换热器	低	低	中	有	中	多	好	中	良

4. 案例分析

图 5-34 是上海市某歌剧院观众厅的剖面图。该歌剧院观众厅共有三层，观众厅座位数共 1 200 座，其中池座和乐池共 694 座、二层楼座 253 座、三层楼座 253 座。

考虑到声学需求，歌剧院观众厅的送风形式一般采用低风速送风，气流组织形式为下送上回，在送风方式上采用座椅送风，回风口位于歌剧院的顶部，形成了置换送风的系统形式。

根据《民用建筑供暖通风与空气调节设计规范》（GB 50736—2012）的要求，该项目的送风温差按 5 ℃ 考虑，观众厅设计温度 24 ℃，相对湿度 55%，相应的空调送风温度为 19 ℃。

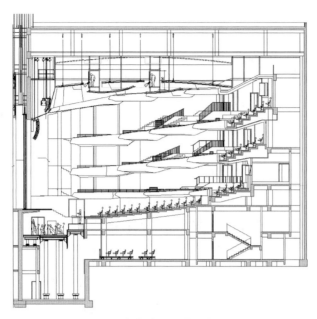

图 5-34　上海市某歌剧院观众厅剖面图

观众厅一般位于歌剧院的中心，围护结构的负荷可以忽略不计，主要的负荷为人员发热量及灯光设备散热量。歌剧院的观众厅由于顶部设有如追光灯、面光灯等用电设备，发热量巨大，详见表 5-12。

表 5-12　某歌剧院舞台及观众厅演出模式及待机模式的舞台设备散热量

房间名	发热设备	演出模式		待机模式	
		设备散热量	小时数	设备散热量	小时数
		kW	h	kW	h
剧院舞台(低区)	便携式视频墙、舞台灯光、扬声器	70	4	0.5	8
剧院舞台(高区)	舞台灯光、扬声器、投影	120	4	2	8
观众厅	舞台灯光、扬声器、投影	70	4	2.5	8

由于灯光及设备的发热量大部分位于观众厅顶部，因此对于置换通风系统而言，灯光设备负荷可以近似不计入人员活动区送风温差所需带走的冷负荷。送风温差计算仅需考虑人体显热冷负荷，相应的热湿比线也可仅计算人体全热冷负荷和人体散湿量的比值。

空调系统的送风量计算公式为

$$F = 3.6 \times \frac{Q}{C_p \cdot \Delta T \cdot \rho} \tag{5-5}$$

式中 F ——送风量,m³/h;

Q ——人体的显热发热量,W;

C_p ——空气的定压比热,J/(kg·K);

ΔT ——送风温差,℃;

ρ ——空气的密度,kg/m³。

设计温度为 24 ℃时,人体的显热发热量为 70 W,空气的密度为 1.17 kg/m³,因此人均送风量计算为 42.7 m³/h。考虑到实际空调负荷的不确定性因素,富余系数取 15%,因此项目的人均设计送风量按照 50 m³/h 确定,设计总送风量为 60 000 m³/h。

根据《剧场建筑设计规范》(JGJ 57—2016)的要求,对于多层观众厅宜竖向分区设置空调系统,因此项目对楼座和池座单独设置空调系统。空调系统的漏风率均按照 10% 计算,因此项目池座及乐池设置两台 20 000 m³/h 的空调机组,楼座设置一台 28 000 m³/h 的空调机组。

将观众厅灯光及设备负荷计入到顶部的回风中。根据表 5-12 舞台及观众厅的设备散热量表中可知,观众厅的灯光及设备按演出模式计算,发热量达到了 70 kW。因而歌剧院顶部回风温度较歌剧院室内设计温度约高出 3.5 ℃,为 27.5 ℃。

在该项目中,为了满足夏季除湿的要求,采用了转轮除湿空调系统。由于转轮需要高温空气对其再生,该部分需要热源,因此项目在设计中从节能的角度选择了节能型冷凝热回收低温再生转轮除湿机组。图 5-35 为该节能型冷凝热回收低温再生转轮除湿空调系统在项目中使用的原理图。室外新风和观众厅回风进行混合后首先送入预表冷段进行初次冷冻除湿,而后进入压缩机系统的蒸发器进行二次冷冻除湿,完成冷冻除湿的部分空气通过转轮进行转轮除湿,并和部分旁通的空气进行混合,混合后的空气再进入后表冷段冷却,处理至送风状态点,由风机送至室内。而再生空气则通过冷凝器及备用再热段的加热后,对除湿转轮进行再生,并由再生风机排出。该项目使用的转轮除湿空调系统可以实现明显的节能效果。

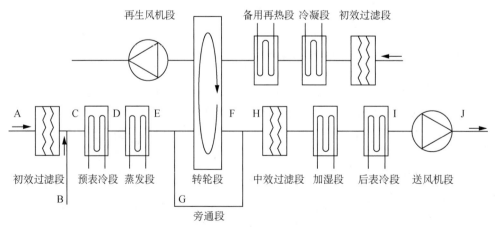

图 5-35 节能型冷凝热回收低温再生转轮除湿机组系统原理图

图 5-36 为整个空调系统的焓湿图。其中 N 点为观众厅室内状态点，A 点为空调回风状态点，风机及风管送风温升（I 点到 J 点过程）按照 1 ℃设计。

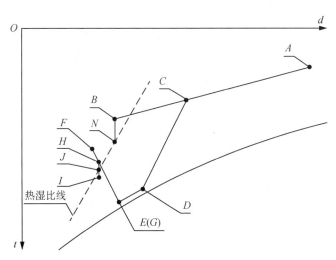

图 5-36　节能型冷凝热回收低温再生转轮除湿机组焓湿图

以楼座空调箱为例，各相应状态点的风量、干球温度和含湿量见表 5-13。

表 5-13　　　　　　　　　　送风各状态点参数计算表

状态点	A	B	C	D	E	F	G	H	I	J	N
风量 /(万 $m^3 \cdot h^{-1}$)	1.7	1.1	2.8	2.8	2.8	1.8	1.0	2.8	2.8	2.8	2.8
干球温度 /℃	27.5	34.4	31.3	16.9	15	23.1	15	20.2	18	19	24
含湿量 /($g \cdot kg^{-1}$)	10.3	21.5	15.2	11.5	10	8.6	10	9.1	9.1	9.1	10.3

值得注意的是，受新风及再生风管井尺寸限制的影响，项目设计过程中减少了所需的再生风量。空调再生风量按总送风量的 2/3 确定，为 18 000 m^3/h，另有 1/3 送风量通过旁通。如空调新风及再生风井道面积充裕时，可按空调送风量确定再生风量，降低转轮除湿时需要达到的送风干燥度，从而提高转轮的效率。

另外，虽然歌剧院需设置用以保持室内风量平衡的排风系统，但该排风不宜作为再生风二次利用。，这是由于再生风作为转轮再生的热源需要较高的温度，而室内排风（27.5 ℃）较室外空气相对温度（34.4 ℃）较低，如需要加热至再生风所需要的温度，其能耗远高于室外空气加热。

5.2.2　气流组织

气流组织设计的任务是合理地组织室内空气的流动，使室内工作区空气的温度、相对湿度、速度和洁净度满足工艺要求和舒适性要求,舒适性空调室内活动区的允许流速与温度的关系详见表 5-14。空调房间的气流组织不仅直接影响空调房间的使用效果,也影响空调系统的能耗。气流组织应根据建筑物的用途、空调区的温湿度参数、允许风速、噪声标准、空气质量、温度梯度以及空调分布特性指标(Air Dffusion Performance Index,ADPI)等要求,结合内部装修、工艺或家具布置等情况,进行设计计算,基本要求详见表 5-15。

表 5-14　　　　　　　　　　　　室内活动区的允许流速与温度的关系

室内温度/℃	18	19	20	21	22	23	24	25	26	27	28
允许流速/(m·s⁻¹)	0.1	0.12	0.16	0.2	0.25	0.3	0.35	0.4	0.45	0.5	0.55

表 5-15　　　　　　　　　　　　舒适性空调气流组织基本要求

室内温湿度参数	送风温差/℃	换气次数/(次·h⁻¹)	风速/(m·s⁻¹)		可能采取的送风方式
			送风出口	空气调节区	
夏季:温度 24～28 ℃,相对湿度 40%～70%;冬季:温度 18～24 ℃,相对湿度≥30%	送风口高度 h≤5 m 时,5～10 ℃;送风口高度>5 m 时,10～15 ℃	不宜小于 5 次,但对高大空间,应根据其冷负荷通过计算确定	应根据送风方式、送风口类型、安装高度、室内允许风速、噪声标准等因素确定	夏季≤0.3冬季≤0.2	①侧向送风;②散流器平送或向下送;③孔板上送;④条缝型风口上送;⑤喷口或旋流风口送风;⑥置换送风;⑦地板送风

复杂空间空调区的气流组织设计,宜采用计算流体力学(CFD)软件进行数值模拟。对于剧场建筑的观众厅、舞台,博物馆建筑的展厅,图书馆建筑的中庭、阅览室等高大空间,借助 CFD 模拟分析,合理优化气流组织设计,可以使送风气流均匀、送排风口不短路,在满足人员活动区气流速度和温湿度舒适性要求的前提下,提高送风效率,减小送、回风量,达到减小输配系统能耗和冷、热处理能耗的目的。

1. 剧场气流组织

1) 观众厅和舞台气流组织形式

剧场建筑的观众厅和舞台均为高大空间,高度约 20 m。为了满足室内舒适度需求,一般观众厅采用座椅送风的下送侧回形式,舞台和乐池多采用上送下回形式,如图 5-37 所示。

2) 观众厅、舞台气流组织设计需要注意的问题

(1) 防止吹冷风问题。

由于观众厅多采用地板下送风的气流组织形式,送风口靠近观众的脚部,避免吹风感就显得特别重要。下部送风的送风口必须选用具有良好速度衰减及温度衰减功能的送风口。

(2) 有效排风问题。

在高大空间的观众厅内,空调送入冷风在观众厅的下部区域,上下容易形成较大的温度差,在顶棚下面形成稳定的高温空气层。若合理利用这一现象,在靠近顶棚的高温空气

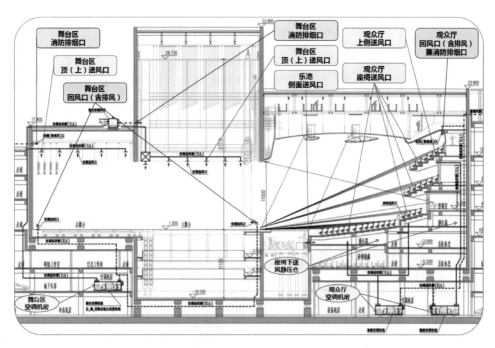

图 5-37　某歌剧院送、回风口布置示意图

层附近排风,可以降低空调负荷。

（3）送回风问题。

在本书调研的几个项目中,除上海交响乐团音乐厅采用阶梯下送侧回的气流组织外,其余几个项目的气流组织均为座椅下送侧回风的形式,详见表 5-16。

表 5-16　　　　　　　　　剧场座椅下送侧回风形式统计

序号	剧院名称	气流组织形式
1	上海交响乐团音乐厅	阶梯下送侧回
2	上海音乐学院歌剧院	座椅下送侧回
3	宛平剧场	座椅下送侧回
4	扬州大剧院	座椅下送侧回

设计气流组织时,要注意在送风气流无法到达的区域布置回风口,以消除气流死角,保证空调效果。

（4）热空气在舞台上部滞留问题。

舞台部分多采用上送风形式,送风送入表演区时,须采取调控措施,不得吹动幕布及布景。夏季,送风冷空气密度比室内空气密度大,冷空气自然下降,热舒适性要求较为容易得到满足。冬季,受热气流上升的影响,舞台下部演员活动区的温度可能得不到保障,这是舞台暖通设计中需注意的问题。

3）观众厅气流组织实例分析

以浙江省某剧场为例分析观众厅的气流组织特点,该观众厅采用定风量一次回风全空气系统,气流组织为座椅下送风、侧墙回风的形式。

在冬季,由座椅下送的热空气自然上升,热舒适性要求较为容易得到满足,所以在此不对冬季工况进行讨论,而仅对夏季工况进行模拟分析。楼座处于整个观众厅的回风区,考虑到从一楼座椅处送出的冷空气受到人员等热源的影响后上升,也会带走二楼的部分负荷,故分别对楼座不设置座椅送风(工况 1)和设置座椅送风(工况 2)两种情况进行模拟,分析观众厅的气流组织分布以及热舒适性是否能够符合设计要求。

由于剧场舞台的空调系统与观众厅分开设置,在模拟计算时,不考虑舞台空调系统,剧院观众厅模型如图 5-38、图 5-39 所示。

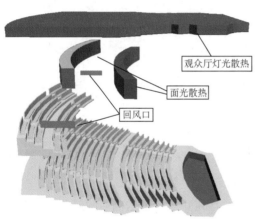

图 5-38 观众厅平面布置模型

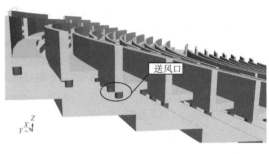

图 5-39 观众厅座椅送风口模型

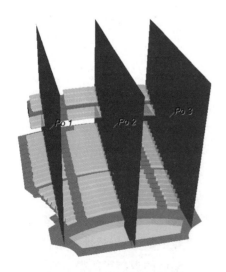

图 5-40 垂直剖面位置示意图

观众厅的夏季室内设计温度为 26 ℃,其周边相邻房间主要为楼梯间、耳光室、卫生间和走廊等,其温度均按 28 ℃考虑,座椅送风温度按 22 ℃设置。每个座椅的送风量为 75 m³/h。在建立模型时,将座椅表面积设定为"与人体表面积相同",且座椅表面温度为 37 ℃,以模拟人体散热。剧院观众厅内的灯光总散热量约 32 660 W。

截取三个剖面,位置如图 5-40 所示。其中剖面 1 与剖面 3 处的池座后 11 排座椅由于结构梁的位置限制不设送风口。通过模拟,得到剧院观众厅内温度的垂直分布。图 5-41 和图 5-42 分别反映了工况 1 和工况 2 以上三个剖面的温度垂直分布情况。

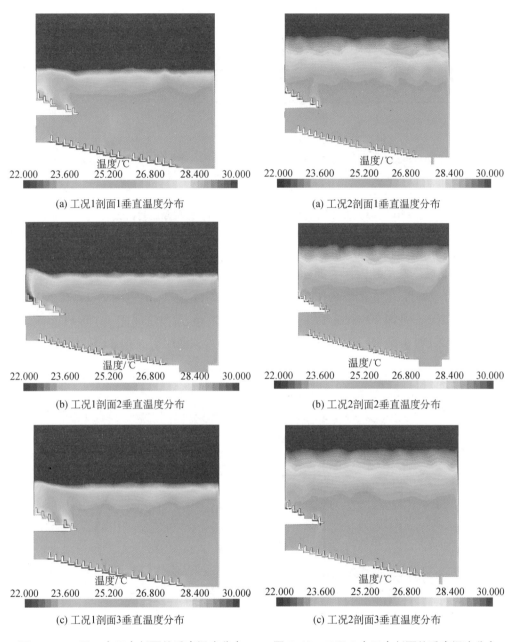

(a) 工况1剖面1垂直温度分布　　　　　　(a) 工况2剖面1垂直温度分布

(b) 工况1剖面2垂直温度分布　　　　　　(b) 工况2剖面2垂直温度分布

(c) 工况1剖面3垂直温度分布　　　　　　(c) 工况2剖面3垂直温度分布

图 5-41　工况 1 在三个剖面处垂直温度分布　图 5-42　工况 2 在三个剖面处垂直温度分布

　　根据以上模拟结果,观众厅的温度随着高度的增加而逐渐升高,产生了温度的分层现象。图 5-43 为剖面 2 在工况 1 和工况 2 的情况下的分层高度对比。工况 1 观众厅池座座椅的坐高处温度约为 26 ℃,满足室内设计温度的规定,但是楼座部分座椅的坐高处温度大于 28 ℃,甚至高达 30 ℃,不能满足室内设计温度的规定。工况 2 楼座和池座的座椅处温度为 25～27 ℃,满足室内设计温度的要求,因此按照楼座设置座椅送风(工况 2)进行设计。

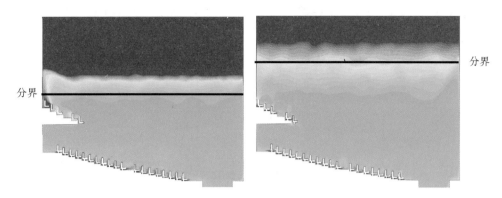

图 5-43 工况 1(左)与工况 2(右)剖面 2 分层高度对比图

4) 舞台气流组织实例分析

以上海某歌剧院的歌剧厅为例分析歌剧厅舞台的气流组织特点。该舞台呈品字型镜框式布置，由主舞台、左右侧舞台和后舞台组成。主舞台宽 28 m，进深 20 m，高 27.73 m；左侧舞台宽 20 m，进深 20 m，高 14 m；右侧舞台宽 20 m，最大进深 21 m，高 14 m；后舞台宽 18 m，进深 17 m，高 15 m；主舞台台仓深 11.1 m。歌剧厅平面布置详见图 5-44。

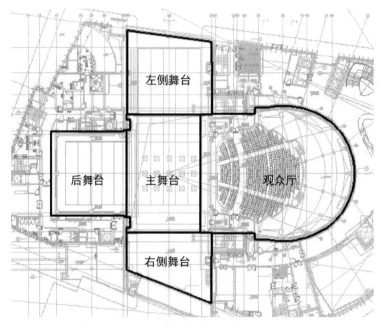

图 5-44 歌剧厅平面布置

舞台采用定风量一次回风全空气系统，主舞台向下 30°侧送风，左右侧舞台顶送风，回风采用墙体底部侧回风的气流组织形式。

为使人员活动区温度达到要求，拟在主舞台台仓内设置加热系统，紧贴台仓顶板送 40 ℃热风，在演出前对舞台地面进行加热，起到地暖的作用。

为了全面模拟分析歌剧院舞台的气流组织,共分为 4 个工况,详见表 5-17。

表 5-17 舞台气流组织各工况对比

工况	定风量空调系统	台仓内加热系统	辐射影响
工况 1	√	×	×
工况 2	√	×	√
工况 3	√	√	×
工况 4	√	√	√

根据《剧场建筑设计规范》(JGJ 57—2016)的规定,歌剧厅舞台冬季室内设计温度为 20~16 ℃,平均风速为 0.2~0.3 m/s;《全国民用建筑工程设计技术措施:暖通空调·动力》(2009 版)中表 1.2.2 和表 5.4.2-1 的规定,歌剧厅舞台冬季的室内设计温度为 16~20 ℃,室内活动区的允许气流速度为 0.2 m/s。综合上述两种室内设计参数的规定,模拟将冬季室内设计温度的范围设定为 20~16 ℃,气流平均速度定为不大于 0.3 m/s。

以下为设计分析的内容:①距舞台地板 1.5 m 高度处的室内空气平均温度;②距舞台地板 1.5 m 高度处的室内空气平均风速;③舞台地板的平均温度;④歌剧厅舞台室内温度的垂直分布情况。

通过 CFD 模拟分析,得到各工况的室内气流组织结果对比,详见表 5-18。

表 5-18 各工况模拟结果对比

工况	定风量空调系统	台仓预热	辐射影响	距舞台地板 1.5 m 高度处平均温度/℃	地板表面温度/℃	距舞台地板 1.5 m 高度处平均风速/(m·s⁻¹)	温度垂直分布
工况 1	√	×	×	20.8	9.2	0.19	不均匀
工况 2	√	×	√	19.2	9.0	0.19	不均匀
工况 3	√	√	×	21.1	24.5	0.20	较均匀
工况 4	√	√	√	21.0	24.5	0.17	较均匀

从表中结果可知,当歌剧厅舞台采用定风量一次回风全空气系统,主舞台采用侧送、向下 30°送风,左右侧舞台采用顶送风,墙体底部侧回风的气流组织形式时,距舞台地板 1.5 m 高度处平均温度为 19~21 ℃,基本能够满足《剧场建筑设计规范》(JGJ 57—2016)与《全国民用建筑工程设计技术措施:暖通空调·动力》(2009 版)中室内设计温度 16~20 ℃ 的要求。但舞台地面表面温度较低,仅有 9 ℃,因此人员活动区的舒适度并不高。

在台仓内紧贴台仓顶板送 40 ℃ 热风,能使歌剧厅舞台地板的平均温度达到 24.5 ℃,并能使舞台内温度垂直分布变得较为均匀,改善室内上热下冷现象,更加符合人体热舒适性要求。

歌剧厅距舞台地板 1.5 m 高度处气流平均速度小于 0.3 m/s,满足《剧场建筑设计规范》(JGJ 57—2016)中平均风速应 0.2~0.3 m/s 的要求。

在台仓内紧贴台仓顶板送 40 ℃ 热风,约 1 h 后,台仓顶板平均温度基本达到稳定,详见图 5-45。

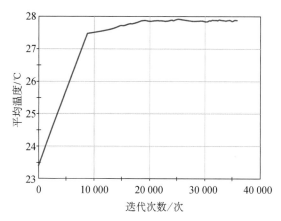

图 5-45 台仓顶板平均温度变化曲线

2. 博物馆气流组织

1) 博物馆建筑特点

博物馆建筑一般分为四种功能分区。第 1 分区:陈列、展览、教育与服务分区;第 2 分区:藏品库分区;第 3 分区:技术工作分区;第 4 分区:行政与研究办公分区。

第 1 分区系博物馆对外开放的区域,由门厅、基本陈列室、临时(专题)展览厅、教室、讲演厅、视听室、休息室、餐厅等组成。门厅是博物馆观众集散枢纽,是组织引导观众或供观众游览休息的必要空间。

第 2 分区为藏品库区,由库前区和藏品库两大部分组成。库前区用房包括卸落台、开箱室、登录室、清理室、消毒室、编目与目录室等。

第 3 分区为技术工作区,各种用房的组成视博物馆的性质、规模而异。以社会科学博物馆来说,国家级的博物馆或地区级的中心博物馆,通常设有文物保护科学实验室、文物修复室或文物复制工场等。

第 4 分区为行政与研究办公区。行政管理用房由办公室、接待室、会议室、物资贮存库房、保安监控室、职工食堂、设备机房等组成;研究工作用房由研究室和图书资料室组成。

在以上四个分区中,除第 2 分区根据藏品的不同,根据需要设置恒温恒湿工艺性空调外,其余三个分区均为舒适性空调。第 1 分区一般为高大空间,在空调系统设计时,大多采用全空气空调系统,而第 3、第 4 分区一般为小空间,在空调系统设计时,可采用风机盘管＋新风系统或多联机＋新风系统。

2）博物馆展厅气流组织的实例分析

潜江市某文化中心博物馆项目中庭（高 23.3 m）、陈列展厅（高 7.4 m/8.5 m）为较高大空间，以上区域室内空调系统形式均为全空气空调系统。选取中庭和陈列展厅进行室内气流组织模拟分析，为其空调系统设计提供参考依据。

中庭位于博物馆中部，其一层东侧为休息区、西侧为入口门厅，二层和四层架空，三层和五层东侧、西侧为休息区。面宽 24.5 m，进深约 28 m，高 23.3 m，吊顶距每层楼板高度为 5.25 m。中庭平面详见图 5-46 至图 5-49。

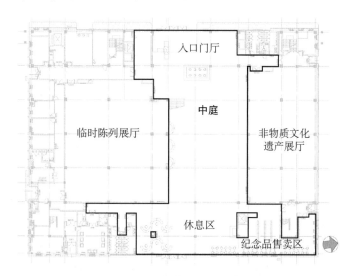

图 5-46　中庭一层平面图

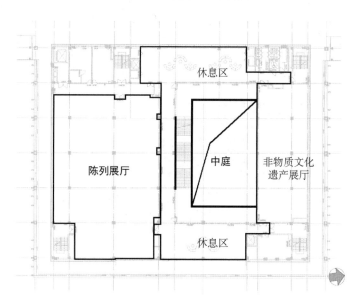

图 5-47　中庭三层、陈列展厅平面图

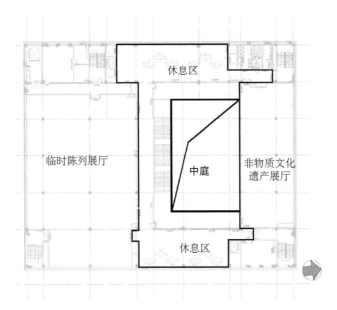

图 5-48 中庭五层平面图

中庭采用全空气系统,设置 5 台组合式空调箱(AHU)。气流组织形式为侧(上)送下回,中庭内部采用球形喷口侧送,入口大厅和休息区采用圆形散流器顶部送风,中庭一层东侧的纪念品售卖区采用方形散流器顶部送风,回风口设置在一层、三层、五层侧墙距地板 0.25 m 处,集中回风。排风口设置在二层、四层、六层吊顶顶部,集中排风。

陈列展厅呈矩形布置,其西侧、北侧与建筑其他功能区相邻。面宽 25.5 m,进深约 19.8 m,高 7.4 m,吊顶距地高度为 5.25 m。陈列展厅采用全空气系统,设置 2 台组合式空调箱(AHU)。气流组织形式为上送下回,采用圆形散流器顶部送风,回风口设置在侧墙距地板 0.25 m 处集中回风,排风口设置在吊顶顶部集中排风。

中庭模型如图 5-49 所示,陈列展厅模型如图 5-50 所示。

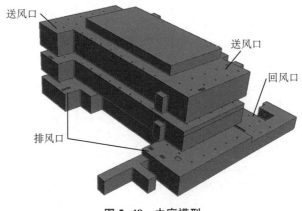

图 5-49 中庭模型

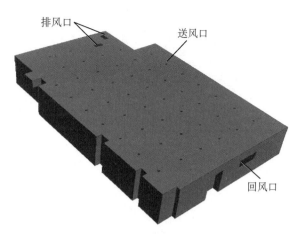

排风口

送风口

回风口

图 5-50 陈列展厅模型

壁面边界条件详见表 5-19。

表 5-19 壁面边界条件

房间	部位	传热系数 /[W·(m²·K)⁻¹]	冬季环境温度 /℃	夏季环境温度 /℃
中庭	屋面	0.27	−1.9	31.4
	外墙	0.68	−1.9	31.4
	地面	3.20	5	30
	与非供暖空调区域之间的隔墙	1.10	10	29
	与供暖空调区域之间的隔墙	绝热	绝热	绝热
	与供暖空调区域之间的楼板	绝热	绝热	绝热
	屋顶透光部分	2.40	−1.9	31.4
陈列展厅	外墙	0.68	−1.9	31.4
	与非供暖空调区域之间的隔墙	1.10	10	29
	与供暖空调区域之间的隔墙	绝热	绝热	绝热
	与供暖空调区域之间的楼板	绝热	绝热	绝热

注：1. 由于供暖空调区域的室内空调设计温度相同，中庭、陈列展厅的冬/夏季供暖空调区域之间楼板/隔墙设置为绝热。

2. 卫生间、楼梯间、设备用房等非空调房间冬季温度设为 10 ℃，夏季温度设为 29 ℃。

3. 冬/夏季地面温度较为稳定，冬季设为 5 ℃，夏季设为 30 ℃。

中庭的室内负荷主要为照明、设备、人员散热和屋顶透光部分的太阳辐射得热，室内总负荷指标为 72.64 W/m²。陈列展厅的室内负荷主要为照明、设备和人员散热，室内总负荷指标为 56.6 W/m²。冬季工况选择最不利情况进行分析，模拟时不考虑室内负荷的影响。

送风口、回风口、新风口及排风口风速根据设计风量以及风口尺寸进行计算,模拟分析的送回风口边界条件的具体设置详见表 5-20 和表 5-21。

表 5-20 中庭风口边界条件

风口类型	风量/ (m³·h⁻¹)	风速/ (m·s⁻¹)	冬季送回风 温度/℃	夏季送回风 温度/℃
AHU F1-02 送风口 1	700	3.09	26.0	18.0
AHU F1-02 送风口 2	840	5.99	26.0	18.0
AHU F1-03 送风口 1	590	1.82	26.0	18.0
AHU F1-03 送风口 2	670	2.96	26.0	18.0
AHU F1-04 送风口	920	6.56	26.0	18.0
AHU F2-03 送风口	840	3.71	26.0	18.0
AHU F3-03 送风口	840	3.71	26.0	18.0
AHU F1-02 回风口	21 000	1.52	20.0	26.0
AHU F1-03 回风口	21 000	1.62	20.0	26.0
AHU F1-04 回风口	21 000	1.52	20.0	26.0
AHU F2-03 回风口	24 000	1.98	20.0	26.0
AHU F3-03 回风口	24 000	1.98	20.0	26.0
EF F1-ZT2 排风口	7 000	2.03	20.0	26.0
EF F2-ZT2 排风口	10 100	1.95	20.0	26.0
EF F1-ZT3 排风口	7 000	2.03	20.0	26.0
EF F3-ZT2 排风口	10 100	1.95	20.0	26.0

表 5-21 陈列展厅风口边界条件

风口类型	风量/ (m³·h⁻¹)	风速/ (m·s⁻¹)	冬季送回风 温度/℃	夏季送回风 温度/℃
AHU F2-01 送风口	880	3.89	26.0	17.5
AHU F2-02 送风口	920	4.07	26.0	17.5
AHU F2-01~02 回风口	36 800	2.03	20.0	26.0
EF F2-ZT1 排风口	8 550	1.86	20.0	26.0

注:表内风速为单个送风口的风速。

以中庭、陈列展厅冬季工况为例,温度模拟结果如下:

中庭一层、三层、五层距地 1.5 m 高度处温度的分布情况详见图 5-51—图 5-53。各层 1.5 m 高度处温度符合冬季室内温度 18~24 ℃ 的设计要求。中庭垂直温度分布详见图 5-54。

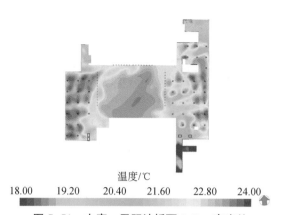

温度/℃

18.00　　19.20　　20.40　　21.60　　22.80　　24.00

图 5-51　中庭一层距地板面 1.5 m 高度处
　　　　温度分布云图(冬季)

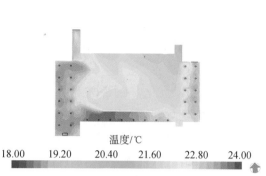

温度/℃

18.00　　19.20　　20.40　　21.60　　22.80　　24.00

图 5-52　中庭三层距地板面 1.5 m 高度处
　　　　温度分布云图(冬季)

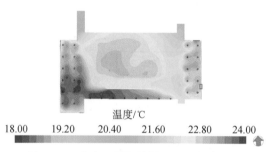

温度/℃

18.00　　19.20　　20.40　　21.60　　22.80　　24.00

图 5-53　中庭五层距地板面 1.5 m 高度处
　　　　温度分布云图(冬季)

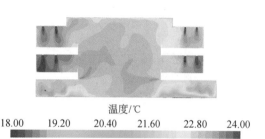

温度/℃

18.00　　19.20　　20.40　　21.60　　22.80　　24.00

图 5-54　中庭温度垂直分布云图(冬季)

陈列展厅距地板面 1.5 m 高度处温度水平分布情况详见图 5-55,温度的垂直分布详见图 5-56。陈列展厅 1.5 m 高度处温度处于 21.6～23.4 ℃之间,符合冬季室内温度 18～24 ℃的设计要求。垂直剖面温度范围在 21.6～23.4 ℃之间,大部分区域温度在 23.2 ℃左右,符合冬季室内温度 18～24 ℃的设计要求。

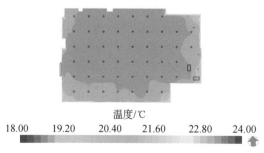

温度/℃

18.00　　19.20　　20.40　　21.60　　22.80　　24.00

图 5-55　陈列展厅距地板面 1.5 m 高度处
　　　　温度分布云图(冬季)

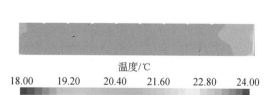

温度/℃

18.00　　19.20　　20.40　　21.60　　22.80　　24.00

图 5-56　陈列展厅温度垂直分布
　　　　云图(冬季)

3. 图书馆气流组织

在图书馆建筑的各个功能模块一般都采用单层布置的形式,但为了追求空间效果的通透,图书馆阅览室、门厅、中庭往往会有多层通高的情况。本书主要分析其通高大厅的气流组织特点。

潜江市某文化中心图书馆项目中庭为矩形平面,位于图书馆中部。其一层北侧为安检区、入口门厅、总服务台及存物处,南侧为展厅及走廊,西侧为借还柜台及走廊,东侧为次入口门厅、书店及报刊阅览;二层北侧为少儿阅读区,南侧为走廊,西侧为少儿电子阅览区及少儿阅读区,东侧为绘本阅读区及幼儿阅读区;三层北侧为文学艺术阅读区,南侧为走廊,西侧为社会科学阅读区,东侧为自然科学阅读区;四层北侧为趣味讲堂,南侧、西侧为走廊,东侧为个人视听区及电子阅览区。中庭长 54.6 m,宽 37.1 m,一层至四层通高 22.2 m,吊顶距每层楼板高度为 3.6 m。中庭平面详见图 5-57。

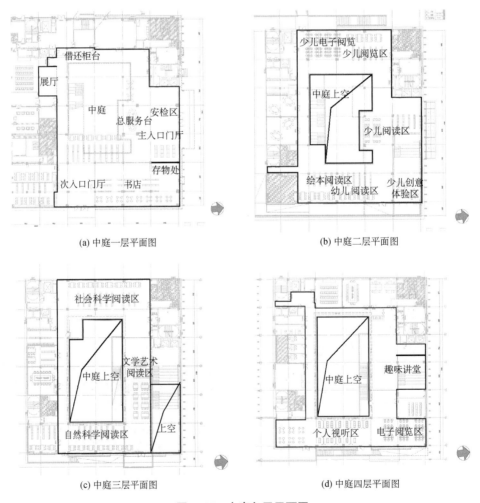

(a) 中庭一层平面图   (b) 中庭二层平面图

(c) 中庭三层平面图   (d) 中庭四层平面图

图 5-57 中庭各层平面图

中庭采用全空气系统设置8台组合式空调箱(AHU)。一层气流组织形式为上送下回,中庭内部采用球形喷口侧送,安检区、入口门厅、总服务台、存物处、展厅、借还柜台、次入口门厅、书店及报刊阅览及走廊采用圆形散流器顶部送风,回风口设置在一层侧墙距地板0.25 m处,集中回风;二层至四层气流组织形式为上送上回,送风口采用方形散流器顶部送风,回风口设置在各层吊顶顶部,集中回风。排风口设置在一层至四层各层吊顶顶部,集中排风。中庭模型如图5-58所示。

壁面边界条件详见表5-22。

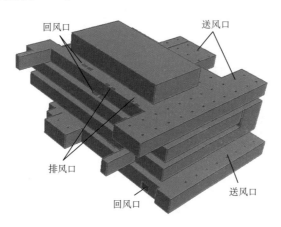

图5-58　中庭模型

表 5-22　　　　　　　　　　　　　壁面边界条件

部位	传热系数/[W·(m²·K)⁻¹]	冬季环境温度/℃	夏季环境温度/℃
屋面	0.22	−1.9	31.4
外墙	0.55	−1.9	31.4
地面	3.20	5	30
与非供暖空调区域之间的隔墙	1.10	10	29
与供暖空调区域之间的隔墙	绝热	绝热	绝热
与供暖空调区域之间的楼板	绝热	绝热	绝热

注:1. 由于供暖空调区域的室内空调设计温度相同,中庭、陈列展厅的冬/夏季供暖空调区域之间楼板/隔墙设置为绝热。
　　2. 卫生间、楼梯间、设备用房等非空调房间冬季温度设为10 ℃,夏季温度设为29 ℃。
　　3. 冬/夏季地面温度较为稳定,冬季设为5 ℃,夏季设为30 ℃。

根据暖通设计,中庭及与其连通的周边功能区的室内负荷主要为照明、设备、人员散热和屋顶透光部分的太阳辐射得热,室内总负荷指标为78.41 W/m²。冬季工况选择最不利情况进行分析,模拟时不考虑室内负荷的影响。

送风口、回风口、新风口及排风口风速根据设计风量以及风口尺寸进行计算。

模拟分析的送回风口边界条件的具体设置详见表5-23。

表 5-23 中庭及与其连通的周边功能区风口边界条件

风口类型	风量/ $(m^3 \cdot h^{-1})$	风速/ $(m \cdot s^{-1})$	冬季送回风温度/℃	夏季送回风温度/℃
AHU F1-02 送风口	920	4.07	26	18
AHU F1-01 送风口 1	910	4.02	26	18
AHU F1-01 送风口 2	960	6.84	26	18
AHU F2-02 送风口 1	860	1.84	26	18
AHU F2-02 送风口 2	900	2.08	26	18
AHU F2-01 送风口	860	1.84	26	18
AHU F3-02 送风口	990	2.12	26	18
AHU F3-01 送风口	1 042	2.23	26	18
AHU F4-02 送风口	910	1.95	26	18
AHU F4-01 送风口	790	1.69	26	18
AHU F1-02 回风口	33 000	1.93	20	26
AHU F1-01 回风口	33 000	1.99	20	26
AHU F2-02 回风口	11 061	1.92	20	26
AHU F2-01 回风口	11 061	1.92	20	26
AHU F3-02 回风口	10 866	1.89	20	26
AHU F3-01 回风口	10 866	1.89	20	26
AHU F4-02 回风口	8 900	1.93	20	26
AHU F4-01 回风口	8 900	1.93	20	26
EF F1-YL2 排风口	4 800	1.90	20	26
EF F1-YL3 排风口	4 800	1.90	20	26
EF F1-YL1 排风口	4 910	1.95	20	26
EF F2-YL1 排风口	4 950	1.96	20	26
EF F2-YL2 排风口	4 950	1.96	20	26
EF F3-YL2 排风口	4 350	1.73	20	26
EF F3-YL1 排风口	4 350	1.73	20	26
EF F4-YL1 排风口	3 960	2.20	20	26

注:表内风速为单个送风口的风速。

以夏季工况为例,中庭各层 0.9 m 高度处温度分布详见图 5-59—图 5-62。中庭一层、二层、三层 0.9 m 高度处温度分布较为均匀,符合夏季室内温度 24~28 ℃的设计要求。中庭四层距地板面 0.9 m 高度处的平均温度为 27.6 ℃,最高温度为 30.2 ℃,出现在中庭四层架空处和中庭西南侧走廊,此区域为非空调区域无需考虑,符合夏季室内温度 24.0~28.0 ℃的设计要求。温度的垂直分布详见图 5-63,中庭与周边各层阅览区内出现了明显的上热下冷现象。

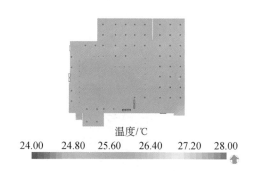

图 5-59 中庭一层距地板面 0.9 m 高度处温度分布云图(夏季)

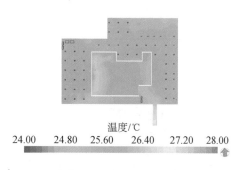

图 5-60 中庭二层距地板面 0.9 m 高度处温度分布云图(夏季)

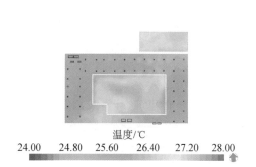

图 5-61 中庭三层距地板面 0.9 m 高度处温度分布云图(夏季)

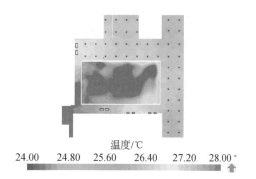

图 5-62 中庭四层距地板面 0.9 m 高度处温度分布云图(夏季)

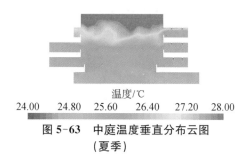

图 5-63 中庭温度垂直分布云图(夏季)

图书馆中庭冬季、夏季工况的室内舒适度模拟结果详见表 5-24。

表 5-24 图书馆中庭冬季、夏季工况的室内舒适度模拟结果

楼层	工况	温度		风速	
		设计范围/℃	距地板面 0.9 m 平均温度/℃	设计范围/（m·s⁻¹）	距地板面 0.9 m 平均风速/（m·s⁻¹）
一层	冬季	18～24	22.1	≤0.2	0.31
	夏季	24～28	25.8	≤0.3	0.34
二层	冬季	18～24	22.4	≤0.2	0.22
	夏季	24～28	26.0	≤0.3	0.20
三层	冬季	18～24	22.4	≤0.2	0.22
	夏季	24～28	26.2	≤0.3	0.18
四层	冬季	18～24	22.0	≤0.2	0.20
	夏季	24～28	27.6	≤0.3	0.18

从上表可知,中庭及其周边功能区冬季室内温度较高,不利于节能;冬季一层至四层、夏季一层室内风速较大,不利于室内人员舒适性。可根据实际运行需要,调整系统送风温度和送风量,使冬季和夏季温度分别控制在 20 ℃和 26 ℃左右,风速分别控制在 0.20 m/s 和 0.30 m/s 以内,保证冷热舒适度和吹风感的同时节约能源。

5.2.3 过渡季机械通风

现有文化建筑中,展厅、报告厅、演出厅等房间一般布置在建筑内区,或考虑特殊光学和声学要求未设置可开启外窗。剧场建筑通常考虑隔声性能,除必要的门厅、沿外墙设置的休息区、咖啡厅等房间外,外立面尽可能不设计可开启窗扇。通过对某音乐厅的现场调研发现,为了避免室外噪声对音乐厅和演艺厅的干扰,该项目对声学设计的要求较高,所有外立面除必要的外门外,不设置可开启窗扇,从而达到严格的隔声要求,因此,该项目不具备自然通风条件,过渡季室内所有房间的通风均通过机械通风完成。

而这些无自然通风设计的展厅、报告厅、演出厅等房间通常为高大空间,空调末端一般采用全空气系统满足室内舒适度要求。全空气系统设置全新风或 50% 以上新风比运行,以满足过渡季室内换气次数要求。

通过对多个文化建筑机械通风房间进行计算统计发现,当新风比为 50% 时,除小部分房间换气次数小于 2 次/h 外,其余房间均能满足换气次数要求;当新风比为 70% 时,所有换气次数均可以达到 2 次/h 以上。

某博物馆过渡季内区房间采用 50% 和 70% 新风比运行,过渡季换气次数计算结果详见表 5-25。

表 5-25　　　　　　　　　　　　某博物馆过渡季机械通风换气次数

服务区域	体积/m³	送风量/(m³·h⁻¹)	50%新风比		70%新风比	
			过渡季节新风量/(m³·h⁻¹)	换气次数/(次·h⁻¹)	过渡季节新风量/(m³·h⁻¹)	换气次数/(次·h⁻¹)
侧门厅	8 172.15	50 000	25 000	3.1	35 000	4.3
办公门厅	5 182.8	32 000	16 000	3.1	22 400	4.3
贵宾接待	1 788.15	10 000	5 000	2.8	7 000	3.9
次门厅	3 615.15	32 000	16 000	4.4	22 400	6.2
主门厅	5 435.85	25 000	12 500	2.3	17 500	3.2
开幕式大厅前厅	6 696.9	40 000	20 000	3.0	28 000	4.2
接待服务	17 976	110 000	55 000	3.1	77 000	4.3
观众休息区	3 924.75	26 000	13 000	3.3	18 200	4.6
南侧休息厅	7 407	55 000	27 500	3.7	38 500	5.2
左侧休息厅	5 689.5	40 000	20 000	3.5	28 000	4.9
休息厅	6 566.25	50 000	25 000	3.5	35 000	5.3
南侧休息厅	3 881.25	25 000	12 500	3.2	17 500	4.5
大过厅	12 460.5	100 000	50 000	4.0	70 000	5.6
大过厅1	7 654.5	25 000	12 500	1.6	17 500	2.3
大过厅2	2 562.75	20 000	10 000	3.9	14 000	5.5
大过厅3	3 021.25	25 000	12 500	4.1	17 500	5.8
大过厅4	5 886.75	25 000	12 500	2.1	17 500	3
观众休息厅	4 348.5	30 000	15 000	3.4	21 000	4.8
休息厅	4 424.25	25 000	12 500	2.8	17 500	4
前厅	2 518.45	20 000	10 000	4.0	14 000	5.6
办公区	3 283.5	35 000	17 500	5.3	24 500	7.5
北前厅1	2 269.85	35 000	17 500	7.7	24 500	10.8
前厅2	49 90.7	20 000	10 000	2.0	14 000	2.8
阅览室	9 125.55	50 000	25 000	2.7	35 000	3.8

此外,还可以通过 CFD 模拟计算方法对过渡季机械通风房间的室内外温度关系进行分析,进而确定文化建筑全新风或可调新风运行适宜的室外环境温度。

通过对该博物馆进行 CFD 模拟分析,结果显示,当室外温度为 20 ℃和 22 ℃时,采用机械通风对房间进行通风,房间大部分区域温度分别为 21～24 ℃和 23～25 ℃,满足建筑热舒适性要求。当室外温度为 24 ℃时,采用机械通风的房间大部分区域温度为 25～27 ℃,无法满足建筑热舒适性要求。因此,当室外温度不高于 24 ℃时,该博物馆建筑适宜采用机械通风的方法改善室内空气品质。模拟分析结果详见图 5-64。

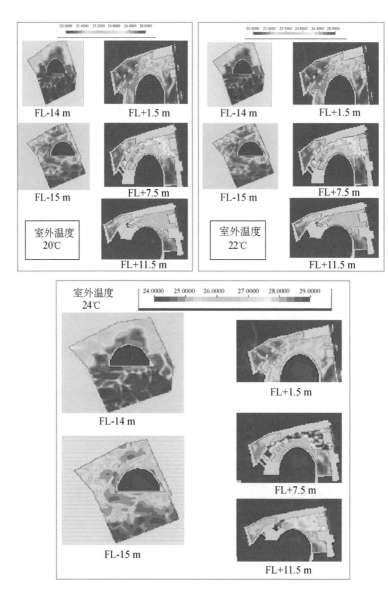

图 5-64 某博物馆采用机械通风室内温度分布图

5.3 照明与电气系统

5.3.1 供配电系统节能设计

1. 变电所的设置

文化建筑的主要电力负荷为空调负荷、演出照明、音响、展览用电以及其他常用的照明用电。考虑空调负荷季节性变化,一般为空调负荷独立设置变压器,将变电所靠近负荷

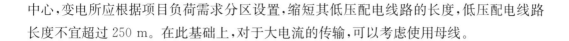

中心,变电所应根据项目负荷需求分区设置,缩短其低压配电线路的长度,低压配电线路长度不宜超过 250 m。在此基础上,对于大电流的传输,可以考虑使用母线。

2. 变压器选择

文化建筑由于负荷的波动性较大,一般选择低噪声、高效低功耗的节能型变压器,变压器自带强迫的通风装置,且其空载损耗和负载损耗值均应满足现行国家标准《电力变压器能效限定值及能效等级》(GB 20052—2020)中节能评价值的要求,变压器的结线组别应为 Dyn11。能效等级越优的变压器,其空载、负载损耗相对越小。根据行业标准的要求,新型号变压器的自身功耗应比前一个型号低 10%。应选择能效等级不低于二级的变压器,宜选择能效等级为一级的低噪声、高效低功耗的节能型变压器。对负载率很低(正常使用时低于 30%)、损失率又很高,通过计算证明是“大马拉小车”的变压器,应予以调整或更换。通过计算证明,对重载负荷(80% 负载率)不利于经济运行的变压器,可放大一级容量来选择,以降低其负载率和损失率,延长变压器使用寿命。当选用两台向一、二类负荷供电的变压器时,应同时使用。多台变压器的容量等级应适当搭配,并考虑维修方便和减少备品、备件的数量。变压器的容量不宜过大,以免供电线路过长,增加线路的损耗。

3. 供配电系统的无功补偿和谐波治理

文化建筑中有电梯、扶梯、空调主机等设备,由于其产生的无功功率较多,一般建议在配变电所内集中设置补偿无功功率的高压或低压电容器组。高压侧的功率因数应符合当地供电部门的要求。在变电所低压侧设置成套静电电容器自动补偿装置,以集中补偿形式使高压侧功率因数提高到 0.90 及以上。当用电设备的无功补偿容量较大,且距离配变电所较远时,宜采用就地补偿方式。

文化建筑中大量使用的电力电子设备,如调光柜、整流装置、电子设备、风机水泵变频器等,是文化建筑中的主要谐波源。谐波产生的危害主要体现在以下三方面:①增加了输电线路的电流,产生了附加的损耗,大量三次谐波流过会导致中线线路过热,甚至引起火灾;②使电机产生机械振动和噪声,使供配电设备局部严重过热,绝缘老化,寿命缩短;③对通信和信息处理设备产生干扰,通信质量降低,易造成信息丢失。鉴于此,为克服谐波对于电力系统造成的损害,建议采用以下措施来抑制谐波的产生。

(1) 在变压器出线侧总开关及大功率谐波源设备所在回路设置具有谐波检测功能的仪表,来检测与监视谐波情况。

(2) 在变电所低压侧设置滤波装置,以减少谐波危害。

(3) 控制使用谐波源,尽量避免使用会产生较大谐波的设备。集中设置具有谐波互补性的装置,同时适当限制谐波量大的设备工作方式来减小谐波。在谐波源及变电所设置有源滤波器,以降低供电系统中因谐波污染而导致的输电线路、变压器和电机损耗增加,从而节约能源。

（4）在电力电容器无功补偿回路中串接电抗器,以降低谐波次数。

（5）采用 Dyn11 结线组别的三相电力变压器,为三次谐波提供环流通路。

（6）对大功率的 UPS 装置加装有源滤波器或隔离变压器,以减少谐波对电网及设备的影响。

（7）有变频需要的用电设备,其变频装置尽量靠近被控设备安装并抑制谐波。

（8）对谐波敏感的重要负载与谐波源设备分别由不同变压器或不同供电回路供电。

4. 低压配电系统设计要求

文化建筑由于体量大,功能模块比较分散,在进行低压配电系统设计时,需要考虑以下三点。

（1）低压配电柜（箱）应合理确定位置;应减少电缆长度;应选用电阻率较小的电缆,合理选择配电系统线缆的截面,以减少配电线路电压损失和线路损耗。

（2）单相用电设备接入低压（AC 220/380 V）三相系统时,应使三相负荷平衡,负荷平衡率偏差不宜超过 15%。

（3）桥架是敷设电力线缆的重要附件,节能复合高耐腐型电缆桥架是未来的发展方向,其可以比普通结构钢制电缆桥架用钢省 10%~30%,使得建筑成本得到降低。桥架的基板有热镀锌钢板、热镀锌铝钢板、热镀锌铝锌板多种;面层可采用聚酯（PE）、硅改性聚酯（SPE）、高耐久性聚酯（HDP）或聚偏氟乙烯（PVDF）,能根据使用场所的环境条件选择。由于耐腐蚀性好,桥架寿命可超过 30 年。文化建筑中各类电力电缆和通信电缆特别多,其敷设的电缆桥架可以根据不同的用途和系统进行色标管理,以便于日常的巡视和维护。

5. 电力负荷控制管理系统

电力负荷控制系统主要采用无线、有线及载波等通信方式,通过安装在变电所高低压柜的信号采集装置,将采集到的用电数据情况汇总于管理系统内进行处理、总结,将其应用于相应的电力负荷控制系统当中。文化建筑由于其电力负荷种类复杂,使用时间具有不确定性,电力负荷控制系统包含了实时测量、实时控制等多种功能特点,能够智能完成电力能耗、信号收集、数据分析、负荷控制等多项操作。一旦出现不正常状况,控制系统还能够进行自动报警,同时让相应的远程端控制人员实时查看具体的用户用电情况,并做全程的记录和分析。

电力负荷管理系统运用的优势在于其检测范围更广泛,管理成本更低廉,具体表现为以下六方面。

（1）有利于安全保护。传统的电力负荷控制系统维护工作较难操作,其相关的自动化水平不足,需要大量的维护人力,这使得事故出现的几率上升。而当前的电力负荷控制系统自动化水平极高,需求的人力资源较少,事故也较少,一旦出现事故维护工作也较为

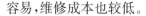

容易,维修成本也较低。

(2) 有利于环境保护。同传统的电力负荷控制系统相比较,目前所采用的电力负荷控制系统对于资源的利用率更为高效。若采用无线方式的电力负荷控制系统,其所需的电缆数量、线路架设等也更少,因此降低了相应的建设成本,对环境所产生的影响也显著降低。

(3) 有利于提升负荷预测的准确性。文化建筑的用电负荷难预测是需求侧管理的必要条件。电力负荷系统可以对用户的用电情况实时进行监控,采集电力负荷的相关参数,为负荷预测提供了参考数据,从而提高电力负荷预测的准确性。电力负荷管理系统还可以通过对用户电力负荷参数的统计、分析,充分了解各种负荷的特点,为优化用户的用电方案提供依据。准确的电力负荷预测能为拟定不同条件下需求侧的用电指标提供可靠依据。

(4) 有利于提高电力错峰的效果。电力负荷控制系统可以对负荷进行分级控制,强行实施错峰,不但确保了用电方案的果断实施,还实现了有序用电的科学调配,大大提高了使用效率。

(5) 能对负荷曲线进行监控,优化运行方式。电力负荷管理系统在运行的过程当中,能够准确且真实地监控、记录负荷曲线以及用电特性,并且通过这些信息了解到用电企业实施需求侧管理的主要要求。

(6) 能对负荷进行实时控制,提升了对电力系统的监控能力和效率。

5.3.2 照明节能设计

1. 照明种类

文化建筑根据场所或房间的性质来确定照度水平及照明方式。

博览建筑照明在给观众创造良好视觉环境的同时,还要考虑对展品的保护,减少光源对展品的损坏。良好的视觉环境和保护展品不受光源损坏两个目标在设计中需要进行折中考虑。不同的博览建筑因展品的不同,折中的方式也有不同,因此结合具体博览项目选择合适的光源与照明方式是博览建筑照明设计的关键。

照明方式根据房间功能进行设置。常见的照明方式包括一般照明、工艺照明、应急照明、广告标识照明和夜景照明等。

1) 一般照明

办公、会议、阅览室、休息厅等房间应满足生活工作正常需要即可。此类房间如设有外窗,在靠窗区域可设置单独的照明回路,使得靠窗区域的灯具可以单独控制其开启时间和照度,起到节能效果。

侧面采光靠窗区域单独设置照明回路的范围可根据现行国家标准《建筑采光设计标

准》(GB 50033—2013)第 6.0.1 条中规定的采光有效进深来确定。平天窗采光区域包括天窗水平投影以及与该投影边界的距离不大于顶棚高度的 0.7 倍的区域。侧面采光与顶部采光的窗地面积比详见表 5-26。

表 5-26   侧面采光与顶部采光窗地面积比

采光等级	侧面采光		顶部采光
	窗地面积比/ (A_c/A_d)	采光有效进深 (b/h_s)	窗地面积比 (A_c/A_d)
I	1/3	1.8	1/6
II	1/4	2.0	1/8
III	1/5	2.5	1/10
IV	1/6	3.0	1/13
V	1/10	4.0	1/23

注:表中 b 为房间的进深或跨度,h_s 为参考平面至窗上沿高度,单位均为 m。

2）工艺照明

工艺照明指设置在展厅、陈列厅、舞台的特殊照明系统,工艺照明工程设计须满足光区控制、光色控制和光量控制三个方面,三者的有机结合是对演出空间产生具有美学价值的舞台光的前提条件。光区控制是对演出照明区域的控制,其目的是利用光控制观众注意力,有目的地引导观众观看演出对象,并根据剧情需要创造可变的演出空间。光色控制是对灯光色彩显示的控制,其目的是根据人们生理、心理特点,结合剧情,制造色光气氛,使观众获得色彩的视觉感受。光量控制是对灯光强弱变化的控制,其目的是利用光的强弱变化,调剂光的艺术效果,能改变时空感觉、切割剧情段落、更好地获得空间效果。

应选用技术先进、节能、环保的工艺照明系统设备。可大量选用三基色 LED 冷光源作为工艺演出和展示的主灯,其特点是高效低能,高亮度、低温度、长寿命。同时,应为工艺照明管理搭建一个现代化的硬件平台,以实现高效、低成本的营运目标。

3）应急疏散照明

影院、剧场等场所因不设外窗,且使用时光线较弱,走廊、门厅、楼梯间等应急疏散区域均应设置应急疏散照明,以便紧急情况发生时有效疏散人群。

4）广告标识照明

文化建筑属于公共文化传播的场所,具有接待公众的功能,广告标识的照明可以更好地起到宣传和引导公众的作用。

5）夜景照明

文化建筑作为城市或园区的地标性建筑,其外观设计影响着城市或园区形象,夜景照明可以在夜晚给文化建筑的外观锦上添花,给周边环境带来活力。

2. 节能照明灯具

文化建筑的照明灯具应选择高效率的灯具和附件。根据房间功能的不同,文化建筑中的光源常采用节能高品质 LED 灯、T5 直管形三基色荧光灯、紧凑型节能荧光灯、金属卤化灯等。考虑节能性能,直管形荧光灯均配有高功率因数的电子镇流器,金属卤化物灯选用节能型电感镇流器,自带补偿电容,所有灯具功率因数均大于 0.9。

文化建筑采用的灯具和光源应使建筑内各房间场所达到现行国家标准《建筑照明设计标准》(GB 50034—2013)对照明数量和照明质量的要求。文化建筑常见场所及照明标准详见表 5-27。

表 5-27　　　　　　　　　　文化建筑常见场所的照明标准

房间或场所		参考平面及其高度/m	照度标准值/lx	照明功率密度限值/(W·m⁻²)		UGR	U_0	R_a
				现行值	目标值			
一般阅览室、开放式阅览室		0.75 m 水平面	300	≤9.0	≤8.0	19	0.60	80
采编、修复工作间		0.75 m 水平面	500	—	—	19	0.60	80
书库、书架		0.25 m 垂直面	50	—	—	—	0.40	80
档案库		0.75 m 水平面	200	—	—	19	0.60	80
公众大厅		地面	200	≤9.0	≤8.0	22	0.40	80
观众厅		0.75 m 水平面	150	—	—	22	0.40	80
观众休息厅		地面	200	—	—	22	0.40	80
排演厅		地面	300	—	—	22	0.60	80
化妆室	一般活动区	0.75 m 水平面	150	—	—	22	0.60	80
	化妆台	1.1 m 高处垂直面	500*	—	—	—	—	90
展厅		地面	200	≤9.0	≤8.0	22	0.60	80
影院		地面	100	—	—	19	0.40	80
多功能厅		0.75 m 水平面	300	≤13.5	≤12.0	22	0.60	80
保护修复室		实际工作面	750*	—	—	19	0.70	90
藏品库房		地面	75	≤4.0	≤3.5	22	0.40	80
普通办公室		0.75 m 水平面	300	≤9.0	≤8.0	19	0.60	80
高档办公室		0.75 m 水平面	500	≤15.0	≤13.5	19	0.60	80
会议室		0.75 m 水平面	300	≤9.0	≤8.0	19	0.60	80

注:*指混合照明照度。

文化建筑夜景照明的设计应考虑光污染控制,设计时应满足现行行业标准《城市夜景照明设计规范》(JGJ/T 163—2008)的要求。夜景照明光污染控制措施如下：

（1）夜景照明在居住建筑窗户外表面产生的垂直面照度的最大允许值为熄灯时段前 10 lx，熄灯时段后 2 lx。

（2）夜景照明灯具朝居室方向的发光强度的最大允许值为熄灯时段前 10 000 cd，熄灯时段后 1 000 cd。

（3）夜景照明灯具的上射光通比的最大允许值为 15%。

（4）夜景照明在建筑立面产生的平均亮度最大允许值为 10 cd/m^2，在标识面产生的平均亮度最大允许值为 800 cd/m^2。

3. 智能照明控制

文化建筑通常体量较大，各功能分区的照明需求和使用时间不同。通过照明系统的智能控制，可以使建筑照明以程序化控制的方式实现，更高效有序地达到照明节能的效果。

智能照明控制系统是全数字、模块化、分布式总线型控制系统，将控制功能分散给各功能模块，中央处理器、模块之间通过网络总线直接通信，可靠性高，控制灵活。系统可以根据某一区域的功能、每天不同时间的用途和室外光亮度自动控制照明；可进行场景预设，由 BA 系统或分控制器通过调光模块、调光器自动调用。照明控制系统分为独立子网式、特定于房间或大型的联网系统。联网系统具有标准的串行端口，可以容易地集成到 BA 系统的中央控制器，或与其他控制系统组网。智能照控制系统可对 LED 灯、荧光灯等多种光源调光，对各种场合的灯光进行控制，满足各种环境对照明控制的要求。智能照明系统由调光模块、开关模块、控制面板、液晶显示触摸屏、智能传感器、PC 接口、监控计算机（大型网络需网桥连接）、时钟管理器、手持式编程器等部件组成。所有单元器件（除电源外）均内置微处理器和存储单元，由信号线（双绞线或光纤等）连接成网络。每个单元均设置唯一的单元地址并用软件设定其功能，通过输出单元控制各照明回路负载。

智能照明常用控制方式一般有场景控制、集中控制、群组组合控制、定时控制、光感探头控制、就地控制、远程控制、图示化监控、应急处理、日程计划安排等。文化建筑中智能照明控制通常采用如下方式：

（1）门厅、大厅、大空间展厅、大空间阅览室和大空间办公等采用分区控制、时间控制、开关控制等方式，且可根据室外自然光的变化调节照度，所控灯列与窗平行。

（2）剧场观众厅照明采用渐亮渐暗平滑调节，调光控制装置应能在灯光控制室和舞台监督台等多处设置。设清扫场地用的照明，并可与观众厅照明共用灯具，其控制开关应设在前厅值班室或便于清扫人员操作的地点。

（3）展厅、报告厅等公共区域可以通过调光或开关量控制满足不同功能的灯光场景控制需求，并通过通信接口与楼宇自控系统联网。

（4）楼梯间采用红外＋光控感应控制。

（5）走廊、电梯厅、地下车库、室外照明采用楼宇自控系统控制。

（6）小办公室、讨论室、会议室、化妆室、管理室等小房间采用就地开关控制。

（7）夜景照明通常设置专门的智能控制系统，控制照明灯光的角度、明暗、颜色等，以呈现多样的夜景效果。

5.3.3　电气设备的节能控制

1. 电动机的节能

文化建筑中常用电动机的类型有交流异步电动机、直流电动机、无刷直流电动机、伺服电动机等。根据《电动机能效限定值及能效等级》(GB 18613—2020)电动机能效等级分为 3 级，其中 1 级能效最高。

以下为一般文化建筑采用的电动机节能控制原则。

（1）电动机功率的选择，应根据负载特性和运行要求，使之工作在经济运行范围内。

（2）在安全、经济、合理的条件下，异步电动机宜就地补偿无功功率，提高功率因数，降低线损。

（3）当采用变频器调速时，电动机的无功电流不应穿越变频器的直流环节，不可在电动机处设置补偿功率因数的并联电容器。

（4）功率在 50 kW 及以上的电动机，应单独配置电压表、电流表、有功电能表，以便监测与计量电动机在运行中的有关参数。

（5）应选择高效节能的电动机，至少为 2 级能效等级，建议采用 1 级能效等级。

（6）功率在 600 kW 及以上的电动机，尤其是能源中心的冷热源机组宜采用高压电动机。

（7）当系统路容量或变压器容量相对较小时，大容量交流异步电动机宜采用恒频变压软启动器启动，改善启动特性。在电动机空载或轻载时还可根据功率因数的大小，控制晶闸管的导通角，提高功率因数，达到节电效果。

2. 电梯的节能

文化建筑大量的客用电梯和扶梯等应根据实际情况，采用以下措施实现电梯节能：

（1）应根据建筑物的性质、楼层、服务对象和功能要求，进行电梯客流分析，合理确定电梯的型号、台数、配置方案、运行速度、信号控制和管理方案，提高运行效率。

（2）应根据电梯的载重量、运行速度和提升高度，合理选择电梯的电动驱动和控制方案。

（3）大型文化建筑中，应采用分区服务的方式来提高电梯服务效率。

（4）多台电梯集中排列时，应具有按规定程序集中调度和控制的群控功能。

（5）每台电梯、自动扶梯和自动人行步道均应装设单独的隔离和短路保护装置。停层站指示器照明宜由电梯自身电源供电。

（6）电梯、自动扶梯和自动人行步道的供电容量,应按拖动电动机的电源容量与其他附属用电容量之和确定。

（7）客梯可具有如下控制功能。①集选控制:具有对轿厢指令、厅外呼梯记忆,停站延时自动关门启动运行,同向逐一应答,自动平层自动开门,顺向截梯,自动换向反向应答,自动应召服务功能。②特别楼层有呼唤时,应以最短时间应答;应答前往时,不执行轿厢内和其他呼梯指令;到达该特别楼层后,该功能自动取消。③停梯操作:在夜间、休息日,通过停梯开关使电梯停在指定楼层;停梯时,轿门关闭,照明、风扇断电,以利节电、安全。④开门时间自动控制:根据厅外召唤、轿厢内指令的种类以及轿厢内情况,自动调整开门时间。⑤按客流量控制开门时间:监视乘客的进出流量,使开门时间最短。⑥光电装置:用来监视乘客或货物的进出情况。⑦光幕感应装置:利用光幕效应原理,如关门时仍有乘客进出,在轿厢门未触及人体时就能自动重新开门。⑧灯光和风扇自动控制:在电梯厅无召唤信号,且在一段时间内轿厢内也没有指令预置时,自动切断照明、风扇电源,以利于节能。⑨最大最小功能:为防止长时间等候,预测可能的最大等候时间,可均衡待梯时间,使待梯时间最少。⑩优先调度:在待梯时间不超过规定值时,对某楼层的呼梯信号,由已接受该层内指令的客梯应召。⑪出现呼梯信号时,控制系统优先检出"长时间等候"的呼梯信号,然后检查这些信号附近是否有电梯,并由附近电梯应召,否则按"最大最小"原则控制。

5.3.4 应用案例

上海自然博物馆建筑主要包括入口门厅、展厅、办公、会议、储藏室等,主要展品为生物化石、生物标本等。出于对展品的保护,该项目的照明设计除了需要保证照明节能,还需要控制照明数量和质量,避免光源对展品造成伤害。

照明方式主要包括展览照明、工作照明、应急照明、景观和泛光照明。

在照明光源方面,一般环境采用高光效节能型灯具及光源,有藏品的展览照明采用波长和室温对藏品无损伤的光源。为了减少光线对展品的损坏,选用紫外辐射和红外辐射少的光源。另外,该项目在照明设计时对展品的曝光量也做了限制,以保护展品免遭光辐射的损害。室内照明实景详见图 5-65。

在照明质量方面,根据展品对光的敏感度和观赏需求,对各展厅照明统一眩光值、显色指数、照度做了合理设计。办公、会议、展品陈列室一般照明统一眩光值 UGR 不大于 19,辨色要求一般的场所显色指数 Ra 不低于 80,辨色要求高的场所 Ra 不低于 90。疏散楼梯、大堂、大空间地面照度不低于 10 lx。

在灯具方面,展厅一般需要采用高显指、高稳定性、寿命长和节能的灯具,如天花射灯、轨道射灯、象鼻射灯、格栅灯、筒灯等几种射灯。由于博物馆的特殊性,在为博物馆展

图 5-65　上海自然博物馆室内照明实景

厅做灯光布局前,一般先要应用照明软件进行模拟,有条件的话,还要进行现场灯光试验,等方案成型后,再进行总体的调整和验证,最后经过修改和优化,再付诸实施。在现场调试阶段,要因地制宜地进行适当的修改和调整。展厅所有办公室采用高光效嵌入式荧光灯和节能筒灯,走廊、电梯前室、楼梯间采用节能高光效荧光灯,变电所、冷冻机房、空调机房采用高光效荧光灯,水泵房、卫生间、浴室等潮湿场所采用防水防潮型灯具。所有荧光灯、节能灯均采用高品质、节能型、高显色灯管,配以高功率因数的电子镇流器。荧光灯、节能灯功率因数大于等于 0.95,金卤灯采用自带补偿电容,功率因数大于等于 0.9。

在照明控制方面,博物馆设置一套智能照明控制系统。该智能照明控制系统通过调光、开关量、分组、分区、动静控制、时间控制或光敏调节控制等功能满足不同功能的灯光场景需求,营造舒适的照明环境,既延长灯管的使用寿命,又有利于节能和管理,并通过通信接口与楼宇自动化管理系统联网。该系统由工作站、智能照明编程器、可编程开关控制器、控制面板、遥控器、手持式编程器及网络设备等部件组成。系统采用分布式照明控制系统,模块化结构,分散布置。

展厅区域采用了包含占空传感技术的照明控制系统,通过红外线感应探测人流实现自动开关照明,在参观者走近时亮灯,远离时关灯,不仅大大减低展品的耗损,同时达到节约能源的效果。

公共区域如走廊、电梯前室、大堂等大空间照明采用集中控制系统,办公室、机电房等功能用房采用房间内就地开关控制。

主要房间照度及照明功率密度值详见表 5-28。

表 5-28　　　　　　　上海自然博物馆建筑主要房间照度及照明功率密度值

房间名称	设计照度/lx	照明功率密度值/(W·m^{-2})
对光特别敏感的展品	50	—
对光敏感的展品	150	—
对光不敏感的展品	300	—

续表

房间名称	设计照度/lx	照明功率密度值/(W·m⁻²)
走廊、流动区域	100	≤4
楼梯、平台	75	≤3
办公	300	≤9
储藏室、仓库	100	≤4

5.4　给水排水系统

文化建筑给水排水设计系统能效提升途径主要包括能源节约和水资源节约两大方面，而能源节约和水资源节约都可以通过两大途径实现：一是系统设备的设计和选型，二是非传统热源和水源的有效利用。

5.4.1　节能设备与系统

从系统方案设计和设备选型上降低文化建筑能源消耗，主要通过以下三个策略实现：即提升集中生活热水系统能效、选用节能型的局部加热设备，以及选用节能型生活水泵。

1. 提升集中生活热水系统能效

当文化建筑热水用量较大且用水点较为集中时，适宜设置集中生活热水系统。集中生活热水系统能效的提升可从以下四方面考虑：

（1）集中热水系统的原水防垢处理：若热水系统的原水硬度超标，则会在加热设备中逐渐形成水垢，水垢的生成会极大影响加热设备的传热能力。物体的传热能力通常用导热系数来表示，导热系数大，说明导热能力强。水垢的导热系数比钢铁的导热系数小数十倍到数百倍，因此水加热器结垢后会使受热面的传热性能变差，为保持水加热器额定参数，就必须多投加能源，从而增加耗能；此外，水加热器结垢后，受热面两侧的温差增大，金属壁温升高，强度降低，在压力作用下发生鼓包，甚至引起爆炸等严重事故。因此热水系统的原水水质应满足相关标准对硬度的要求。

（2）热水系统分区及供水压力的稳定、平衡：集中热水系统的热水分区，应与给水系统的分区一致。因为生活热水主要用于盥洗、淋浴或厨房用热水，这三者通常都是通过冷、热水混合后调到所需使用温度。因此，热水供应系统应与冷水系统竖向压力分区一致，保证系统冷、热水的压力平衡，达到节水、节能、用水舒适的目的。

（3）设置热水循环系统：若集中生活热水系统不设置热水循环系统，那么热水管道内的热水在用户不使用时便会发生水流静止，并通过热水管道向空气传热发生热量损失，热水变凉,当用户开启水龙头开始使用时,需先放掉热水管道里的凉水,才能用到热水,这样会造成浪费水资源和浪费能源的不良后果;集中热水管道长度越长,造成水量和能量的浪费越多。因此文化建筑中集中生活热水系统应设置热水循环系统,且热水配水点保证出水温度低于 45 ℃ 的时间,不应大于 10 s。

（4）热水管道的保温措施:为减少热水管道传热损失,热水系统的水加热设备、储热设备、热水输配管道、回水循环管道均应保温,保温层厚度应满足现行国家标准《公共建筑节能设计标准》(GB 50189—2015)的规定。

2. 节能型的局部加热设备

当建筑用水量少(日用热水量不大于 $5\ m^3/d$)且用水点分散时,设置集中生活热水系统会造成热水管路过长、热损失较严重等问题,因此一般不考虑设置集中生活热水系统,而是在分散的用水点附近设置局部加热设备,热源通常采用局部电加热,比如电热水器,可通过采购和使用节能型局部加热设备产品来提升系统能效。

电热水器按加热功率大小可分为储水式(又称容积式或储热式)、即热式和速热式(又称半储水式)三种。储水式电热水器具有出水量大、水温稳定等优点,缺点是使用前需要预热,加热速度慢,等待时间较长,且安装占用空间;洗浴完后没用完的热水会慢慢冷却,造成浪费。即热式具有即开即热,水温恒定,制热效率高,安装空间小等优点,缺点是加热功率较高,电气线路要求高,一般功率都至少要求 6 kW 以上,在冬天就是 8 kW 的功率也难以保证有足够量的热水进行洗浴;速热式具有半储水功能,其功能和优缺点介于储水式和即热式之间。

结合文化建筑的功能特点,局部加热系统通常采用即热式电热水器,即开即热,水温恒定,用户使用舒适度较高;但因安装功率高,对电气线路的设计要求较高。且尽可能选用节能效果好的加热设备产品。

除了采用节能率高的电加热设备产品以外,还可以选用小型空气源热泵热水器(图 5-66)制备生活热水,相比于传统的电加热设备,其具有使用安全方便、环保以及更节能省电的优点。小型空气源热泵热水器在制热过程中虽然也需要用电,但电只是用来让压缩机运行的能源,而非制热的能源。

图 5-66 小型空气源热泵热水器

以浙江某艺术馆建设项目为例,该项目的热水主要为供应卫生间洗手盆用热水,热水用量约 $3\ m^3/d$;采用的加热方式为:卫生间洗手盆设小型家用空气源热泵热水器,空气源热泵热水器制热量 1.85 kW,设置于储藏间内,室外预留空气源热泵热水器室外机位置。

3. 节能型生活水泵

文化建筑给水加压系统应充分利用市政供水压力,以此降低水泵扬程,节约供水加压能耗。在水泵的选型上,根据水泵 Q~H 特性曲线和管网水阻力进行选型计算,使得水泵在其高效区内运行。水泵效率不小于现行国家标准《清水离心泵能效限定值及节能评价值》(GB 19762—2007)规定的水泵节能评价值。

5.4.2　余热废热利用

集中生活热水系统热源的选择应有助于从源头上降低热水能耗,现行国家规范《建筑节能与可再生能源利用通用规范》(GB 55015—2021)对集中生活热水供应系统热源的选择提出了相关要求。集中生活热水系统的热源可以根据项目实际情况选择燃气等常规能源、空调冷凝热等余热废热,以及太阳能等可再生能源。

集中生活热水系统选用燃气等常规热源时应注意以下事项:除非蒸汽可做他用,否则一般不应采用燃气或燃油锅炉制备蒸汽作为生活热水的热源或辅助热源;用常规能源制蒸汽再进行换热制生活热水,是高品位能源低用,应该杜绝。不鼓励电直接供热;除较小规模的系统或其他能源条件受限可以用峰谷电、电力政策有明确鼓励的条件外,都不得采用市政供电直接加热做集中生活热水系统主体热源。

当项目具有可利用的余热废热时,可结合建筑整体系统及设备的应用情况,经技术经济比较后,优先选用稳定、可靠的余热和废热。余热废热用于生活热水,最常见的方式为利用空调冷凝热回收加热生活热水或作为辅助加热热源,这样既可大幅度降低整个空调系统的运行费用,有效利用废热资源,又能降低热水系统能耗,满足绿色、节能、低碳及环保的要求。在空调冷凝热回收加热生活热水的应用中需注意以下两个问题。

(1) 在实际运行中,冷凝热回收与生活热水使用存在不同步的问题:一是空调系统运行时段与热水使用时段存在时间差;二是生活热水的用量与冷凝热量之间存在不同步。因此,设置蓄热储热装置十分必要,目前一般采用储热水箱的方式。同时考虑到当热回收温度超过 55 ℃时压缩机的排气温度过高,会造成整个机组的综合性能下降,不利于能源的综合利用,因此在大多数情况下将热回收温度设定在 55 ℃。

(2) 由于冬季无空调冷负荷时也无热量回收,故通常需要增设稳定的辅助热源,如燃气热水锅炉等。

以上海市某博物馆为例,项目设置一套集中生活热水系统供应餐饮厨房及职工淋浴用热水,日均热水用量 11.2 m³/d;采用太阳能进行预热,辅助热源采用暖通专业提供的冷凝回收热(仅夏季及过渡季节提供)和燃气锅炉热水;充分利用了可再生能源和余热废热作为热水系统的供应热源,从而让该项目具有良好的节能效果。

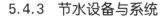

5.4.3 节水设备与系统

1. 减少给水管网漏损

（1）通过选用密闭性能好的阀门、设备，使用耐腐蚀、耐久性能好的管材、管件，来有效减少给水系统管段漏损。给水系统所选管材管件应符合国家现行有关标准的规定，且应选用耐腐蚀、耐久性能好的管材管件。室外给水管常采用球墨铸铁管、钢丝网骨架塑料复合给水管；室内给水管常采用衬塑镀锌钢管、塑料给水管、薄壁不锈钢管（应采用304或316等有明确标号或成分说明的管材）、薄壁铜管等。管材应选用可靠不漏水的连接方式，管材管件的工作压力不应大于产品标准标称的允许工作压力。选用密闭性能好的阀门、设备。阀门密闭性能应符合国家现行标准《阀门的检验与试验》（GB/T 26480—2011）的相关规定。可采用铸钢、铸铁和铜质阀门，阀芯推荐采用铜芯，所选阀门的口径与所安装的管道一致，公称压力应大于系统工作压力。生活水箱材质推荐采用耐氯离子腐蚀的304、316不锈钢材质或聚乙烯（PE）材质；原为混凝土水箱的改造项目，可涂环氧树脂防水层保护。水池、水箱溢流水位均设水位控制及溢流报警装置，以防止进水管阀门故障时水池、水箱长时间溢流排水；在水箱进水管和出水管分别设水表计量，以有效监控水箱漏损情况。

（2）室外埋地管道须采取有效措施避免管网漏损。为了保护管道，车行道下管道覆土深度不小于900 mm，人行道和绿化下管道覆土深度不小于700 mm。钢丝网骨架管在轻型车道下的埋深不小于1.0 m，在重型车道下安装保护套。如果因条件限制达不到相应埋设深度时，应有切实的保护管道措施。

（3）根据水平衡测试的要求安装分级计量水表，一般市政给水引入管为1级计量，建筑生活给水总管、绿化道路浇洒等为2级计量，按使用用途分别计量的卫生间用水、空调系统补水、锅炉房用水等为3级计量。下级水表的设置应覆盖上一级水表的所有出流量，不得出现无计量支路。为方便监测用水能耗，水表应采用具有当前水流量采集功能并带计量数据输出和标准通信接口的数字水表。用水计量装置应装设在观察方便、不冻结、不被任何液体及杂质淹没的场所。

（4）控制供水系统用水点处供水压力不大于0.20 MPa，当大于0.20 MPa时，配水支管设置支管减压措施，并同时满足卫生器具工作压力的要求，减少用水超压出流。

2. 节水器具与设备

（1）根据国家现行标准《节水型产品通用技术条件》（GB/T 18870—2011）选择节水型卫生器具与设备产品：水嘴用水效率等级满足现行国家标准《水嘴水效限定值及水效等级》（GB 25501—2019）的相关要求；淋浴器水效等级满足现行国家标准《淋浴器水效限定值及水效等级》（GB 28378—2019）的相关要求；坐便器用水效率等级满足现行国家标准

《坐便器水效限定值及水效等级》（GB 25502—2017）的相关要求；小便器用水效率等级满足现行国家标准《小便器水效限定值及水效等级》（GB 28377—2019）的相关要求；蹲便器用水效率等级满足现行国家标准《蹲便器水效限定值及水效等级》（GB 30717—2019）的相关要求。

（2）文化建筑选用卫生器具的用水效率等级至少为 2 级，不得选用 3 级卫生器具。当采用更高效的 1 级用水效率等级的卫生器具时，由于冲水量较少，需重点关注大便器的排水情况。一方面应选用釉面自洁能力强的便器，另一方面应考虑是否有良好的排水管段条件，排水横管通用坡度不小于现行国家标准《建筑给水排水设计标准》（GB 50015—2019）规定的排水横管通用坡度；排水横管应尽量避免转弯，避免管道堵塞；排水横管长度不宜过长，保证吊顶内有足够垂直空间供排水管道通过。

（3）文化建筑卫生间的大便器、小便器适宜采用自闭式、感应式冲洗阀；洗手盆水嘴宜采用自动感应式控制；文化剧场类建筑设公用浴室时，宜采用带恒温控制与温度显示功能的冷热水混合淋浴器，或设置用者付费的设施、带有无人自动关闭装置的淋浴器。

（4）道路、车库地面及垃圾房等区域的冲洗设备，可选用高压喷洒冲洗装置，提升冲洗能力，并减少冲洗用水量。

3. 绿化节水灌溉

绿化灌溉用水量较大，可通过选择植物品种和灌溉方式两个方面节约水资源。植物的选择上优先考虑本地节水型植物，或种植无需永久灌溉的植物，减少浇灌需水量。

灌溉方式上可采用喷灌、微灌（包括微喷灌、滴灌、渗灌、低压管灌）等节水浇灌方式。喷灌在设计风速条件下的喷洒水利用系数、设计喷灌强度、喷灌均匀系数和喷灌雾化指标应符合国家现行标准《喷灌工程技术规范》（GB/T 50085—2007）的规定，并不得产生地表径流。微灌的设计土壤湿润比、设计灌溉强度、微灌均匀系数应符合国家现行标准《微灌工程技术规范》（GB/T 50485—2020）的规定。

一般乔木、灌木无需喷灌；草坪根系较浅、连片覆盖、面积较大，从控制运行及维护成本考虑，宜采用土壤表面微喷灌或喷灌的全部灌水方式，不适合采用滴灌、渗灌、低压管灌等根系局部浇洒方式；垂直绿化、花卉等，宜采用微灌，对植物根系土壤进行局部灌水；人员活动频繁的绿地或水源采用河道水或回用雨水的绿地，出于安全考虑，应避免采用射程较远的喷灌方式，宜采用微喷灌。

当绿地面积较大时，宜将绿化面积划分成多个喷灌区域分片轮流灌溉；当场地中同时存在多种灌溉形式时，由于不同灌溉形式所需要的水压不同，也可采用分片区灌溉，并通过水压计算，考虑是否需要在供水支管设置减压装置。

节水灌溉系统可实现全自动或半自动控制，通过土壤湿度感应器或雨天关闭装置等自动控制开启和关闭喷灌系统，同时设置人工控制系统，能在土壤湿度感应器或雨天关闭装置失效时强制开启或关闭灌溉系统。

5.4.4 非常规水源利用

文化建筑常规水源一般采用市政自来水供给建筑生活和消防用水。在具有适当条件的情况下,充分利用市政再生水、建筑中水、回用雨水,以及河道水等非常规水源,是从源头减少自来水消耗的重要途径。

1. 非常规水源类型

非常规水源的类型选择需结合项目情况进行分析。当项目场地周边有市政再生水供应系统时,应优先采用市政再生水。当项目所在地降雨资源丰富,且当地有海绵城市建设要求或雨水资源利用相关要求时,应考虑对场地的雨水资源进行回收利用;但当项目所在地年降雨量不足 400 mm 时,则设置雨水回收利用系统的经济效益性价比较低。当项目所在地有中水利用要求,且建筑可回用水量不低于 100 m³/d 时,宜设置中水回用系统。对于博物馆和图书馆类文化建筑而言,因缺乏盥洗淋浴等优质杂排水,建筑可回用水量较低,一般不适宜设置建筑中水回用系统;而剧场类文化建筑为演艺人员设置洗浴间,建筑可回用水量较为充足,可设置建筑中水回用系统,收集洗浴间的优质杂排水,处理达标后进行回用。

河道水不属于非传统水源,但部分地区(如上海市)鼓励河道水的利用。合理利用河道水资源,可在绿色建筑评价标准体系中,获得相应分数。根据《上海市取水许可制度实施细则》,日取用水量不大于 10 m³/d 时,可直接取水;河道水日取用量大于 10 m³/d 时,需获得水务部门的批文许可;取用河道水应计量,河道水的取水量应符合有关部门的许可规定,不应破坏生态平衡。

2. 回用用途与水质标准

非常规水源的使用用途一般包括绿化、道路浇洒和车库地面冲洗等、景观水体补水、冷却塔补水和室内冲厕等。非常规水源利用水质,应根据不同的使用用途,采用不同的水质标准。用于室内冲厕、道路浇洒和洗车等,应满足国家现行标准《城市污水再生利用城市杂用水水质》(GB/T 18920—2020)的相关要求;用于景观绿化,应满足国家现行标准《城市污水再生利用景观环境用水水质》(GB/T 18921—2019)的相关要求;用于冷却水补水,应满足国家现行标准《采暖空调系统水质》(GB/T 29044—2012)中规定的有关循环冷却水的水质要求。

文化建筑卫生间的人员使用较为密集,对用水安全性和舒适性要求较高,因此室内冲厕一般不采用非常规水源。冷却塔补水量较大且对水质要求较高,如采用非常规水源,一方面对水质处理工艺要求高,另一方面冷却塔飘水会存在卫生防疫安全风险,因此冷却塔补水一般也不采用非常规水源。当冷却水补水使用非常规水源时,必须获得卫生防疫主管部门的批准。综上,文化建筑非常规水源的使用用途主要为绿化、道路浇洒和车库地面冲洗等杂用水,以及景观水体补水。

3. 用水安全保障

(1)由于全年降雨的不均匀性,雨水回用应进行逐月水量平衡分析计算。当供水量和回用量平衡计算无法满足时,需设置补水系统;清水池设自来水补水管,并设置倒流防止器和水表。

（2）回用管道采取防止误接、误用、误饮的措施;雨水回用管道外壁按有关标准的规定涂色和标志;水池、阀门、水表及给水栓、取水口均有明显的"雨水回用"标志;工程验收时逐段进行检查,防止误接。

5.5　建筑智能化系统

文化建筑作为具有文化传播功能的建筑物,为了给公众呈现高质量的文化展出和演艺演出,提供文化、信息传播等服务,其建筑功能和设备种类多样,供暖和空调系统、照明和电气系统、生活热水系统等机电系统也比常规建筑复杂。因此,文化建筑需要通过智慧楼宇控制系统来统筹建筑内各项设备,为建筑的高效运维奠定基础。

5.5.1　楼宇自动化控制系统

智能建筑自动化控制系统(Building Automation System，BAS)俗称楼控系统。为了实现建筑设备的智慧运行,文化建筑应设置建筑设备监控系统,并应符合现行国家标准《智能建筑设计标准》(GB/T 50314—2015)、《民用建筑电气设计标准》(GB 51348—2019)等标准的有关规定。

BAS 主要对建筑物内机电设备进行管理,是基于现代分布控制理论而设计的集散控制系统,通过网络系统将分布在各监控现场的机电设备进行实时监控。BAS 采用网络管理层、自动控制层、现场设备层 3 层网络结构,采用分散控制、集中中央监视方式,对建筑内的各类机电设备进行监控和分析,具有实时在线监测、自动控制和调节、故障报警、运行模式切换等功能。

以空调末端的 BAS 控制为例,文化建筑展厅、报告厅、多功能厅、影院、阅览室、会议室等人员密集且随时间变化大的区域一般设置 CO_2 浓度监测器,并通过 BAS 系统与新风系统联动,实现 CO_2 浓度的超标报警和新风机启停,即:当室内 CO_2 浓度超过设定值(1 800 mg/m^3)时,CO_2 显示报警,并启动新风系统以降低室内 CO_2 浓度,当浓度低于设定值时关闭新风系统。通过 BAS 联动 CO_2 与新风机组的方式可以在保证室内空气质量的同时降低新风系统能耗。

与 CO_2 联动新风机组类似,通过联动文化建筑地下车库 CO 浓度与通风系统,可以实现 CO 浓度的超标报警和通风系统根据 CO 设定值(30 mg/m^3)的自动启停,在保证地下车库空气质量的同时降低通风系统能耗。

5.5.2　制冷机房群控系统

文化建筑通常设有集中冷热源,集中冷源为冷水机组,设在制冷机房内。由于制冷机房能耗占建筑总能耗的比例较高,制冷机房群控是文化建筑整体节能的重要一环。

制冷机房的能耗主要由冷水机组、冷水泵、冷却水泵以及冷却塔风机电耗构成。采取机房群控系统可以恰当地调节冷水机组运行状态,降低冷水泵、冷却水泵及冷却塔风机电耗,最大限度地实现空调冷热源系统的节能运行。

机房群控系统主要包含控制器、传感器和执行器。其中用到的控制器有直接数字控制器(Direct Digital Control,DDC)和可编程控制器(Programmable Logic Controller,PLC)两种。机房群控系统以 DDC 应用最普遍,DDC 控制器内置控制程序,可以减少编程调试工作量。PLC 具有较高的可靠性,可进行自由编程,在中大规模的能源站及冰蓄冷项目中有较多应用案例,但不适用于单体建筑的文化建筑。

典型制冷机房的控制系统主要监控如下:

(1) 定时控制:按照预先编排的时间程序控制系统启停。

(2) 根据冷冻水总管供、回水温度和回水流量,计算建筑实际冷负荷,进行机组台数控制,并控制相应的水泵。

(3) 根据控制器内部存储的机组累计运行时间,对机组进行时间均衡调节:需要启动时,开启累计运行时间最短的机组;需要关闭时,关闭累计运行时间最长的机组。

(4) 按照正确顺序一次连锁启停设备。

(5) 启动:冷却水泵→冷水泵→冷却塔风机→冷水机组。

(6) 停机:冷水机组→冷水泵→冷却水泵→冷却塔风机。

(7) 根据空调供、回水总管压差,PID 调节旁通阀开度,保持集分水器供水压力稳定。

(8) 监测系统内各监测点的温度、压力、流量等参数,自动显示,定时打印及故障报警。

制冷机房群控包含主机运行台数优化、水温重设、水泵变频等内容。

1. 主机运行台数优化

对于定频机组组成的制冷机房来说,效率最高的策略是不开启多于需要数量的冷机来满足负荷需求,因此,定频主机运行台数越少越好。当运行中的冷机无法满足当前负荷需求时(如冷冻水供水温度高于设定值 0.5 ℃或者 1 ℃时),就新开一台冷机;定频机组减少开机台数时必须能确定减少一台冷机后还能充分满足负荷的需求,一次泵、二次泵系统分别根据负荷和流量进行减机。

变频制冷机房在部分负荷工况下的能效更高,满负荷下能效反而降低。单纯靠负荷加机并不能使能耗最优,增加主机运行台数有可能会引起冷水机组喘振现象,反而会降低冷机的运行效率,可采用与提升温度相关的 TOPP 模型来优化运行主机台数。TOPP 模型如式(5-6)所示:

$$SPLR = E \times (CWRT - CHWST) + F \tag{5-6}$$

式中 *SPLR*—— 增加机组后的部分负荷率；

      CWRT—— 冷却水回水温度；

      CHWST—— 冷冻水供水温度；

      E，*F*—— 与气候及冷站设计相关的系数。

如果实际测量的 *PLR* 小于 *SPLR*，就只开一台冷机；如果 *PLR* 大于 *SPLR*，就应该开启两台冷机，并且要设置一个时间延迟，以防止系统震荡。

2. 水温重设

1）冷冻水温度重设

对于定流量系统，在低负荷时宜提高冷冻水出水温度设定值。对于变流量系统，冷冻水出水温度重设宜结合冷冻水压差确定。冷冻水温度重设后，系统能耗是否降低取决于冷机的性能曲线和盘管的负荷，可以通过模拟分析后判断。

2）冷却水温度重设

宜基于建筑负荷、室外空气湿球温度、冷冻水和冷却水温度等变量重设冷却水温度。实现冷却水温度重设应增加室外空气干球和湿球温度传感器，宜安装冷却塔风扇速度控制器，并保证重设后的温度在冷凝器允许的供水温度范围内。

3. 水泵变频

水泵变频应按照流量和系统压降的需求对一次泵系统的冷冻水泵或二次泵系统中的二次泵转速进行调节。二次泵系统中的一次泵的流量应与二次泵流量一致，并高于冷机的最小流量。

5.5.3 空调末端系统监控

1. 组合式空气处理机组风量调节与水量调节控制

以组合式空调机组为例，其末端通常采用风机变频控制技术对风量进行调节，同时通过调节动态平衡电动调节阀的开度对水量进行控制。通过比较空调通风区域回风温度与设定温度，智能调节送风机频率和动态平衡电动调节阀的开度，以调节其送风量和冷、热量，使空调通风区域的温、湿度达到设计要求，实现降低能耗的目的。

调节控制策略可以分为三种，即风量调节与水量调节独立控制、风量调节与水量调节同时控制和先风量调节、后水量调节控制。

1）风量调节与水量调节独立控制

该控制策略需在组合式空调器回风主管及冷冻水回水管上分别设置温度传感器，根据回风温度调节风机运行频率，根据回水温度调节电动二通阀的开度，将风、水系统作为两个控制环路独立控制,详见图 5-67 和图 5-68。

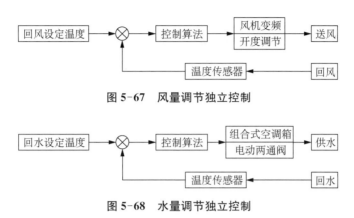

图 5-67 风量调节独立控制

图 5-68 水量调节独立控制

当空调区域负荷减少,回风温度降低,则降低风机频率,减少送风量。但当送风量降低至设定的下限值时,停止继续降低风机频率。反之,当空调区域负荷增大,回风温度升高,则调节风机频率,增大送风量。

当空调区域负荷减少,回水温度降低,调小两通阀的开度,减少冷冻水流量,以保证不低于组合式空调器正常运行所需的最小冷冻水量。反之,当空调区域负荷增大时,回水温度升高,调大两通阀的开度,增大冷冻水流量。

2)风量调节与水量调节同时控制

该控制策略根据回风温度同时控制风机频率与电动二通阀的开度,详见图 5-69。

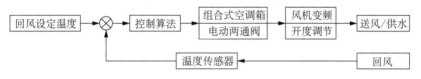

图 5-69 风量调节与水量调节同时控制

当空调区域负荷减少时,回风温度降低,同时同向地按一定速率降低风机频率及调小两通阀的开度,同时减少送风量及冷冻水流量。当送风量降低至设定的下限值时,停止调节风机频率。反之,当空调区域负荷增大时,同时同向地按一定速率增加风机频率及调大两通阀的开度,增大送风量及冷冻水流量。

3)先风量调节、后水量调节控制

该控制策略将回风温度的变化作为风机频率的控制参量,将组合式空调器的出风温度作为电动两通阀开度的控制参量,详见图 5-70。

当空调区域负荷上升,回风温度升高,系统先增大风机频率,增大送风量。当组合式空调器出风温度变化时,调节两通阀的开度。当空调区域负荷下降,回风温度降低,系统先减小风机频率,减少送风量。当组合式空调器出风温度变化时,调节两通阀的开度。

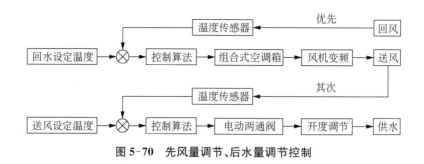

图 5-70　先风量调节、后水量调节控制

4）控制策略比较

将以上三种节能控制策略的优缺点进行总结，详见表 5-29。

表 5-29　　　　　　　　　　　三种能效提升运行策略优缺点

控制方式	优点	缺点
风量调节与水量调节独立控制	两系统各自独立，控制算法简单	互相易干扰，造成振荡
风量调节与水量调节同时控制	控制系统响应快，风、水系统协调性好	控制算法相对复杂
先风量调节、后水量调节控制	控制算法成熟，系统间干扰性小	水系统调节范围小，影响冷冻水泵的控制范围

通过比较，在先风量调节、后水量调节控制时系统运行最为稳定，控制系统振荡最小。在选择空调末端的能效提升运行策略时，可优先采用先风量调节、后水量调节控制的运行方式。

2. 转轮式热回收新风机组控制

转轮式热回收新风机组监控内容如下：

（1）送风温度自动控制：冬季自动调节水阀开度，保证送风温度为设定值；夏季自动调节水阀开度，保证送风温度为设定值；过渡季节根据新风的温湿度焓值，自动调节混风比。

（2）送风湿度自动控制：自动控制加湿阀开闭，保证送风湿度为设定值。

（3）过滤器堵塞报警：空气过滤器两端压差过大时报警，提示清扫。

（4）机组定时启停控制：根据事先排定的工作及节假日作息时间表，定时启停机组，自动统计机组工作时间，提示定时维修。

（5）联锁保护控制：①联锁——风机停止后，送风、排风门电动调节阀、电磁阀自动关闭；②保护——风机启动后，其前后压差过低时故障报警，并联锁停机；③防冻保护——当温度过低时，开启热水阀，关新风门、停风机，报警。

5.5.4　能耗计量与管理系统

对文化建筑进行自控系统设计的同时,还应对能耗进行分类、分项计量。通过将建筑能耗计量结果接入能效管理平台,可以为建筑运行数据的统计、分析与研究奠定基础,深度了解建筑中的用能情况,实现用能高效管理并挖掘节能空间。某文化建筑能效管理平台界面示意详见图 5-71 和表 5-30。

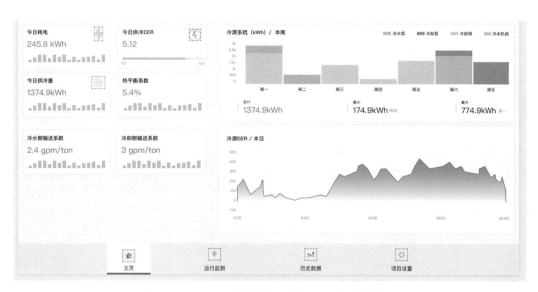

图 5-71　某文化建筑能效管理平台界面示意图

表 5-30　　　　　　　　　某文化建筑能效管理平台功能示意表

序号	功能模块	模块详解	连接点位	数据设备
1	搜索页面	可按项目基本信息搜索,并显示项目地理位置、项目类型、评选期间 EER 等信息	冷冻侧供回水温度、冷却侧供回水温度、冷冻侧流量、冷却侧流量、主机、冷水泵、冷却泵、冷却塔	电表、流量计
2	主页	核心数据展示		
3	运行监测	项目信息以及能源站内设备的能效指标数据实时展示及分析,如系统能效 EER、冷冻水/冷却水供回水温度、冷水主机功率/能效、冷却塔功率、水泵功率/能效、冷冻水冷却水流量等		
4	历史数据	冷冻水/冷却水出水温度、冷冻水/冷却水流量、系统能效 EER 等数据实时展示,数据可以下载到本地做深度分析		
5	项目设置	项目详细信息和设备管理台账,项目及设备最原始的资料数据台账管理		

1. 分类、分项计量

对文化建筑内冷热源、输配系统、照明等各部分的用电量、用水量、用气量、冷热量等各类能耗进行独立分类分项计量。用水量、用气量、冷热量等分类能耗数据通过数据采集装置直接上传至建筑能耗监测系统。

文化建筑常见的用电分项计量设置情况详见表5-31。通常，在文化建筑10 kV开关站内设置电业高压计量柜，计量建筑用电量，高供高量；低压侧进线及出线回路、独立用电单元等也均设置计量表。电能管理系统按照明插座用电、空调用电、动力用电、其他特殊用电等进行分项用电计量。通过RS485接口和标准的通信协议，将能耗数据实时上传至电能管理系统。电能管理系统具有联网功能，可上传至建筑能耗监测系统或其他上级数据中心。

表 5-31 文化建筑常见的用电分项计量设置情况

Ⅰ级	Ⅱ级	Ⅲ级
总表用电	照明插座用电	室内照明与插座用电
		公共区域照明与应急照明用电
		室外照明用电
	空调用电	水冷冷水机组用电
		风冷热泵机组用电
		冷冻水泵用电
		冷却水泵用电
		冷却塔用电
		空调热水泵用电
		空调机组、新风机组、风机盘管等空调末端用电
		多联式室外机用电
	动力用电	电梯、扶梯用电
		生活水泵用电
		非空调区域的通排风机用电
	特殊用电	充电桩用电
		变电所用电
		消防控制室用电
		弱电机房用电

2. 计量精度

为了提高计量的精度,文化建筑中计量仪器的选用和设置应考虑各个物理量测量的传感器、信号调节、数据采集和接线系统等对系统精度的影响,并且能够根据相关的国家或产品标准进行标定校准。

传感器计量范围和精度能够与采集端及二次仪表匹配,并高于工艺要求的控制和计量精度。

冷源系统能效比测量结果的计算不确定度能够控制在±5%以内。水温度、水流量、用电量、空气温度、空气湿度的计量不确定度或最大允许误差能够满足表5-32的要求。

表 5-32   计量不确定度或最大允许误差

计量内容	计量不确定度或最大允许误差
水温度/℃	±0.1
水流量	±2%
用电量	±2%
空气温度/℃	±0.2
空气湿度	±3%

电量、温度、湿度、流量等计量仪器的精度需满足以下设置要求。

1)用电量计量仪器的设置要求

计量电表应采用电子式、精度等级为1.0级或以上、具有标准通信接口的有功电能表,且应符合下列规定:

(1)能够计量包括功率因数在内的真均方根三相电量。

(2)用电量计量仪器能够根据所测得的电压、电流和功率因数生成真有效值功率。

(3)对带变频器的设备,用电量计量能够计量变频器的输入用电量。

(4)电机输入功率检测能够按现行国家标准《三相异步电动机试验方法》(GB/T 1032)规定方法进行。

(5)电机输入功率检测宜采用两表(两台单相功率表)法计量,也可采用一台三相功率表或三台单相功率表计量。

(6)当采用两表(两台单相功率表)法计量时,电机输入功率为两表检测功率之和。

(7)用电量计量仪表宜采用数字功率表。

2)温度、湿度传感器的设置要求

(1)温度计量宜使用热敏电阻温度传感器。

(2)温度、湿度传感器计量范围宜为测点温度范围的1.2~1.5倍。

(3)供、回水管温差的两个温度传感器应配对选用,且温度偏差系数能够同为正负。

（4）计量冷水温度和冷却水温度的传感器均应采用插入式传感器；插入式水管温度传感器能够保证测头插入深度在水流的主流区范围内，安装位置附近应无热源及水滴。

（5）计量空气温度的传感器应进行合理的辐射防护。

（6）重要的温度测点应设置备用校正孔。

3）流量传感器的设置要求

（1）宜采用超声波流量传感器或电磁流量传感器。当现场安装条件受限制或流量计量范围变化大时，可采用多通道式超声波流量传感器。

（2）流量传感器量程宜为系统最大工作流量的 1.2～1.3 倍，量程比宜大于等于 50∶1。

（3）流量传感器安装位置前后应有保证产品所要求的直管段长度或其他安装条件。

（4）宜选用具有瞬态值输出的流量传感器。

（5）宜选用水流阻力低的产品。

6 文化建筑可再生能源技术

住建部 2022 年 4 月 1 日颁布的国家强制标准《建筑节能与可再生能源利用通用规范》(GB 55015—2021),是为了执行国家有关节约能源、应对气候变化的法律、法规,落实碳达峰、碳中和决策部署,提高能源资源利用效率,推动可再生能源利用,降低建筑碳排放,满足经济社会高质量发展的需要。未来,没有可再生能源的设计在报批、审图环节都会受到限制。因此,可再生能源在文化建筑中的应用是文化建筑能效提升的重中之重。本章将从可再生能源发电、可再生能源提供生活热水和可再生能源供暖制冷三个方面进行阐述。

6.1 可再生能源发电

6.1.1 太阳能光伏概述

太阳能作为清洁无污染的能源取之不尽、用之不竭。无论从建筑应用场景、能效、经济性,还是所产生能源的应用灵活性等维度综合来看,光伏技术都将是可再生能源建筑应用的主要技术。光伏产品天然地具有一定建材属性,可以结合建筑屋面或立面与建筑进行一体化设计,与建筑形态融合。国家机关事务管理局、国家发改委、财政部、生态环境部于 2021 年 11 月 16 日联合发布《深入开展公共机构绿色低碳引领行动、促进碳达峰实施方案的通知》,提出大力推广太阳能光伏项目,要求"充分利用建筑屋顶、立面、车棚顶面等适宜场地空间,安装光电转换效率高的光伏发电设施,鼓励有条件的公共机构建设连接光伏发电、储能设备和充放电设施的微网系统,推广光伏发电与建筑一体化应用,到 2025 年公共机构新建建筑可安装光伏屋顶面积力争实现光伏覆盖率达到 50%。"由此可见,光伏发电系统将是未来可再生能源建筑应用的重中之重。文化建筑具有较大的屋顶面积,宜首先考虑采用太阳能光伏发电系统作为可再生能源建筑应用系统。

以上海地区为例,通过对文化建筑太阳能光伏系统的节能量进行测算,发现由光伏系统提供的电量占建筑总用电量的比例从 1% 到 30% 不等,太阳能光伏系统在文化建筑中的应用存在较大差异。[31]

6.1.2　太阳能光伏组件

根据不同的标准,光伏电池可划分为不同的类别。按结构分类,可分为同质结、异质结和肖特基太阳电池;按结晶状态分类,可分为单晶、多晶和非晶三大类;按所用材料分类,可分为晶硅太阳能电池、多元化合物薄膜太阳能电池、聚合物多层修饰电极型太阳能电池等。目前,最常用的分类方法为按照材料进行划分电池类型,主要分为晶硅以及薄膜电池两大类。多晶硅和单晶硅的光电转换效率较高,一般在 20% 左右,在没有美学要求的屋顶光伏电站应用频率最高;薄膜太阳能组件光电转换效率在 15%～19%,技术发展迅速,转换效率提升较快,其优点是作为光电建材,可以与建筑表面更好地结合,从而实现建筑一体化设计。

晶硅电池作为最早出现的光伏电池,被称为第一代半导体电池,由玻璃、EVA、电池片、背板和电池板等组成。硅材料是一种半导体材料,太阳能电池发电的主要原理就是利用这种半导体的光电效应形成空穴电子对,在内电场作用下形成电流。晶硅电池包括单晶硅和多晶硅两种,其中单晶硅依靠效率优势,目前占绝对主导。但晶硅电池也存在缺点。第一,在生产晶硅电池制绒环节中,硅片表面腐蚀量的不同会最终导致电池片产生色差。第二,将晶硅电池封装加工成光伏建筑一体化(Building Integrated PV,BIPV)组件后,晶硅电池的色差会严重影响 BIPV 组件的美观性。第三,电池片的颜色决定了晶硅组件主要是深蓝、浅蓝等蓝色系色彩,比较单调,无法满足 BIPV 建筑对色彩的多样化需求。第四,晶硅电池的韧性相对不佳,很难对其进行弧面设计,一定程度限制了晶硅电池在建筑中的应用场景。此外,晶硅电池因为高度标准化的原因,尺寸调整也较为不便。

薄膜电池被称为第二代太阳能电池,是指在玻璃、柔性聚合物等基板上沉积一层厚度不大于 20 μm 的薄膜,在这层薄膜中制作 PN 结等形成的太阳电池。薄膜太阳电池主要包括硅基薄膜、铜铟镓硒(CIGS)、碲化镉(CdTe)、砷化镓(GaAs)、钙钛矿电池及有机薄膜电池等。其中,碲化镉薄膜太阳能电池具有显著的生产技术与生产工艺的优势,具有电池组件透光率可调、尺寸大小可定制、颜色图案可变、色彩整体性强等灵活性特点。目前,在建筑光伏一体化领域中实际应用最为广泛、适应场景最为丰富的是碲化镉薄膜太阳能发电玻璃。

文化建筑中立面光伏幕墙、光伏采光顶因其需要透光、隔热保温以及外观要求,一般采用碲化镉薄膜太阳能发电玻璃。图书馆建筑形体较为方正,且屋面较为平整,有可利用面积设置太阳能光伏系统,一般采用单晶硅或多晶硅组件;而博物馆和剧场受建筑造型限制,屋面多为曲面,不利于太阳能晶硅组件的布置,通常选用与建筑表面结合的薄膜太阳能发电玻璃。各类光伏组件的特点以及在文化建筑中的适用性详见表 6-1。

表 6-1   光伏组件比较

分类	单晶硅太阳能光伏电池	碲化镉薄膜太阳能光伏电池	铜铟镓硒薄膜太阳能光伏电池
示意图			
光电转换率	20%～21%	15%～19%	12%～16%
散射光环境下光电转换效率	受较大影响	影响很小	影响很小
高温环境下的光电转换效率	受较大影响	影响很小	影响较小
热斑发热	严重	小	较小
价格	便宜	较便宜	高
稳定性	高	高	一般
美观性	色差大	颜色均匀	颜色均匀
透光能力	透光效果差	透光性好	做不了透光
定制化能力	差	灵活	较差
产品形态	标准产品为主	光伏瓦、光伏幕墙、光伏墙、光伏地砖	标准产品为主
适用文化建筑位置	屋顶	屋顶、立面	屋顶

6.1.3 太阳能光伏系统与建筑一体化设计

太阳能光伏系统设计主要依据的规范、标准有：《建筑节能与可再生能源利用通用规范》（GB 55015—2021）、《建筑光伏系统应用技术标准》（GB/T 51368—2019）、《光伏建筑一体化系统防雷技术规范》（GB/T 36963—2018）、《光伏发电系统接入配电网技术规定》（GB/T 29319—2012）。作为光伏组件与建筑构配件一体化设计时，还应符合相关的建筑设计规范、标准及技术规程。

1. 一体化设计形式

太阳能光伏系统与建筑的一体化设计主要有以下形式：光伏组件与建筑构件、部件的一体化；光伏发电系统与室内电气系统的一体化；光伏发电系统与储能系统的一体化。

太阳能光伏组件与建筑一体化，除了利用建筑屋面、立面布置外，还可充分利用建筑部件、构件和场地条件进行布置，如利用建筑幕墙面板、建筑遮阳面板、雨棚、非机动车停车棚、人行步道遮阳棚等区域设置光伏系统，结合景观照明灯杆设置风、光一体化发电系统等。图 6-1 是太阳能光伏组件与建筑部件、构件一体化的几种常用形式的示例。

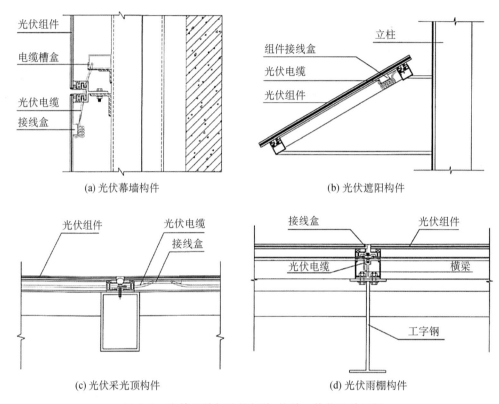

图 6-1 光伏组件与建筑部件、构件一体化设计示例

2. 组件布置

光伏组件有多种类型，可根据布置位置的特点选用不同的组件。

（1）屋面上的光伏组件布置可优先采用晶硅光伏组件；

（2）外墙立面上的光伏组件可采用晶硅或薄膜光伏组件；当建筑立面条件受限无法避免遮挡时，宜采用薄膜光伏组件；

（3）建筑构件与光伏组件一体化应优先采用薄膜光伏组件，以实现光伏组件灵活布置，并与建筑构件紧密结合。

光伏方阵宜设置一定的倾角，以便于排水、除尘。当屋面光伏组件的倾角为 25°时，可按光伏组件面积的 1.5 倍预留屋面的安装面积，以保证光伏组件之间的距离，减少遮挡。

在不同位置布置光伏组件应满足以下要求：

（1）光伏组件布置在坡屋面时，应布置在南向屋面，且光伏组件倾角与屋面坡度角一致；

（2）光伏组件布置在平屋面时，受光面应首选朝南向，其次为东、西向，不应朝北向布置；

（3）光伏组件布置在立面时，可选择在窗间墙位置，也可结合幕墙、外遮阳等构部件一体化设计，设置在建筑立面上的光伏组件应避免受到周边建筑、自身建筑构件、设备、树木等遮挡物遮挡；

（4）立面上的光伏组件应首选朝南立面，其次为东、西立面，不应布置在朝北立面；

（5）设置在屋面、外墙、幕墙上的光伏组件，应考虑其对围护结构防水、保温隔热等性能的影响，与光伏组件直接接触部位的建筑材料、保温材料均应采用燃烧性能为 A 级的不燃材料。

3. 系统接入

建筑设计采用光伏系统，应优先考虑并网光伏发电系统。由于民用建筑光伏系统通常规模较小，宜采用用户侧并网形式，按照"自发自用、余电上网"模式向电网公司提交相关申请。民用建筑光伏发电系统应优先接入用户侧低压母线或白天常开负荷所在的配电回路。图 6-2 为"自发自用、余电上网"接入电网方案示意图。

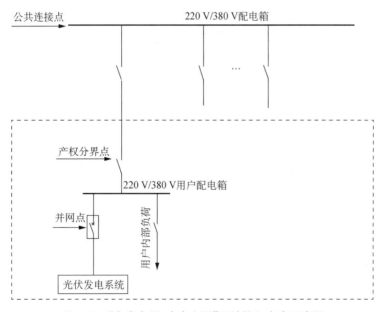

图 6-2 "自发自用，余电上网"系统接入方案示意图

考虑到"光储直柔"作为建筑碳中和的重要技术之一，民用建筑光伏发电系统宜配置储能系统。离网的独立光伏发电系统（如光伏路灯）应根据实际需求确定储能系统配置规模。离网储能系统容量配置及设计方法可参考国家标准图集《建筑一体化光伏系统电气设计与施工》（15D202—4）中离网独立光伏系统的相关内容。

4. 设计深度

太阳能光伏发电系统与建筑一体化设计文件深度应满足以下要求。

1）方案设计阶段

方案设计说明应明确拟采用的光伏组件类型、光伏阵列布置形式、布置位置、布置面积、系统类型、储能设施等主要信息。

2）初步设计阶段

建筑专业应根据光伏组件的选用，在建筑平面图或立面图上绘制光伏阵列布置位置及面积；结构专业的荷载计算应考虑光伏组件及基座的荷载，结构设计应预留光伏阵列基座及预埋件；电气专业的高、低压配电系统图中应体现光伏发电系统电气接入形式，直、交流两侧容量，接入位置，计量设置，功率因数及谐波控制措施等关键信息；当设有储能系统时，电气专业还应体现储能系统类型，电气接入形式、容量、充放电控制逻辑等信息。

3）施工图设计阶段

各相关专业应在初步设计的基础上进一步深化设计。建筑专业应根据光伏组件的选用，在建筑平面或立面图上绘制光伏阵列布置位置及面积，完善相关节点构造设计；结构专业应核实光伏组件及相关构件的荷载及预埋位置的合理性，落实预埋件；电气专业施工图应体现光伏系统一、二次系统图，各光伏组件及逆变器参考型号、组串连接方式、计量设置情况、光伏阵列基础及组件的构造做法详图等内容。

6.1.4 应用案例

1. 2010年上海世博会主题馆

2010年上海世博会在"城市，让生活更美好"的主题下，体现"科技世博""生态世博"的理念，特别是在清洁能源利用方面体现先进性和导向性。上海世博会主题馆（建设单位：上海世博（集团）有限公司，设计单位：同济大学建筑设计研究院（集团）有限公司）是太阳能光伏应用的理想地点，主题馆为世博会永久性保留建筑，建筑高度约27 m，屋面尺寸291 m×220 m，屋面面积约6万 m²。其中，太阳能组件安装总面积达到2.6万 m²，共计14 932块组件，总装机功率约2.57 MW，其中常规组件约2.34 MW，透光式组件约0.23 MW（图6-3）。

将大面积的屋面与太阳能组件结合的设计，为世博会主题馆带来了亮点，同样也带来了难点。第一，主题馆屋面为大跨度轻钢体系，对荷载比较敏感。第二，支撑太阳能组件的支架位于金属屋面之上，支架的重量、跨度都比较大，因此需要局部穿透金属屋面落于屋面主桁架结构之上，这样对金属屋面的防水设计提出了很大挑战。第三，太阳能组件在屋面呈菱形均匀布置，在中庭上空可见组件底部，因此如何很好地选择组件类型，如何很

图 6-3 主题馆太阳能应用效果图

好地处理中庭上空的组件支撑结构使之合理美观都是设计上的难点、重点。第四,深蓝色反光的太阳能电池板作为一种全新的材料、全新的肌理出现在整个建筑材料体系中,如何将其和谐融入建筑外观,是设计的一大重点。第五,主题馆以大空间展厅为主体,功能性空间集中于 4 个 9 m 宽的功能带,如何将屋面电池板数量众多的导线合理、经济地排布并通过功能带引入地下室太阳能机房,也是设计需要攻克的难关。

针对以上难点和挑战,设计采用了以下解决方案。第一,针对太阳能组件的特点,对结构体系进行了全面的优化,并重新计算;第二,对于太阳能组件的支撑体系,进行多方协作设计;第三,选择透光式组件作为中庭上空的太阳能电池板,并将其支撑和走线体系纳入室内设计中一并统筹考虑;第四,将屋面重新进行分割,并调整屋面材质,使整体效果更加协调;第五,与太阳能逆变专业设计单位协调,对平面进行调整,满足电气走线要求。

主题馆 BIPV 并网光伏电站,成为当时亚洲和中国总容量前列的 BIPV 并网光伏电站,是我国并网光伏发电领域的成果典范,并成为中国 BIPV 并网太阳能发电的里程碑。该并网光伏电站除了具有发电功能外,还根据建筑物的特点,实现了太阳电池与建筑物的完美结合,同时将大型并网逆变技术、轻型组件技术等一大批新型技术与生态、建筑、空调、采光、材料等技术形成统一的展示。该系统也成为我国高科技普及教育的活教材,对上海市民乃至全国人民的环保意识、节能意识起到促进作用。

2. 2019 年北京世界园艺博览会中国馆

2019 年北京世界园艺博览会(设计单位:中国建筑设计研究院有限公司)中国馆是北

京世园会重要的标志性建筑,是中国园艺的集中展区。其建筑设计为半环形,外形既像中国古代宫殿,又似茅屋、农舍。建筑借鉴传统的斗拱、榫卯结构,效仿古人"巢居"的智慧,将主要展厅覆盖于梯田之下,梯田上的金色屋顶笼罩着锦绣繁花(图 6-4 和图 6-5)。整个建筑设计占地 4.8 hm²,总建筑面积 2.3 万 m²,地上 2 层,地下 1 层,高处高 36 m。中国馆的屋顶为"如意"造型,为了建造出抱月形状的屋顶,施工中使用到各种钢结构构件,包括132 根主桁梁、5 400 根小横杆、2 184 根拉杆以及 696 根水平支撑杆①。

图 6-4　2019 世园会中国馆鸟瞰效果图(图片来源:中国建筑设计研究院有限公司)

图 6-5　2019 世园会中国馆人视效果图(图片来源:中国建筑设计研究院有限公司)

建筑利用南向缓坡屋面,布置了 1 056 片碲化镉薄膜彩色透光光伏玻璃,组件透光率40%,尺寸各异,颜色采用中国传统的金黄色,组成具有独特东方神韵的半环形,与建筑屋面融为一体(图 6-6、图 6-7)。项目采用"自发自用,余量上网"的模式,光伏发电就近汇入场馆内配电系统,为整个建筑的照明、动力等正常运营提供商业用电。整个光伏系统的绿

① 世园会中国馆钢结构屋顶完工中国馆 11 月全部竣工,央广网,2018 年 4 月 21 日,https://baijiahao.baidu.com/s?id=1598309912716939997&wfr=spider&for=pc.

色发电相当于每年节约标准煤 26.91 t,减排 CO$_2$ 约 70.5 t,在光伏太阳能领域起到了示范展示作用。

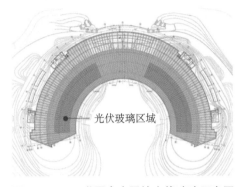

图 6-6　2019 世园会中国馆光伏玻璃示意图
(图片来源:中国建筑设计研究院有限公司)

图 6-7　2019 世园会中国馆光伏玻璃室内照片
(图片来源:中国建筑设计研究院有限公司)

中国馆处于北京延庆,冬天寒冷,夏季较为炎热,所以对光伏产品的隔热保温也有很高的要求。项目采用中空双银 Low-E 结构,以满足节能的要求(玻璃构造和安装节点详见图 6-8)。

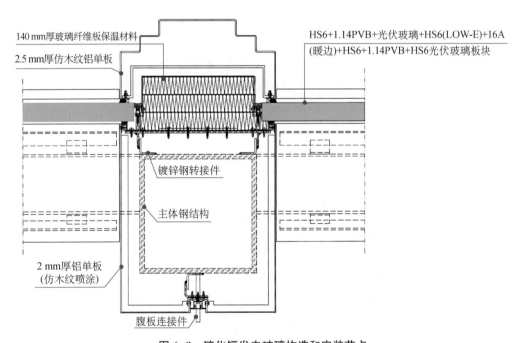

图 6-8　碲化镉发电玻璃构造和安装节点

项目采用 8 台 10 kW 组串式逆变器,MPPT 路数 2 路,采用 8 进 1 出直流防雷汇流箱。交流汇流箱和逆变器安装在龙骨支撑的混凝土立柱上,设备高度不低于 1 m。光伏组串输出的光伏电缆沿龙骨向屋脊方向铺设,到屋脊后再沿屋脊方向敷设接入直流汇流箱。直流汇流箱出线沿屋脊铺设后,再统一沿着一条龙骨北向敷设,在龙骨端部进入屋内,接入安装在立柱上的逆变器。

光伏电缆铺设时,优先按原有电缆沟进行敷设,如无电缆沟,沿墙或地板穿钢管敷设。电缆在同一桥架内,直埋或穿管敷设时,电力电缆与通信电缆应保持距离,桥架内应用隔板隔开,不穿同一根管,所有电缆穿管后,管口采用防火材料封堵。

3. 广州美术馆

广州美术馆(设计单位:德国赫尔佐格与合伙人建筑设计事务所、华南理工大学、广东建筑设计研究院)的设计主题为"水中盛放的英雄花",它犹如一朵盛开的英雄花(木棉花)独立于舒展的水面中央(图 6-9)。绝美的外形设计带来了极其复杂的幕墙工程系统,项目整体幕墙面积7 万 m^2,其中碲化镉薄膜九宫格光伏发电组件组成的光电幕墙达 2 万 m^2(图 6-10、图 6-11)。

图 6-9　广州美术馆建筑立面效果图

图 6-10　广州美术馆立面碲化镉光伏幕墙

图 6-11　广州美术馆彩色碲化镉薄膜光伏屋顶

4. 中科大图书馆

中科大图书馆位于大学园区中心区域,建筑由塔楼和裙房组成,一至二层为裙房,三至十三层为塔楼。裙房主要功能包括开放式咖啡/书吧、图书流通业务用房、公共教室、会议室、开放自习室等;塔楼部分主要功能包括开放式交流学习区、研讨室、开放式阅览室、办公室等。

光伏组件采用多晶硅光伏组件,结合建筑单体的屋顶面积共设置 1 800 m² 光伏组件,其中塔楼屋面设置 700 m²,裙房屋面设置 1 100 m²。项目共使用 100 Wp 多晶硅光伏组件 1 800 块,塔楼和裙房屋面分别设置 700 块和 1 100 块,总装机容量为 180 kWp。根据屋面的特点,组件所采用钢结构支架方式有所不同。塔楼屋面组件采用钢结构整体抬高的方式,组件敷设角度为 0°。裙房屋面组件采用常规的支架固定方式,组件敷设角度为 25°。光伏组件布置详见图 6-12 和图 6-13。

太阳能光伏系统年发电量约 22.23 万(kW·h)/a,投资回收期 4～5 年。

项目采用"自发自用、余电上网"的并网分布式光伏发电系统,与电网采用并网逆变器相连。在提供用户用电之外,光伏发电的多余电量接入国家电网,获得收益。

系统所发直流电经并网逆变器"直、交"变换后接入变电所,供给图书馆使用。富余的电能通过并网逆变器,将直流电逆变为 380V 交流电并入国家电网。

项目共 1 个并网连接点,接至图书馆所在变电所。发电计量点设置在并网点处,上网电量设置在用户配电的关口处。

太阳能光伏系统电气示意图详见图 6-14。

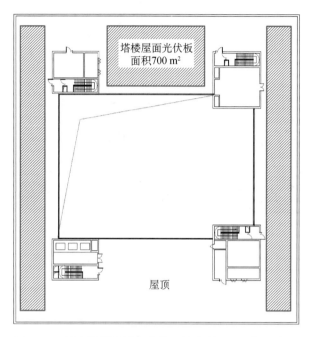

图 6-12 图书馆塔楼屋面光伏组件布置(700 m^2)示意图

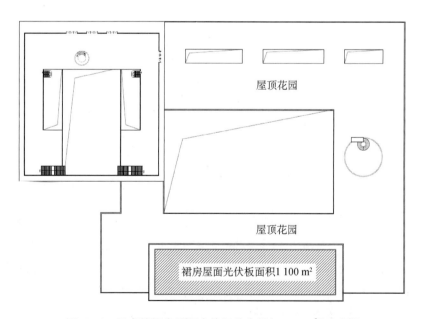

图 6-13 图书馆裙房屋面光伏组件布置(1 100 m^2)示意图

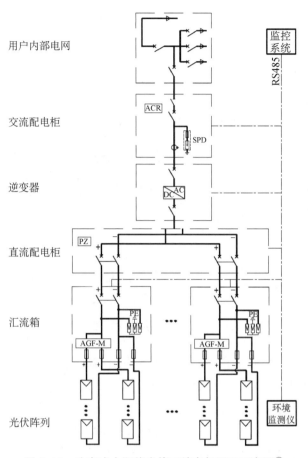

图 6-14 分布式太阳能光伏系统电气原理示意图①

6.2 可再生能源提供生活热水

当建筑设置集中生活热水系统时,可结合项目所在地资源情况,合理采用太阳能、地热能等可再生能源作为加热热源。

6.2.1 太阳能热水

建筑项目所在地日照时数大于 1 400 h/a 且年太阳辐射量大于 4 200 MJ/m² 及年极端最低气温不低于－45 ℃的地区,适于优先采用太阳能作为集中热水系统的主要热源。在国家有关政策的监督引导和鼓励之下,太阳能热水系统迄今已发展成为相对稳定及成熟的绿色、节能技术。太阳能热水系统投资回收期一般在 5 年左右,而系统使用寿命通常

---

① ACR14CDX103,建筑一体化光伏发电系统设计与应用图集。

可达 10～15 年,经济效益良好。太阳能作为天然无污染的能源,可替代传统能源的使用,还能减少碳排放,具有良好的环境效益(图 6-15)。

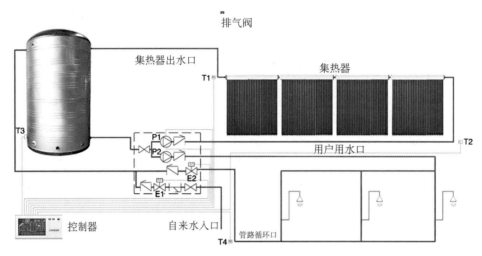

图 6-15 太阳能热水系统原理图

热水系统能效提升措施已在本书 5.4 节中表述,太阳能热水系统能效提升主要在集热系统。不同类型的集热器,其集热效率差别较大。目前,应用范围较广的集热器形式主要有真空管型集热器和平板型集热器两种(图 6-16)。真空管型集热器热效率高,集热效率通常不低于 60%,保温效果好,应用范围较广;而平板集热器外形美观,易于与建筑结合,但保温效果差,集热效率通常不高于 45%,不过因为价格较便宜,应用范围亦日趋广泛。集热器的安装角度和朝向对集热效果也有较大的影响,一般集热器的安装倾角在 15°～30°,当朝南布置时集热效率最高。

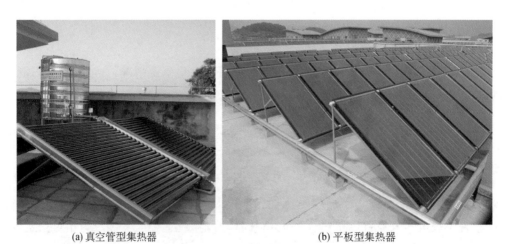

(a) 真空管型集热器　　　　　　　　(b) 平板型集热器

图 6-16 太阳能集热器的主要类型

6.2.2 空气源热泵热水

对于某些文化类建筑,因屋顶面积有限或屋顶造型奇特,导致难以设置太阳能集热器、无法合理应用太阳能热水系统时,可采用空气源热泵热水系统。空气源热泵热水系统的优点是无需受到建筑屋面的限制,有较好的节能效果,其原理图详见图6-17;缺点是需要输入电能,节能效果不如太阳能热水系统,且运行过程中容易产生噪声,需占用较大设备空间。

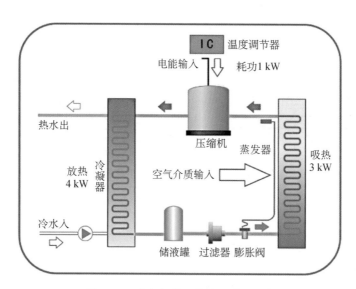

图 6-17　空气源热泵热水系统原理图

为充分发挥空气源热泵热水系统的节能效果,并保证热水系统安全合理,设计时应注意以下事项:

(1)空气源热泵热水机在名义制热工况和规定条件下,COP不应低于现行国家标准《热泵热水机(器)能效限定值及能效等级》(GB 29541—2013)关于2级节能认证的相应要求。

(2)空气源热泵热水机组适用于夏季和过渡季节总时间较长的地区。在寒冷地区使用时需要考虑机组的经济性与可靠性,如在室外温度较低的工况下运行时机组制热COP太低,失去了热泵机组的节能优势,就不宜采用。

(3)应注意热水出水温度,在节能设计的同时还要满足现行国家标准对生活热水的卫生要求。一般空气源热泵热水机组热水出水温度低于60 ℃,为避免热水管网中滋生军团菌,需要采取措施抑制细菌繁殖,比如定期采用65 ℃的热水供水1天,但同时必须有防止被烫伤的措施(如设置混水阀),或采取其他安全有效的消毒杀菌措施(如设置银离子消毒杀菌装置)。

此外,空气源热泵还可以作为太阳能热水系统的辅助热源,与太阳能热水系统联合供热,原理图详见图 6-18。以某剧院为例,项目设置一套集中生活热水系统来供应演职人员淋浴和厨房餐饮用热水,生活热水用量为 7.0 m³/d,主热源采用太阳能,辅助热源采用空气源热泵,在屋面设置 120 m² 太阳能集热器,太阳能保证率不低于 50%。

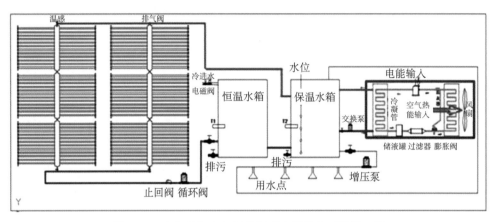

图 6-18　太阳能与空气源热泵联合供热水系统原理图

6.2.3　地源热泵热水

地源热泵热水系统,在文化建筑中应用较少,因为文化建筑热水用量通常不大,单独设置地源热泵系统供应生活热水的经济效益较差;在项目应用中,通常为采用地源热泵供应空调系统的同时供应生活热水。

以河南省郑州市某科技馆为例。采用地源热泵热水系统,地源热泵提供 55 ℃ 高温水,设置两台 5 m³ 立式高效节能半容积式热交换器,将生活热水加温到 50 ℃,供应厨房餐饮及淋浴用热水,热水用量 27.0 m³/d。热水用量计算和耗热量计算分别详见表 6-2 和表 6-3,地源热泵选型参数具体如表 6-4 所示。由表可知,地源热泵制热量为 302 kW,热水系统耗热量 287.4 kW,地源热泵可满足生活热水的热量需求。

表 6-2　　　　　　　　　　最大时热水用水量计算

序号	用水部位	使用数量	最大日定额	设计日用水量/（m³·d⁻¹）	用水时数/h	小时变化系数 K	最大时用水量 Q_h/（m³·h⁻¹）(60 ℃)
1	南侧厨房餐饮	3 400(人·次)/d	7L(人·次)	23.8	10	1.5	3.57
2	南侧淋浴	80 人/d	40L/人	3.2	8	2.5	1.00
3	合计			27.0	—	—	4.57

表 6-3 最大时热水耗热量计算

序号	用水部位	最大时用水量 Q_h/(m³·h⁻¹) (60℃)	热水温度 /(℃)	冷水温度 /(℃)	热水密度 /(kg·L⁻¹)	水的比热容/ [kJ·(kg·℃)⁻¹]	最大时耗热量/kW
1	南侧厨房餐饮	3.57	60	5	0.983	4.187	224.5
2	南侧淋浴	1.00	60	5	0.983	4.187	62.9
3	合计						287.4

表 6-4 地源热泵热水机组选型

设备编号	设备类型	制冷工质	制冷量/kW	制热量/kW
CH-B1-6	螺杆式地源热泵机组	R134a	320	302

6.3 可再生能源供暖制冷

6.3.1 地源热泵应用现状

地源热泵系统根据汲取能源媒介的不同,可分为土壤源热泵系统、地下水地源热泵系统、地表水地源热泵系统(表 6-5)。近年来,地源热泵系统的应用范围逐步加大,现在仅上海地区就已有超 500 个工程应用地源热泵。通过对上海地区文化建筑地源热泵的统计分析发现,土壤源地源热泵系统是最常见的应用形式,极少数文化建筑会采用地表水源热泵系统,暂无文化建筑地下水源热泵系统应用的案例。

表 6-5 地源热泵系统形式及特点

系统形式		示意图	优点	缺点
土壤源热泵系统	垂直埋管系统		资源可再生利用;运行费用低;机房占地面积少;绿色环保;一机多用,自动化程度高等	埋管所需空地面积较大;埋管受土壤性能影响较大;连续运行时冷凝温度和蒸发温度受土壤温度的变化发生波动;土壤导热系数较小,换热量较小
	水平埋管系统			
	螺旋埋管系统			

165

续表

系统形式	示意图	优点	缺点
地下水地源热泵系统	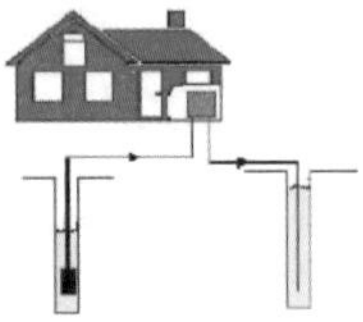	资源可再生利用；运行效率高、费用低、节能；运行稳定可靠；环境效益显著；一机多用，应用范围广等	水资源利用成本差异较大；应结合当地的地质情况来考虑回灌方式；维护费用高；制冷供暖效果易受地下水流量影响；用水量大，易造成塌方
地表水地源热泵系统			

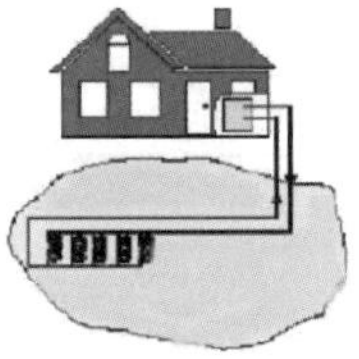

通过对文化建筑的容积率进行分析，发现文化建筑容积率较低，基本都在 2.0 以下（表 6-6），这为土壤源热泵系统的采用提供了条件。

表 6-6 文化建筑容积率统计

序号	计容建筑面积/m²	用地面积/m²	容积率
1	12 128	12 029	1.01
2	79 947	54 448	1.47
3	81 030	46 001	1.76
4	24 864	13 000	1.91
5	14 989	9 856	1.52
6	7 570	7 129	1.06
7	45 620	57 800	0.79

以上海地区为例，通过对文化建筑地源热泵系统的调研统计发现，文化建筑的地源热泵系统多配置有冷水机组、风冷热泵、锅炉等作为辅助冷热源，或配置冷却塔辅助来达到热平衡，由地源热泵提供的热负荷占建筑总热负荷的比例为 50%～100%（表 6-7）。

表 6-7 地源热泵在文化建筑中应用现状

序号	建筑总面积/m²	地源热泵服务面积/m²	总冷负荷/kW	总热负荷/kW	由地源热泵提供的热负荷/kW	地源热泵提供的热负荷占总热负荷的比例	地源热泵类型	辅助冷热源型式	热平衡方式
1	125 945	125 945	14 950	9 200	5 060	55%	地表水	冷水机组＋锅炉	冷却塔
2	18 861	18 861	1 304	917	688	75%	土壤源	风冷热泵	—
3	45 086	45 086	5 000	2 475	1 200	48.5%	土壤源	冷水机组	冷却塔
4	9 480	9 480	533	274	274	100%	土壤源	—	—

6.3.2 地源热泵系统与建筑一体化设计

地源热泵系统与建筑一体化设计依据的主要规范标准有：现行国家标准《建筑节能与可再生能源利用通用规范》（GB 55015—2021）、《地源热泵系统工程技术规范》（GB 50366—2005）（2009 版）、行业标准《地源热泵系统工程勘察标准》（CJJ/T 291—2019）、《水文水井地质钻探技术规程》（DZ/T 0148—2014）和上海市工程建设规范《地源热泵系统工程技术规程》（DG/TJ 08—2119—2021）等相关地方及国家标准的规定。当地源热泵系统与建筑一体化设计时，还应符合相关的建筑设计规范、标准及技术规程。

1. 设计要求

在地源热泵系统方案设计前，应进行工程场地状况调查，并应对浅层或中深层地热能资源进行勘察，确定地源热泵系统实施的可行性与经济性。

地源热泵系统与建筑一体化设计应满足以下要求：

（1）当采用地埋管地源热泵系统时，埋管位置应选择室外空地区域，若空地区域面积不够，可采用建筑底板下埋管和桩基埋管，但同时应综合考虑施工工序的复杂性和相应的影响因素。

（2）当建筑周边有可利用的地表水源时，可优先考虑采用地表水地源热泵系统，并应进行可行性技术论证。

（3）应通过换热量计算来确定辅助能源的形式及大小。

（4）开发利用单位负责对项目运行效果和地下换热区地质环境要素实施监测，浅层地热能监测系统宜作为浅层地热能应用工程的组成部分列入建设计划，同步设计、同步施工和验收。

（5）浅层地热能监测设施的布设、动态监测应当符合上海市地方标准《浅层地热能开发利用监测技术标准》(DG/TJ 08—2324—2020)的要求。

2. 设计深度

地源热泵系统与建筑一体化设计文件深度应满足以下要求：

1) 方案设计阶段

暖通专业应进行建筑空调冷热负荷、生活热水负荷、地源热泵系统总释热量与系统热量计算，在方案设计说明中明确拟采用的地源热泵系统形式，提出冷热源配置方案。与建筑专业配合，明确待埋管区域位置，预留未来地下管线所需的埋管空间及埋管区域进出重型设备的车道位置；明确地源热泵系统机房位置及面积。

2) 初步设计阶段

建筑专业应根据地源热泵系统选用，在建筑总平面图、平面图上绘制埋管区域位置、面积和机房位置及面积。结构专业应预留设备管道洞口，当埋管设在建筑物基础下时，结构专业还应考虑基础沉降、防水、安全及施工工艺等因素。暖通专业应确定供热、供冷和供热水的运行模式，选择地源热泵系统设备：换热器形式、管径及长度、井的数量间距和水泵等。电气专业应预留地源热泵系统设备电量，并设计监测计量系统，明确采集的数据类型及要求。

3) 施工图设计阶段

各相关专业应在初步设计的基础上进一步深化设计，建筑专业应根据地源热泵系统的选用，建筑总平面图、平面图上绘制埋管区域位置、面积和机房位置及面积，完善相关节点构造设计；结构专业应核实设备管道洞口位置及大小的合理性，落实预留位置及大小；暖通专业施工图应包含地源热泵换热系统图、换热系统孔位平面图、水平管线图、换热器节点大样图、分集水器大样图、地温监测孔和数据线平面布置图、主要设备表等；电气专业施工图应包含监测计量系统图、计量表具列表等内容。

6.3.3 应用案例

1. 地埋管地源热泵

1) 案例 1

上海自然博物馆空调总冷负荷为 5 000 kW，冷负荷指标为 170 W/m²；空调总热负荷为 2 475 kW，热负荷指标为 80 W/m²。空调集中冷热源系统采用地源热泵与常规制冷系统相结合的空调形式。地源热泵系统承担建筑部分夏季冷负荷和冬季热负荷，不足部分由辅助冷热源补充。地源热泵系统夏季土壤换热器最大散热负荷为 1 639 kW，冬季土壤换热器最大取热负荷为 1 178 kW，根据《地源热泵系统工程技术规范》(GB 50366—2005)计算可得，土壤换热器夏季能够承担空调冷负荷为 1 366 kW，冬季能够承担空调热负荷为1 600 kW。土壤换热器循环水温度夏季为35 ℃/30 ℃,冬季为5 ℃/9 ℃。辅助冷源采用螺杆式冷水机组,通过冷却塔将多余热量排出;辅助热源采用低压燃气热水器,设置在12.00 m屋面处。地源热泵机组、辅助冷热源机组参数详见表6-8。

表6-8 冷热源机组参数

序号	设备名称	制冷量/kW	制热量/kW	台数	备注
1	螺杆式地源热泵机组	1 000	1 000	2	带部分热回收
2	螺杆式水冷冷水机组	1 561	—	2	带部分热回收
3	燃气热水器	—	930	3	

由于博物馆基地内有地铁穿越,其中地下连续墙又分为外围地下连续墙和地铁连续墙两部分,该博物馆地源热泵系统采用灌注桩埋管与地下连续墙埋管两种形式(图6-19、图6-20),根据冬季热负荷确定地埋管数量、方式、深度等,参数详见表6-9,地埋管平面布置详见图6-21。

表6-9 地埋管埋管方式、数量和深度

序号	埋管类型			埋管方式	数量/个	有效深度/m
1	灌注桩埋管			W型埋管	393	45
2	地下连续墙埋管	外围地下连续墙	D1型	W型埋管	161	35
			D2型	W型埋管	64	38
			D3型	W型埋管	37	30
			D4型	W型埋管	4	34
		地铁连续墙	D6型	—	186	18

图6-19 桩基埋管钢筋笼绑扎

图6-20 连续墙埋管绑扎

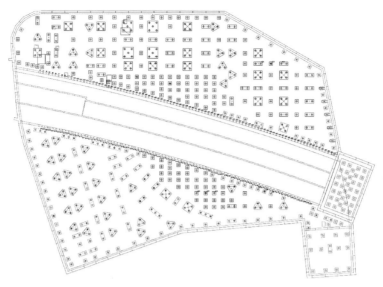

图 6-21　地埋管平面布置图

2) 案例 2

上海市某天文馆项目总用地面积 58 602 m²,总建筑面积 38 163.9 m²,地下面积 12 401.8 m²,地上建筑面积 25 762.1 m²。整个地块内建筑包括两部分:主体建筑和附属建筑。主要功能区包含展览区、球幕影院、办公用房等。

主体建筑采用集中制冷/制热的复合式地源热泵空调系统,附属建筑均采用独立运行的变冷媒流量多联机空调系统。为了保证地下土壤的热平衡,主体建筑地源热泵空调系统不仅设置有排热的冷却塔装置,还配置有风冷热泵机组作为辅助热源。

地源热泵机房设置在地下室靠北面外墙处。设置 2 台制冷/制热量为 1 450 kW (400 RT)的地源热泵机组和 2 台制冷量为 1 434 kW 螺杆式冷水机组作为空调的冷热源。为保证地下土壤的冷热平衡,考虑其他的补热和排热措施,配备 4 台 400 m³/h(其中 2 台备用)冷却塔,最不利条件下补水量为 30 m³/h,实现对主机的冷却和辅助冷却;另配备 2 台 200 RT 的风冷热泵机组作为辅助热源,与冷却塔一起置于大巴停车场附近的绿化地中。空调侧冷冻水供回水温度为 6 ℃/12 ℃,空调热水供回水温度为 45 ℃/40 ℃,并配备相对应流量的空调冷冻水泵和空调热水泵。主要设备配置参数见表 6-10。

表 6-10　　　　　主要设备配置表

楼号	容量	功率	工况	数量/台	备注
地源热泵主机1	制冷/热量 1 392 kW/ 1 427 kW	制冷/热功率 213.3 kW/ 301 kW	夏季:蒸发器 12 ℃/6 ℃; 冷凝器 25 ℃/30 ℃;冬季:蒸发器 10 ℃/5 ℃;冷凝器 40 ℃/45 ℃	1	制冷接地源工况

续表

楼号	容量	功率	工况	数量/台	备注
地源热泵主机2	制冷/热量 1 299 kW/ 1 427 kW	制冷/热功率 242.1 kW/ 301 kW	夏季:蒸发器 12 ℃/6 ℃; 冷凝器 32 ℃/37 ℃;冬季:蒸发器 10 ℃/5 ℃;冷凝器 40 ℃/45 ℃	1	制冷接辅助散热工况
冷水主机	1 436 kW	275.3 kW	蒸发器 12 ℃/6 ℃;冷凝器 32 ℃/37 ℃	2	—
冷水机组冷却水泵	流量 294 m³/h, 扬程 30 m	37 kW	效率 75%	3	2用1备
地源热泵冷却水泵	流量 314 m³/h, 扬程 27 m	37 kW	效率 75%	3	2用1备
冷水机组冷冻水泵	流量 155 m³/h, 扬程 22 m	15 kW	效率 75%	2	1用1备
地源热泵冷热水泵	流量 250 m³/h, 扬程 21 m	22 kW	效率 75%	2	1用1备
冷却塔	容量 400 m³	11 kW	进塔水温 36 ℃/37 ℃,出塔水温 31 ℃/32 ℃	2	—
风冷热泵	制冷/热量 745 kW/ 757 kW	231.7 kW	制冷:7 ℃/12 ℃,制热: 40 ℃/45 ℃	2	—

地埋管换热系统共有换热孔 880 个,在基坑下布置 592 个,布置于绿化带与道路及水景下 288 个。埋管间距为 4.5 m×4.5 m,换热管采用单 U32 型式,有效孔深 100 m。

本项目设地温监测孔 4 个,其中基坑下 1 个,基坑外 3 个。采用的地温监测系统突破了地下 200 m 深度的地温监测稳定可靠问题。地温监测系统采用总线式布置,降低了建设成本;采用 DS18B20 测温芯片为感温元器件,测温精度和分辨率达到 0.2 ℃;采用防水效果较好的双层防水工艺,实现了数字传感器在防水抗压工艺下耐压达 3 MPa 以上可以长期进行运行;采用新型可插拔式测温探头和测温电缆,方便后期可及时进行更换,保障数据采集的长期性、有效性。

2. 地表水地源热泵

某博览园区设有一座新能源中心,综合基地面积约 2.5 万 m²,地下建筑面积约 1 万 m²。地下 2 层,埋深 15~16.5 m,建筑高度为 4.45 m。该能源中心位于上海市黄浦江畔,原为高污染高能耗的传统煤电中心,利用黄浦江水作为冷却水。世博会前,对传统煤电中心进行改造,利用原煤电厂的江水源冷却水取排水管道及隔栅井系统,建设江水源热泵能源中心,为约 15.5 万 m² 建筑面积提供冷热源,使得能源中心向"绿色、节能"顺利转变。能源中心江水源热泵空调系统原理图详见图 6-22。

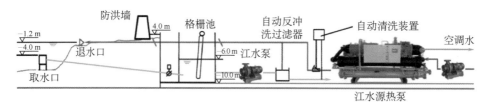

图 6-22 能源中心江水源热泵空调系统原理图

江水源热泵技术可以将热能从低温位向高温位转移,此时,江水水体可以作为冬季热源或夏季冷源,为区域建筑提供空调冷热源。由于江水的温度在夏季比同期气温低,将江水作为夏季冷却系统,使得机组效率高于空气源热泵和常规冷水机组。另外,江水源热泵机组的应用可以避免冷却塔和锅炉的设置,在节能的同时减少系统装机容量、初投资及运行费用,无需消耗化石能源,可无污染排放,是绿色、高效、环保的新能源技术。

经评估,能源中心附近江水夏季最高平均水温为 29.5 ℃,冬季为 6.7 ℃,不低于 4 ℃,其水温适用于该园区各建筑的空调冷热源。江水流量为 1 137 600 m³/h,机组所需水量为 8 000 m³/h,机组所需水量为江水流量的 0.7%,江水流量足够机组稳定运行。流经能源中心的江水水质满足国家Ⅲ类水标准,水质高于中水水质,可以直接进入热泵主机。由此可知,能源中心附近江水从水温、水量和水质来看均符合江水源热泵机组的运行要求[32]。

该博览园区能源中心共采用 1 台制冷量为 9 103 kW、制热量为 10 101 kW 的离心式江水源热泵机组,2 台制冷量为 2 096 kW、制热量为 2 272 kW 的螺杆式江水源热泵机组,以及 4 台制冷量为 7 032 kW 的离心式江水源冷水机组,另设 3 台制热量分别为 4 035 kW 的直燃型溴化锂吸收式冷温水机组作为补充冷热源。所有机组保持高效性,以提高节能效率。夏季空调冷冻水供、回水温度为 6 ℃/12 ℃,冬季空调热水供、回水温度为 50 ℃/43.5 ℃,夏季江水侧进、出机组水温度为 32 ℃/37 ℃,冬季江水侧进、出机组水温度为 7 ℃/4 ℃。

该江水源热泵系统直接利用原煤电厂取水排水系统,经 3 根 DN 1600 取水管通过三台流量各为 10 000 m³/h 的取水泵取水,利用原有隔栅井,对直径大于 10 cm 的杂质进行清除过滤,并新增水质预处理设备,对进入主机的江水进一步处理。其水处理流程详见图 6-23。

3. 复合地源热泵

上海某图书馆项目,采用地埋管＋湖抛管复合式地源热泵空调系统。以冬季热负荷

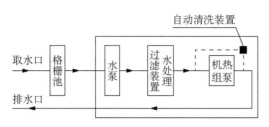

图 6-23　能源中心江水源热泵水处理流程

为设计负荷,冬季采用地埋管地源热泵系统供暖;在夏季冷负荷高峰时,因土壤源换热器无法满足需要,故利用湖水源换热器承担部分负荷。空调冷热源系统原理见图 6-24。该项目 2010 年被评选为上海市节能示范性代表项目,系统运行稳定、效率高,至今已有13 年。

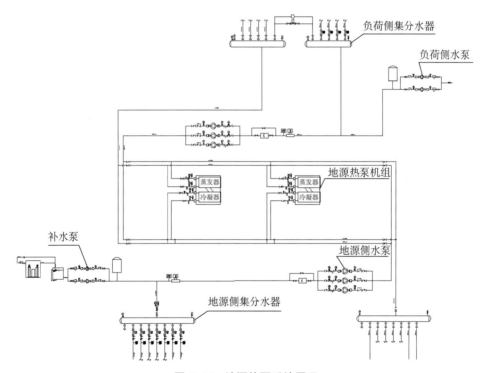

图 6-24　地源热泵系统原理

地源热泵机房内设置 2 台制冷量为 1 086.4 kW,制热量为 1 145.3 kW 的地源热泵机组作为空调的冷热源,配套设备分别有 3 台地源侧水泵(2 用 1 备)、3 台负荷侧水泵(2 用 1 备)和 2 套定压补水装置等。地源热泵主机夏季负荷侧供回水温度为 7 ℃/12 ℃,地源侧供回水温度为 30 ℃/25 ℃;冬季负荷侧供回水温度为 45 ℃/40 ℃,地源侧供回水温度为 6 ℃/10 ℃。

地埋管换热孔数为 400 个,单 U32 型式,孔深 100 m,孔间距 4 m;湖抛管换热盘管数

173

为 288 个,盘管管径采用 DE32 型式,单圈盘管长度为 120 m,湖抛管现场施工详见图 6-25。

图 6-25　湖抛管现场施工图

为使地埋管与湖抛管之间的运行切换合理节能,同时为了保证地埋管换热器的长期高效运行,本项目设置了地源热泵系统长期运行监测系统,主要针对地埋管运行过程中地温的变化进行监测。监测系统采用自主研发的地温监测系统,共设置 10 个监测孔,总进尺 920 m,最大孔深 100 m,设置 56 支温度传感器、2 台电磁流量计。

各功能区域末端空调系统采用全空气处理系统,空气处理机分布于各层空调机房内。

7 文化建筑数字化设计技术

　　数字化设计是一种计算机辅助设计方法，是指以数字化理论为基础，以现代先进的数据库技术、计算机图形技术、网络技术、虚拟现实技术等数字化技术为主要方法，进行二维或三维图像信息处理，并根据该设计领域的相关规则，建立相应的数字模型的过程。建筑数字化设计，即为数字化设计方法在建筑领域的应用体现，包括参数化设计、算法生成设计、建筑信息模型（BIM）、虚拟仿真等相关设计理论与方法。

　　近年来，以 BIM 技术为基础的三维数字化设计得到了广泛应用。BIM 技术是以三维数字技术为基础，集成了建筑工程项目各种相关信息的工程数据模型，是对该工程项目相关信息的详尽表达。文化建筑功能复杂，为满足使用需求，提升建筑性能，采用 BIM 技术基于三维模型进行建筑的空间及能效分析，能够从不同的视角分析优化观看视野，进而提高建筑适宜性。虚拟现实技术可以创造一个直观具体的仿真环境，将平面图纸里的所有信息，如灯光情况、座椅位置视野等通过三维虚拟影像生动地呈现到观看者面前，帮助人们更加直观、具体地观察和浏览建筑中的任何一个空间。

　　本章从 BIM 设计技术、观演视线设计技术、虚拟现实可视化设计技术三个方面进行详细阐述。

7.1 BIM 设计技术

　　BIM 即建筑信息模型，是一种应用于工程设计建造管理的数字化工具，通过参数模型整合项目的各种相关信息，在项目方案、设计、建造和运维的全生命周期过程中进行数据信息共享和传递，使各专业设计人员及工程技术人员对建筑物做出正确理解和高效应对。

　　文化类建筑由于其建筑功能特点，往往在空间设计上比较多变、灵动，存在大量联通、通达、交错的公共空间。为满足不同功能房间使用需求，内部的机电系统也比较复杂，整体用能较高，需要通过 BIM 设计在设计阶段建立各专业信息模型，进行准确的负荷计算及性能分析，确保设计精准合理，避免传统设计中负荷计算不能及时与建筑调整同步更新，从而发生设备选型偏大或者偏小的问题。同时，利用三维可视化优势能充分协调，发现并解决各专业内、专业间的冲突问题，实现建筑整体系统最佳能效。

7.1.1 基于 BIM 模型的空调负荷计算

在进行空调系统设计前，首先要对建筑模型进行体量分析，在 Revit 内搭建体量计算模型，在计算模型搭建完成后对项目模型进行参数的输入，包括项目信息的完善、能量设置、建筑/空间类型设置。Revit 虽然具备负荷计算功能，但自带的数据功能选项还是相当有限的，且软件自身的负荷计算模块没有经过国内相关部门认证，因此实际设计中还需将数据导出到常用的负荷计算软件中进行计算。

设计中由 Revit 软件导出 gbXML 文件。gbXML 是一种三维开放标准，具有良好的建筑信息共享性，这种格式的文件能被第三方软件读取，获得空间数据信息。这里的第三方软件早前主要是以 Energy Plus/DoE-2 等建筑能耗分析计算引擎（图 7-1），随着国内 BIM 软件应用的普及，主流负荷计算软件鸿业 Hcload 及华电源 HDY-SMAD 都提供了 Revit 的计算接口，可以将模型的空间信息及围护结构热工参数等在二者间互相传递，同时也可以直接输出满足审图需求的计算报告书。

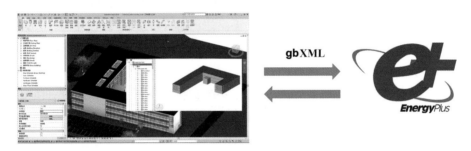

图 7-1 gbXML 模型数据传递

1. 负荷计算模型处理

在传统设计模式中，暖通专业设计人员需要根据建筑提资重新搭建一套负荷计算模型。而在设计推进的过程中，大量的建筑房间功能调整及分割变化很难及时在负荷计算模型中做出相应的修改调整，这就会造成暖通专业在整体系统选型上往往存在偏差。

如采用 BIM 数字化设计，负荷计算所用的空间模型相关的空间尺寸及围护结构等信息便可从建筑空间模型中传递过来（图 7-2），模型自动生成，信息自动获取（图 7-3）。暖通设计师无需再重新搭建计算模型，所有的修改调整也可得到及时的联动反馈，有效避免了提资更新疏漏，为更精准的系统设备选型提供了保障。

2. 计算参数设置

采用 BIM 数字化设计方法后，建筑专业在搭建绘制模型时便设定好了以下与建筑能耗相关的技术参数。

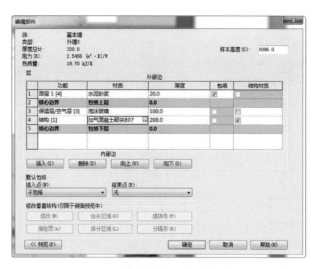

图 7-2 围护结构热工信息模型录入

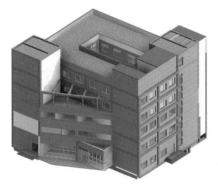
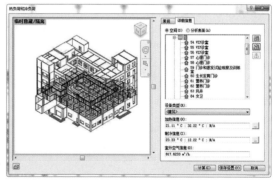

图 7-3 建筑空间模型信息传递

1）地理位置

（1）位置。使用与项目距离最近的主要城市或项目所在地的经纬度来指定地理位置，根据地理位置确定气象数据，并进行进一步的负荷计算工作。

（2）天气。设定相应地点的气象参数，包括：制冷设计温度，夏季空气调节室外计算温度，加热设计温度，冬季室外计算温度。

（3）朝向

调整建筑物朝向，将模型旋转至正北方向，即基于场地情况的真实世界正北方向。

2）建筑/空间类型设置

预设不同建筑类型及空间类型的能量分析参数，如室内人员散热、照明设备的散热及同时使用系数的参数等。指定不同功能的建筑，如文化建筑类型能量分析参数（图 7-4）。进一步设定使用明细表，编辑各时段使用系数，用于后续逐时计算（图 7-5）。

图 7-4　空间类型设置　　　　　　　图 7-5　功能房间负荷信息

3. 负荷计算模型导出及计算

在菜单栏打开文件—导出—导出 gbXML 文件(图 7-6)。

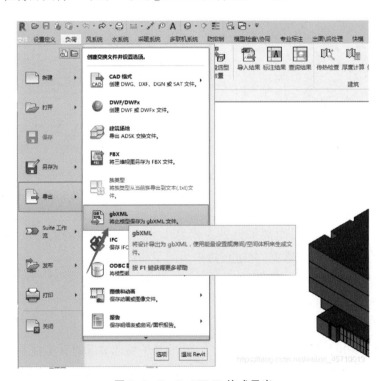

图 7-6　Revit-gbXML 格式导出

打开计算软件，这里使用的是鸿业暖通空调负荷计算"谐波法"（图7-7）。

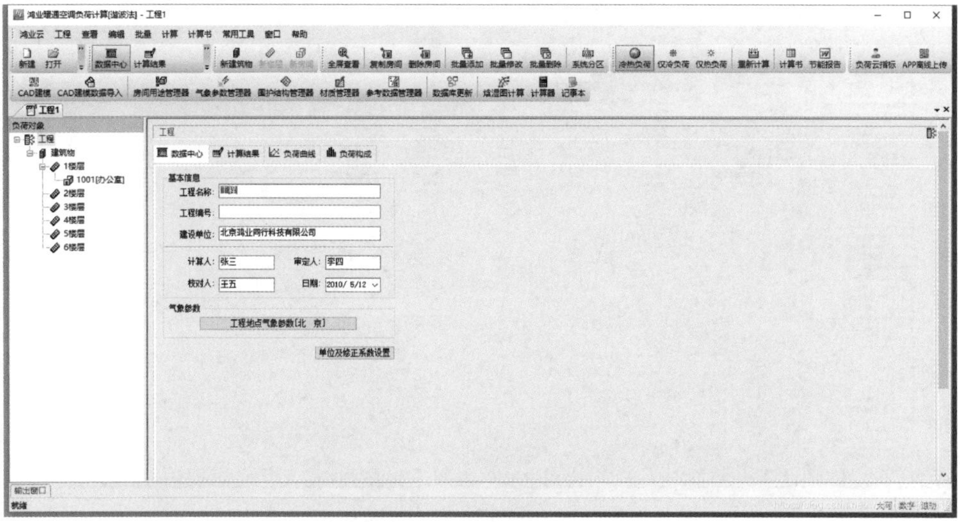

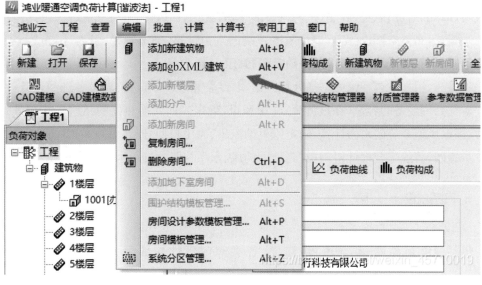

图7-7 空调负荷计算

菜单栏点击编辑—添加gbXML建筑，然后导入前面从Revit中导出的gbXML文件即可（图7-8）。

图7-8 gbXML格式导入

此时便可以看到建筑、房间信息，负荷也计算完成（图7-9）。

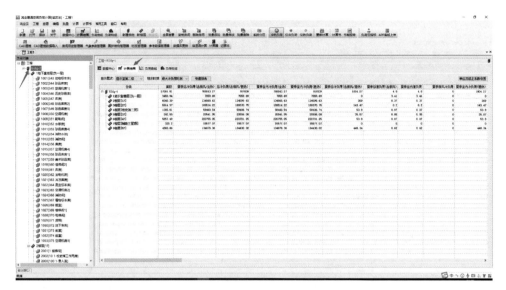

图 7-9　鸿业负荷计算界面

7.1.2　空调系统设计

空调系统设计主要流程如下：

步骤一，根据计算的热湿负荷及送风温差，确定冬夏季送风状态和送风量，根据空调方式与计算的送、回风量，确定送、回风口形式，布置送、回风口，进行气流组织设计。

步骤二，布置空调风管道，进行风道系统的水力计算，确定管径、阻力等；布置空调水管道，进行水管路系统的水力计算，确定管径、阻力等。

步骤三，根据空调系统的空气处理方案，并结合系统图，进行空调设备选型设计计算；确定空气处理设备的容量（冷热负荷）与送风量，确定表面式换热器的结构形式与其热工参数；根据风道系统的水力计算，确定风机的流量、风压与型号。

步骤四，管线综合设计协调，对调整后的风、水系统路由进行水力计算复核。

1. 风系统设计

1）设计前基础准备

包括风管粗糙度、空气密度/黏度、各类阀门管件局部阻力系数和设备压降等设置。

2）系统方案比选

（1）根据设定的人员信息，获取空间新风量需求，并布置风口；

（2）布置设备并创建系统，即逻辑连接；

（3）匹配主机设备后创建系统，软件提供自动布局预设，在此基础上进行选择调整，创建风管路由（图 7-10）。

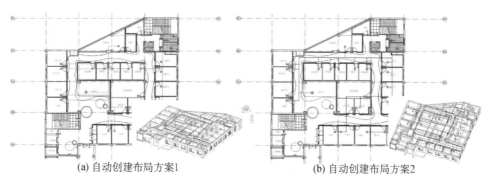

(a) 自动创建布局方案1　　　　　　　　(b) 自动创建布局方案2

图 7-10　风系统布局方案示意

3）风管水力计算及优化

（1）在自动生成的风管布局基础上进行人工调整后完成系统管路的创建，并在三维中进行二次确认，避免与土建结构的冲突；

（2）为确保系统连接正确，开启检查功能对各管道系统流向及压降流速等进行检查；

（3）按设计规范要求建立颜色方案视图，用于校核风管风速；

（4）根据限定的风速、摩擦、管道限定高度等自动调节风管尺寸（图 7-11）。

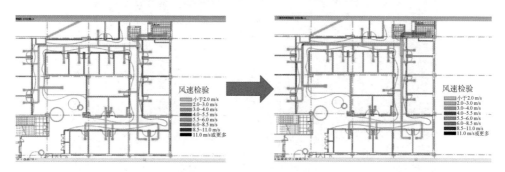

图 7-11　风系统管路管径优化

2. 水系统设计

1）设计前基础准备

配置管道系统流体参数、配管管材连接方式、各类阀门管件局部阻力系数及设备压降等（图 7-12）。

2）水管水力计算及优化

对于空调水系统机房设计，由于机房空间有限，内部管线排布错综复杂，传统设计图面表达能力有限，会造成现场施工多存在不必要的避让及空间使用效率低的问题。通过 BIM 可视化的设计方法，可从全角度观察机房布置，进而充分利用机房空间，并在管路设计中多采用斜接等方式（图 7-13），在充分考虑安装维修空间的同时减少系统阻力，提升整体能效。

图 7-12 流体参数设置

图 7-13 机房干管斜接水力优化示意

3. 管线综合及水力计算复核

BIM 数字化设计能够在设计过程中及时发现专业间的碰撞问题,通过三维管线综合,从空间上协调机电各专业管线布置,在提升净空的同时,尽可能减少能源系统的管道翻折。此外,针对管线综合时必要的翻折避让,在空调输配系统设计时及时做出管道阻力的计算调整,动态修正输配系统配管管径,最终选配合适的风机水泵,避免由于现场翻折过多导致设备无法满足送风要求的问题出现,同时有效提升系统输送效率(图 7-14)。

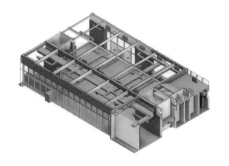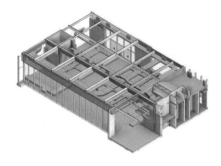

图 7-14　管线综合水力复核示意

7.1.3　设计出图及数字化交付

1. 设备材料统计

BIM 正向设计模型的计量计价与 BIM 正向设计模型的构件命名方式、图元绘制规范等密切相关,按照算量规则深化后的 BIM 模型能够直接实现三维算量,使项目无须重新建立算量模型,摒弃传统的大量手算工作,大幅度提高了工作效率,也使得算量工作更简洁、更准确。

此外,经过深化后的 BIM 模型属性信息更加全面,可传递给施工方、运维方使用,打破了设计与施工模型传递的技术壁垒,为实现基于 BIM 的全过程应用打通了关键环节。图 7-15 为某空调设备的信息参数示意,图 7-16 为生成的设备材料表图纸。

2. 设计出图

BIM 各专业正向设计模型创建完成后,设计师可利用模型完成出图。所出图纸除了最常见的平面、立面、剖面、详图,还有轴测图(图 7-17),三维设备接管详图(图 7-18)。

通过三维轴测图及设备接管详图可以很好地展示管线间的相对位置关系,特别是管线密集区域的三维轴测图,可以帮助施工方按照设计意图更好地施工。

数字化设计通过实时模型链接,在设计过程中让各专业及时协同,对模型统一维护,从而做好了上下游专业

图 7-15　某空调设备信息参数示意

183

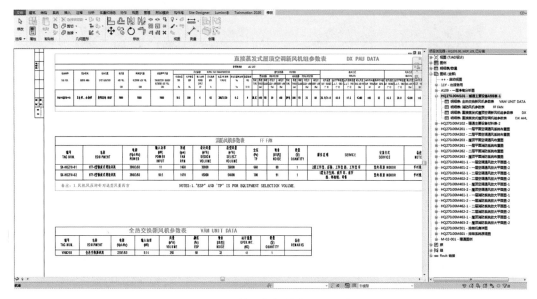

图 7-16 某设备材料表图纸示意

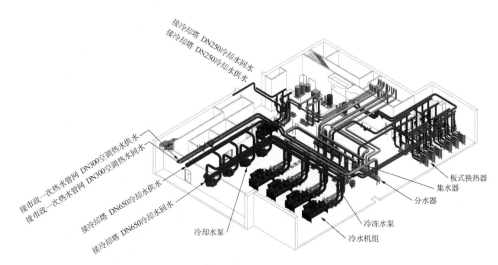

图 7-17 某项目暖通专业三维轴测图示意

的修改调整提资管理工作,确保自身专业设计条件的信息更新。模型设计出图具备联动性,设计修改调整可及时同步,做到平面、立面、剖面、详图及设备明细表的一处修改处处修改。同时,设计通过模型出图实现了图模一致,避免施工阶段二次拆改带来的人力、物力、时间和资源的浪费。

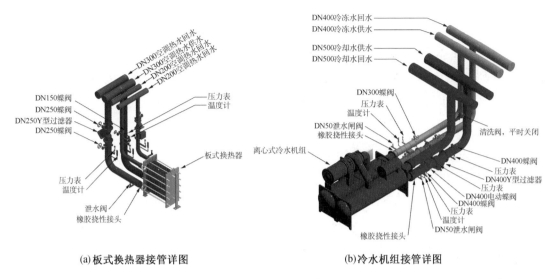

图 7-18　某项目设备接管详图出图示意

3. 数字化交付

数字化交付以三维模型和数字信息为载体,实现工程项目的数字化关联和交付。相对于传统交付方式,BIM 数字化交付效率更高,数据传递性更好,数据信息集成更流畅,形象表达更直观。

基于竣工 BIM 模型的信息整合与运维开发,能助力实现资产三维数字化,无论是在未来运营维护中的记录还是在运营中的改造,都能被记录在三维数字化资产中,使得运营方对项目的发展和维保有清晰的了解与存档。同时,结合空间管理、资产管理和物业管理等,能助力实现基于云端的项目资产数据收集、能源监测、数据存储、运行策略、能效优化等,实现数字化管控。

7.2　观演视线设计技术

剧场建筑中观众厅的设计是至关重要的。观众厅的设计主要解决"看"和"听"两个问题。除去美学以及心理学因素,"看"的问题在技术方面落实在观众厅的视线设计方面。没有良好视线设计的观演类建筑必然是失败的。良好的视线设计,应该能满足"可达性""视场角""视偏角""视距"等关键指标的平衡和优化,从而保障建筑未来的正常使用。

常规的视线分析设计方法一般都采用建筑中轴线作为分析工作平面。在默认不错排的情况下,采用后排视线通过前排头顶+固定值(c 值)的逻辑,即可保证前排座位对后排不造成遮挡。但二维的分析方法只选取了众多座位中的典型剖面,对于距离中轴线较远的座席,则分析偏差较大。

因此,为提高建筑适宜性,可通过三维视线分析工具的多软件联合应用(Revit+Rhino+Grasshopper+Python),达成对观演类建筑的三维全视角分析。经过设计指定,可以对剧场舞台的各个视线点进行权重分配,并量化分析剧场内所有座位的视线评分情况。除此之外,也可通过程序自动对视线评分非满分的座位进行视角截图输出,直观地反映各个座位的真实观察情况。

7.2.1 分析准备

基于三维视线分析工具的分析方案,在舞台帘幕平面上随机选取分析点,按照"越靠近中央权重越大"的原则为每个点赋予不同重要性系数(权重),然后逐一分析每个座位的视线情况并计算各类得分。简化分析方案如图 7-19 所示。

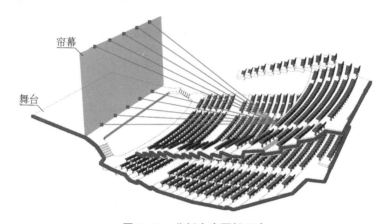

帘幕

舞台

图 7-19 分析方案图解示意

根据《建筑设计资料集》相关坐姿观众尺度参数,建立人物坐姿模型(图 7-20),其中模型眼部距离人物头顶的距离为 0.12 m,眼部距地面高度 1.10 m。后续分析均以该人物模型及其尺度进行视线情况计算。

以图纸座椅位置为定位依据,将其分布于三维模型,以其上 1.10 m 高度(人体坐视高度)处分布采样点(图 7-21)。采样点完成后记录后进入分析计算数组。

舞台区域的视线接受点采集采用随机加权重的方式,通过组合不同工况和舞台台面位置,完成对于舞台的加权重计算分析。舞台的组合工况包括在不同灯光方案、演出策划方案下的舞台视线权重,这需要和设计师商量进行确定。完成后的舞台视线随机散布点如图 7-22 所示。

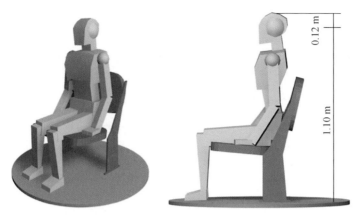

图 7-20 分析基础人物几何模型

图 7-21 布置完成后的观众席视线点

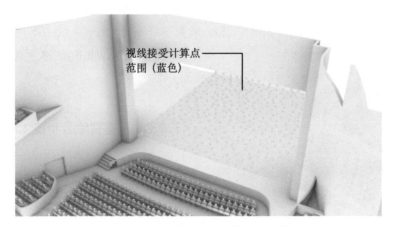

图 7-22 舞台加权视线接受点布置

7.2.2　分析要素

通过这些指标各自的量化结果,能综合得到全剧场所有座位的三维视线分析评价。在一般类型的观演类建筑中,为保障视线通达度和观众的观看舒适度,需要满足以下四个指标。

1. 视线可达度(Sight Availability)

视线可达度评价每一个座席的观众是否能看到舞台的重点区域。其判定原则为:

以观察点为出发点依次判定目标区域内可见视点的数量占比,判定区域的可见百分比,并计分;当分数低于80%时,座席将被颜色标注并作为问题视口输出视线模拟;分析遮挡物应包括建筑与观众。

2. 水平视角(Horizontal Sight Angle)

水平视角,观众眼睛与台口两侧边缘连线所形成的夹角,其判定原则为:前排中座水平视角宜不超过120°,否则超过人注意力可集中观察区域,会造成注意力涣散,体验不佳;最后排中座的水平视角不宜小于30°,否则视野中的可观察区域占视野中比例较小,形成距离很远的感受,体验不佳。

3. 竖向俯角(Vertical Sight Angle)

竖向俯角指观众眼睛至视点的连线与台面形成的夹角,其判定原则为:镜框式舞台楼座后排不宜大于30°;靠近舞台的包厢或边座不宜大于35°;伸出式、岛式舞台剧场俯角不宜大于30°。

4. 视距(Sight Distance)

视距即观众眼睛与视点连线的距离(视点一般取在台口边缘线,或设计师规定要求的任意位置)。视觉的规定一般和观演内容相关,由于人类视觉分辨率限制,过远的距离将造成大量表演细节丢失,因此其判定原则为:歌舞剧场不宜大于33 m;话剧和戏曲剧场不宜大于28 m;伸出式、岛式舞台剧场不宜大于20 m。

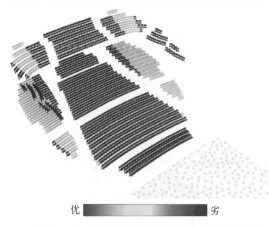

优　　　　　　　　劣

图 7-23　某观演类建筑三维视线分析结果图

7.2.3　三维视线分析技术的优势

结合程序和三维模型的三维视线分析技术,可以直观地得出视线可达度、视角、视距等分析要素的结果,且程序计算时间不超过10 h,可满足工程设计的进度要求。某观演类建筑三维视线分析结果详见图 7-23。

1. 三维化分析＋量化分析

建筑设计进入三维设计和数据驱动设计时代,最重要的特征就是实现了从平面到立体的设计流程转变和综合性能为指标的设计导向转变。在建筑设计流程中引入程序设计技术,可以得到"可量化""可比较"的设计依据,在建筑设计这门艺术中增加更多科学和理性成分。

2. 发挥 BIM 优化设计应用价值

目前,BIM 技术在设计阶段的应用多集中在碰撞净高检查等图纸问题的筛查以及管理工作中,而市面上针对设计阶段的产品又主要以"快速建模"为主推功能,提供族库等应用,对设计本身的优化鲜有涉及。

挖掘模型本身的价值,可以让建筑师享受到 BIM 技术除多专业协同之外的便利,从而更好地发挥"BIM 优化设计"这一功能。

3. 速度快,迭代效率高

由于程序设计语言的特点,经过初次搭建整个建筑的逻辑系统和图形表达后,后续的第二次、第三次、第 N 次分析的速度都得以大幅提高。通过对固定逻辑的重复利用,设计师可以以小时为单位得到几千个座席的全部视线结果,不会影响设计进度。通过和实时渲染引擎的结合,甚至可能达成即时反馈机制。

4. 可拓展性强,具有灵活多变的修改方式

除视线可达度、水平视角、俯视视角和视距外,在观演类建筑中可供分析的内容还有很多。得益于自编程序的灵活性和可拓展性,设计人员可以对未来其他可能的分析要素进行逻辑梳理和分析程序编写,借助计算机得到精确可量化的结果。这种先进设计技术的应用,无论在正向设计还是后验证中均有发挥空间。

7.3 虚拟现实可视化设计技术

VR 技术即虚拟现实(Virtual Reality)技术,最早由美国的乔·拉尼尔在 20 世纪 80 年代初提出,2016 年随着软硬件技术的提升爆发式地进入公众视野。VR 技术是集计算机技术、传感器技术、图形学渲染技术、人类心理学及生理学于一体的综合技术,是通过利用计算机仿真系统模拟外界环境,主要模拟对象有环境、技能、传感设备和感知等,能为用户提供多信息、三维动态、交互式的仿真体验。

虚拟现实主要有 3 个特点:沉浸感(immersive)、交互性(interactive)、想象性

(imagination)。沉浸感是指计算机仿真系统模拟的外界环境十分逼真,用户能完全投入三维虚拟环境中,对模拟环境难分真假,虚拟环境里面的一切看起来像真的,听起来像真的,甚至闻起来都像真的,与现实世界感觉一模一样,令人沉浸其中。交互性是指用户可对虚拟世界物体进行操作并得到反馈,例如用户可在虚拟世界中用手去抓某物体,眼睛可以感知到物体的形状,手可以感知到物体的重量,物体也能随手的操控而移动。想象性是指虚拟世界极大地拓宽了人在现实世界的想象力,不仅可以想象现实世界真实存在的情景,也可以构想客观世界不存在或不可发生的情形。

7.3.1 设计成果超前可视技术

通过 VR 技术能为观演类建筑提供全 720°视野三维图景,这是建筑最终效果把控的重要环节。

由于客观条件和施工工期限制,设计阶段的平面图纸并不能全面真实还原未来空间的所有信息,如公共空间高度、灯光情况、周围材质、座椅位置视野、公共区域装修等,但借助 VR 技术,可以将这些信息通过 720°视野三维图景完整而真实地呈现到观看者面前(图7-24),从而补全重要细节信息。对于文化类建筑的投资方,通过超前可视将大大提高效果管理效率,降低后期因施工完成才发现不合适导致的成本变更。

图 7-24 VR 提供全视野三维图景,实现了超前可视

7.3.2 可靠的室内光照验证技术

为了尽量真实地还原光照信息,可以在 VR 场景中完全按照真实光照设计资料进行灯光布置。通过查阅和下载对应灯具 IES 光度曲线文件,能实现场景中光源可控,且真实还原现场光照强度、光曲线、色温等信息。IES 光度曲线文件一般由各个灯具供应厂商提供,

其中包含了灯光的具体工程参数信息。通过这些工程参数的控制,能够帮助美术人员为了追求艺术感而合理制作光照场景,避免形成"光污染"的视觉效果,具有工程指导意义。

通过在 VR 场景中的灯光参数调校,不仅可模拟单一场景下的泛光照明效果,还可以设置不同工况的灯光配置比例,进而研究是否符合演出和日常运营需求。在演出工况下,可以关闭绝大部分观众席的照明灯光,配置匹配舞台演出的氛围灯和舞台照明灯,并让设计人员在 VR 场景中来回行走观看各个不同角度,从而调试获得最优演出灯光效果。在日常运行工况下,则关闭舞台照明,打开观众席和大厅功能照明灯光,设计师在 VR 场景中查看在观众进出场的情况下,是否存在照明暗角。图 7-25 为某剧场基础灯光的设计资料,图 7-26 为通过设计文件进行的真实场景泛光呈现效果。

图 7-25　基础灯光设计资料

图 7-26　通过设计文件进行真实的场景泛光呈现

7.3.3 多场景数字空间预演技术

数字空间的多场景指对于不同情况下座位排布、场景材质、场景灯光、人员构成、音乐音效的预演。如对于某多功能厅的座椅方案,可以在数字 VR 空间中,实时观看到不同座椅排布状况下实际舞台可表演区域的大小,以及周围观众的观看状况。对于某些文化建筑的露天场景,同样可以通过 VR 技术给出白天和晚上预演时的效果方案,作为未来运营方实施策划的依据。通过 VR 技术,还可以以较低成本预演不同的座椅材质和打光方案,验证剧院的整体效果。

一旦完成对文化空间的数字空间构建,就可以通过软件进行多种场景的预演和策划。图 7-27 为某文化广场多功能厅可移动式座椅的 VR 预演,图 7-28 为某剧院不同座椅材质和灯光方案的 VR 预演。通过数字模拟这种低成本的方式,完成了原本需要耗费巨大物资人力才能完成的工作,实现文化类建筑多场景验证。

图 7-27 某文化广场多功能厅可移动式座椅的 VR 预演

图 7-28 某剧院不同座椅材质和灯光方案的 VR 预演

第3篇

运行与维护篇

8 文化建筑调适

根据《空调通风系统运行管理标准》(GB 50365—2019)的术语定义,"调适"是指通过对空调通风系统的调试、性能验证、验收和季节性工况验证进行全过程管理,以确保实现设计意图和满足用户的实际使用要求的工作程序和方法。《建筑节能基本术语标准》(GB/T 51140—2015)给出了对建筑"用能系统调适"的定义,即:通过在设计、施工、验收与运行维护阶段的全过程监督和管理,保证建筑能够按照设计和用户要求,实现安全、高效的运行和控制的工作程序和方法。在相应的条文解释中,指出了"调适"的两层含义:一是建筑调试,指建筑用能设备或系统安装完毕,在投入正式运行前进行的测试与调节工作;二是建筑调适,指建筑用能系统的优化,与用能需求相匹配,使之实现高效运行的过程。

系统调适所使用的测试仪器和仪表,性能应稳定可靠,其精度等级及最小分度值应能满足测定的要求,并应校准合格且在有效期内。系统调适前,组织单位应编制调适方案,报送专业监理工程师审核批准;调适结束后,必须提供完整的调适资料和报告。

文化建筑中空调系统相对于其他系统更加复杂,由于调适的内容涉及广泛,限于篇幅,本章将简要介绍空调系统安装完毕后,投入正式运行前的调适。

8.1 常用测试仪表

在空调系统的调适过程中,需要对空气的状态参数,冷、热媒的物理参数及空调设备的性能参数等进行大量的测定工作,将测得的数据与设计数据进行比较,作为调适的依据。

8.1.1 测量温度的仪表

温度测量的仪表种类繁多,可按作用原理,测量方法,测量范围作如下分类。

1. 按作用原理分类

按作用原理制作的温度计主要有膨胀式温度计、压力式温度计、电阻温度计、热电偶温度计和辐射式温度计等。它们是分别利用物体的膨胀、压力、电阻、热电势和辐射性质随温度变化的原理制成的。

2. 按测量方法分类

温度测量时按感温元件是否直接接触被测温度场(或介质)而分成接触式温度测量仪

表(膨胀式温度计,压力式温度计、电阻温度计和热电偶高温计)和非接触式温度测量仪表(如辐射式高温计)两类。

接触式测温法的特点是测温元件直接与被测对象相接触,二者之间进行充分的热交换,最后达到热平衡,这时感温元件的某一物理参数的量值就代表了被测对象的温度值。这种测温方法优点是直观可靠,缺点是感温元件影响被测温度场的分布,接触不良等都会带来测量误差,另外温度太高和腐蚀性介质对感温元件的性能和寿命也会产生不利影响。

非接触测温法的特点是感温元件不与被测对象相接触,而是通过辐射进行热交换,故可避免接触测温法的缺点,具有较高的测温上限。此外,非接触测温法热惯性小,可达千分之一秒,便于测量运动物体的温度和快速变化的温度。由于受物体的发射率、被测对象到仪表之间的距离以及烟尘、水汽等其他介质的影响,这种测温方法一般测温误差较大。

3. 按测量温度范围分类

通常将测量温度在 600 ℃以下的温度测量仪表叫温度计,如膨胀式温度计,压力式温度计和电阻温度计等。测量温度在 600 ℃以上的温度测量仪表通常叫高温计,如热电高温计和辐射高温计。

在暖通空调系统的调适中,常用的温度计有:

(1) 水银温度计:测温范围一般为 0~50 ℃。

(2) 热电偶温度计:测温范围宽,便于远距离传送和集中检测,具有热惰性小、能较快反映出被测介质温度变化的特点。

(3) 电阻温度计:操作简单,可从仪表上直接读出温度。

8.1.2 测量空气相对湿度的仪表

1. 毛发湿度计

毛发和某些合成纤维的长度随周围气体相对湿度而变:相对湿度越高,长度越大。利用这一原理可以制成毛发湿度计。当合成纤维的长度随相对湿度的改变而发生变化时,便会通过机械传动机构改变指针的位置。这种湿度计结构简单,在气象测量方面应用很广。

2. 氯化锂湿度计

这种湿度计的检测元件表面有一薄的氯化锂涂层,它能从周围气体中吸收水蒸气而导电。周围气体相对湿度越高,氯化锂吸水率越大,因而两支电极间的电阻就越小。因此,通过电极的电流大小可反映出周围气体的相对湿度。

3. 干湿球湿度计

通常的干湿球湿度计由两支处于邻近位置的、相同的玻璃温度计组成,其中一支的温包外面包有一个脱脂棉纱布网套,网套的另一端浸在水中。由于毛细管作用,温包周围的网套始终保持湿润状态,网套表面水分蒸发时吸热使网套温度降低,于是,这一支温度计(称为湿球温度计)所指示的温度,就比另一支不包网套的温度计(称为干球温度计)所指示的温度低。周围气体的相对湿度越低,网套蒸发水分的速度越快,因而温度降低的幅度越大。根据此温度差和干球温度,可从仪器所附的对照表中查出周围气体的相对湿度。

4. 氧化铝湿度计

它的工作原理是:氧化铝薄膜能从周围气体中吸水而引起本身电容和电阻值的变化,变化的幅度用以表示周围气体的相对湿度,可测相对湿度范围很宽。

8.1.3 测量风速的仪表

1. 叶轮风速仪

叶轮风速仪是由叶轮和计量机构等组成,叶轮由若干铝叶片制成,测量时使叶轮旋转面垂直于气流方向,并需注意转动方向。叶轮的转数通过机械传动方式连接到计数机构。计数机构通过表盘中间的指针进行计数,长指针每转一圈为 100 m;短指针在表盘下方,转过一个刻度为 100 m,一圈为 1 000 m,可测 0.5～10 m/s 范围的风速。

2. 转杯式风速仪

转杯式风速仪由 3 个互成 120°固定在支架上的抛物锥空杯组成感应部分,空杯的凹面都顺向一个方向。整个感应部分安装在一根垂直旋转轴上,在风力的作用下,风杯绕轴以正比于风速的转速旋转。另一种旋转式风速计为旋桨式风速计,由一个三叶或四叶螺旋桨组成感应部分,将其安装在一个风向标的前端,使它随时对准风的来向。桨叶绕垂直轴以正比于风速的转速旋转,可测 1～20 m/s 范围的风速。

3. 热球风速仪

热球风速仪是由热球式测杆探头和测量仪表两部分组成。探头有一个直径 0.6 mm 的玻璃球,球内绕有加热玻璃球用的镍铬丝圈和两个串联的热电偶。热电偶的冷端连接在磷铜质的支柱上,直接暴露在气流中。当一定大小的电流通过加热圈后,玻璃球的温度升高。升高的程度和风速有关,风速小时升高的程度大;反之,升高的程度小。升高程度的大小通过热电偶在电表上指示出来。根据电表的读数,观察校正曲线,即可得出所测的风速。热球风速仪灵敏度高,反应速度快,最小可测 0.05 m/s 的微风速。

8.1.4　测量风压的仪表

1. 毕托管

毕托管是由两根空心细管组成,一根细管为总压管,另一根细管为静压测压管。测量流速时使总压管下端出口方向正对气流方向,静压测压管下端出口方向与流速垂直。在两细管上端用橡皮管分别与压差计的两根玻璃管相连接。

2. U 型压力计

U 型压力计按工作原理不同可分为液柱式、弹性式和传感器式三种形式。

(1)液柱式:根据流体静力学原理将压力信号转变为液柱高度信号,常使用水、酒精或水银作为测压工质。

(2)弹性式:将压力信号转变为弹性元件的机械变形量,以指针偏转的方式输出信号。

(3)压力传感器:将压力信号转变为某种电信号,如应变式,通过弹性元件变形而导致电阻变化;压电式则利用压电效应等。

3. 倾斜式微压计

可测得 0~2 000 Pa 的压力,最小读数为 2 Pa,使用方便。

4. 补偿式微压计

测量范围为 0~1 500 Pa,最小读数为 0.1 Pa。该仪器具有惰性大,反应慢,使用不方便的特点,但因为精度高,可用来校准其他压力计。

8.2　空调水系统调适

8.2.1　调适准备工作

管道冲洗合格后,在冷冻机组未开启的情况下,常开阀门全部开启,末端空调箱及风机盘管可处于手动旁通状态。测量各处流量数据,视流量参数具体情况,手动调整阀门2~3 遍以平衡冷冻机组水流量、冷却塔水流量、分水器水流量及楼层水流量等。水流量基本平衡后,再开启制冷机组,进行带负荷调试。系统调试前,应核对以下内容:

(1)调试冷水机组、冷却塔、水泵等是否已完成单机调试,并检查调试报告是否合格;

(2)系统稳压装置是否正常运行;

(3)系统是否已经按照设计要求灌满水;

（4）系统内的空气是否已经排除干净。

8.2.2　水系统水力不平衡率调适

1. 水力平衡调试前的准备工作及注意事项

（1）核对空调水系统的原理图、立管图以及平面图；

（2）获取每个平衡阀所在位置的设计流量（或者最大流量）；

（3）要求系统可以满负荷试水（满频率），打开所有常开阀门；

（4）调试前必须检查系统中的细渣是否排尽，确认系统的定压是否符合设计要求；

（5）平衡调试前，应检查系统管路、阀门、设备等是否有异常情况。

2. 水力平衡调试方案的设定

（1）确认水泵的压差信号采集点（设计位于系统最不利端），如水泵已经启用压差变频信号，可采用手动模式按满负荷设计工况开启水泵，待调试完毕后，记录压差设定信号参考值，恢复水泵稳压变频状态；

（2）合理定压，保证系统最高点有 1 kg 压力以上；

（3）系统 24 h 满负荷运行后，需做好系统的排气工作；

（4）调试前打开所有末端电动控制阀，并使其处于手动模式，避免自控关闭；调试时按照设计工况满负荷运行系统；

（5）满负荷情况下，阀门全开时，测量各支路压力参数，得到系统最不利环路及状态参数。

3. 技术要点

空调水系统布置和管径的选择，应减少并联环路之间压力损失的相对差额。当设计工况下并联环路之间压力损失的相对差额超过 15%，应采取水力平衡措施。

4. 技术说明

施工单位进行的平衡调试是根据设计状态进行，而综合效能调试中的水平衡调试则需要根据运行模式进行。当系统安装有多台制冷机组时，就存在单台冷机运行和多台冷机运行的工作模式，因此水系统平衡调试应根据这些模式调整水泵和阀门的状态。

5. 实施途径

（1）空调水系统应排除管道系统中的空气，系统连续运行应正常平稳，水泵的流量、压差和水泵电机的电流不应出现 10% 以上的波动。

（2）水系统平衡调整后，定流量系统的各空气处理机组的水流量应符合设计要求，允许偏差为 15%;变流量系统的各空气处理机组的水流量应符合设计要求,允许偏差为 10%。

（3）冷水机组的供回水温度和冷却塔的出水温度应符合设计要求;多台制冷机或冷却塔并联运行时,各台制冷机及冷却塔的水流量及设计流量的偏差不应大于 10%。

8.2.3 不同负荷工况控制系统逻辑

1. 技术要点

（1）应能进行冷水(热泵)机组、水泵、阀门、冷却塔等设备的顺序启停和连锁控制;

（2）应能进行冷水机组的台数控制,宜采用冷量优化控制方式;

（3）应能进行水泵的台数控制,宜采用流量优化控制方式;

（4）应能进行冷却塔风机的台数控制,宜根据室外气象参数进行变速控制;

（5）应能进行冷却塔的自动排污控制;

（6）应能根据室外气象参数和末端需求进行供水温度的优化调节;

（7）应能按累计运行时间进行设备的轮换使用;

（8）冷热源主机设备 3 台以上的宜采用机组群控方式;当采用群控方式时,控制系统应与冷水机组自带控制单元建立通信连接。

2. 技术说明

（1）设备的顺序启停和连锁控制是为了保证设备的运行安全,是控制的基本要求。从大量工程应用效果看,水系统"大流量小温差"是个普遍现象。究其原因,末端空调设备不用时水阀没有关闭,为保证使用支路的正常水流量,导致运行水泵台数增加,建筑能耗增大。因此,该控制要求也是运行节能的前提条件。

（2）冷水机组是暖通空调系统中能耗最大的单体设备,其台数控制的基本原则是保证系统冷负荷要求,节能目标是使设备尽可能运行在高效区域。冷水机组的最高效率点通常位于该机组的某一部分负荷区域,因此采用冷量控制方式有利于运行节能。但是,由于监测冷量的元器件和设备价格较高,因此在有条件时(如采用了 DDC 控制系统时),优先采用此方式。对于一级泵系统冷机定流量运行时,冷量可以简化为供回水温差;当供水温度不做调节时,也可简化为总回水温度来进行控制,工程中需要注意简化方法的使用条件。

（3）水泵的台数控制应保证系统水流量和供水压力/供回水压差的要求,节能目标是使设备尽可能运行在高效区域内。水泵的最高效率点通常位于某一部分流量区域,因此采用流量控制方式有利于节能运行。对于一级泵系统冷机定流量运行时和二级泵系统,一级泵台数与冷机台数相同,根据连锁控制即可实现;而一级泵系统冷机变流量运行时的一级泵台数控制和二级泵系统中的二级泵台数控制推荐采用此方式。由于价格较高且对安装位置有一定要求,选择流量和冷量的监测仪表时应统一考虑。

（4）关于冷却水的供水温度，既与冷却塔风机能耗相关，还会影响到冷机能耗。从节能的观点来看，较低的冷却水进水温度有利于提高冷水机组的能效比，但会使冷却塔风机能耗增加，因此对于冷却侧能耗有个最优化的冷却水温度。但为了保证冷水机组能够正常运行，提高系统运行的可靠性，通常冷却水进水温度有最低水温限制的要求。为此，必须采取一定的冷却水水温控制措施。通常有三种做法：①调节冷却塔风机运行台数；②调节冷却塔风机转速；③供、回水总管上设置旁通电动阀，通过调节旁通流量保证进入冷水机组的冷却水温高于最低限值。在①和②两种方式中，冷却塔风机的运行总能耗也得以降低。

（5）冷却水系统在使用时，由于水分的不断蒸发，水中的离子浓度会越来越大。为了防止由于高离子浓度带来的结垢等种种弊病，必须及时排污。排污通常有定期排污和控制离子浓度排污这两种方法，都可以采用自动控制方法，其中控制离子浓度排污方法在使用效果与节能方面具有明显优点。

（6）冷水供水温度提高，会使冷水机组的运行能效比提高，然而末端空调设备的除湿能力下降、风机运行能耗会有所提高，因此供水温度的优化调节需要在了解室外气象参数、室内环境和设备运行状况后，综合考虑整个系统的能耗才能进行。因此，推荐在有条件时采用。

（7）设备保养方面的要求，有利于延长设备的使用寿命，也属于广义节能的范畴。

（8）机房群控是冷、热源设备节能运行的一种有效方式，水温和水量等调节对于冷水机组、循环水泵和冷却塔风机等运行能效有不同的影响，因此机房总能耗是总体的优化目标。冷水机组内部的负荷调节等都由自带控制单元完成，而且其传感器设置在机组内部管路上，测量比较准确和全面。采用通信方式，可以将其内部监测数据与系统监控结合，保证第（2）条和第（7）条的实现。

3. 实施途径

（1）冷源系统自动运行节能调试采用联锁启停。开机时，按冷冻水电动阀、冷冻水泵、冷却水电动阀、冷却水泵、冷却塔风机、冷水机组的顺序进行调试验证，停机时按相反顺序进行调试验证。

（2）冷却塔风机变频调试按控制设计要求进行模拟量调试。

（3）冷水机组自动节能调试根据系统负荷情况进行优化，使冷水机组的运行台数与负荷相匹配，同时控制系统使设备交替运行，平均分配各设备运行时间。

（4）控制线路检查：
①核实各传感器、控制器和调节执行机构的型号、规格和安装部位是否与施工图相符。②仔细检查各传感器、控制器、执行机构接线端子上的接线是否正确。

（5）调节器及检测仪表单体性能校验：①检查所有传感器的型号、精度、量程与所配仪表是否相符，并应进行刻度误差校验和动特性校验，且均应达到产品技术文件要求。②控制器应作模拟试验，模拟试验时宜断开执行机构，调节特性的校验、动作试验与调整均应达到产品技术文件要求。③调节阀和其他执行机构应作调节性能模拟试验，测定全行程距离与全行程时间,调整限位开关位置,标出满行程分度值,且均应达到产品技术文件要求。

(6) 检测与控制系统联动调试:

①调试人员应熟悉各个自控环节(如温度控制、相对湿度控制、静压控制等)的自控方案和控制特点;全面了解设计意图及其具体内容,掌握调节方法。②正式调试之前应进行综合检查。检查控制器及传感器的精度、灵敏度和量程的校验和模拟试验记录;检查反/正作用方式的设定是否正确;全面检查系统在单体性能校验中拆去的仪表,断开的线路应恢复;线路应无短路、断路及漏电等现象。③正式投入运行前应仔细检查联锁保护系统的功能,确保在任何情况下均能对空调系统起到安全保护作用。④自控系统联动运行应按以下步骤进行:a.将控制器手动—自动开关置于手动位置上,仪表供电,被测信号接到输入端开始工作。b.手动操作,以手动旋钮检查执行机构与调节机构的工作状况,应符合设计要求。c.断开执行器中执行机构与调节机构的联系,使系统处于开环状态,将开关无扰动地切换到自动位置上。改变给定值或加入一些扰动信号,执行机构应相应动作。d.手动施加信号,检查自控连锁信号和自动报警系统的动作情况。顺序连锁保护应可靠,人为逆向不能启动系统设备;模拟信号超过设定上下限时自动报警系统发出报警信号,模拟信号回到正常范围时应解除报警。e.系统各环节工作正常,应恢复执行机构与调节机构的联系。

8.3　空调风系统调适

空调风系统的调适主要是检查系统和各房间送风量是否符合设计要求。

8.3.1　调适前

风量调适前的工作主要包括下列内容。

(1) 在开风机前,首先把各风道和风口本身的调节阀门放在全开位置,把三通的调节阀门放在中间位置。

(2) 如果有与风机连锁启闭的阀门,则应在其全闭的情况下启动风机,风机启动后,把启动阀逐渐开到最大。

(3) 对房间各风口的风量进行初测。如果测得的风量与设计要求不符,则需进行调节。

(4) 改变阀门开度来调节风量。实质上是通过调节阀门来改变管网中管段的阻力,阻力改变后,风量也相应变化。

(5) 送风系统的风量调好后,可用相同的方法调试回风系统。

8.3.2　调适中

在空调风系统的调适过程中,注意的问题有:

（1）测定风道风速的地点一般选在产生局部阻力之后4～5倍直径（圆风管）或长边边长（矩形风管）以及局部部件（弯头、三通等）之前1.5～2倍直径（圆风管）或长边边长（矩形风管）的直风管上，否则测定断面的风速可能不准确。

（2）风口风量测定点最好选在不受阀门和风口百叶影响的连接直管中。如果做不到这一点，则可在贴风口百叶处进行测定。这时所测得的风量数字虽不一定能代表真正的风口风量，但是只要风口的形状是一样的，根据这些风量来进行调适，也可以满足实际工程要求。这时只要保证设计风量比值能测准并调好分配风管中的风量，就可以使各风口的风量调节到设计风量。

（3）对于形状和风量相同的均匀送风口，可以在风口同一位置贴同样大小的纸条，并观察送风时是否把纸条吹起同一倾角，以此初步判断是否均匀送风。如果有明显的不均匀就需要进行调节，直到基本均匀后，再用风速仪进行测定。

（4）没有调节阀门的风道如果要调节风量，可以在风道法兰处临时加插板来进行调节。风量调节好以后，插板可留在其中并做好防漏措施。

（5）房间的正（或负）压是通过新、排风量的不同来保证的。判断房间为正（或负）压最简单的方法是：在略开的门缝处观察轻质纤维的飘动方向，从而判断是向外（正压）还是向里（负压）。

8.4 诊断和分析

8.4.1 冷水机组

冷水机组是中央空调系统的心脏，运行管理人员除了要正确操作、及时认真维护保养外，还要能发现和排除一些常见的问题和故障，以保证中央空调系统正常运行。

故障的处理须遵循科学的程序，切忌在情况不明时就盲目行动，随意拆卸。故障处理的级别程序参照图8-1。

为了保证冷水机组安全、高效、经济地运转，在其使用过程中发现故障隐患是十分重要的。可以通过"望、切、闻、析"来达到这个目的。

望：指通过观察冷水机组的运行参数（如冷水机组运行中高、低压力值，油压、冷却水和冷冻水进出口水压等参数）来判断其工况是否正常，查验这些参数值是否满足设定运行工况要求的参数值，如偏离工况要求则为异常。另外，还要注意观察冷水机组的一些表征，如压缩机吸气管结霜、蒸发温度过低、压缩机吸气过热度小、吸气压力低等现象。

切：在观察运行参数和表征基础上，在安全的前提下根据

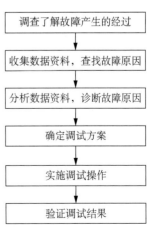

图8-1 故障处理级别程序

经验体验各部分的温度情况,碰触冷水机组各部分及管道(包括气管、液管、油管、水管等),感觉压缩机工作温度及振动、进出口温度、管道接头处的油迹及分布情况等。

闻:通过冷水机组异常声响来分析判断故障,主要听压缩机、油泵及抽气回收装置的压缩机、系统的电磁阀、节流阀等设备有无异常声响。

析:综合分析以上三步得到的数据或现象,找出故障,制订应急措施。

8.4.2 水泵

水泵常见问题、故障原因分析及其解决办法详见表8-1。

表8-1　　　　　　　　　　　　水泵常见问题、故障原因分析及其解决方法

现象	原因分析	解决方法
启动后不出水	1. 水量不足; 2. 叶轮旋转反向; 3. 阀门未开启; 4. 吸入端或叶轮内有异物堵塞	1. 补水; 2. 调整电机接线; 3. 检查并打开阀门; 4. 清除异物
启动后系统末端无水	1. 转速未达到额定值; 2. 管道系统阻力大于水泵额定扬程	1. 检查电压是否偏低,填料是否压得过紧,轴承是否润滑不够; 2. 更换水泵或改造管路
启动后出水压力表和进水真空表指针剧烈摆动	有空气进入泵内	排气并查明原因,杜绝发生
启动后开始出水,但又停止	1. 管道中积存大量空气; 2. 有大量空气吸入	1. 排除管道气体; 2. 检查管道、轴封处的严密性
在运行中突然停止	1. 进水管口被堵塞; 2. 有大量空气吸入; 3. 叶轮严重损坏	1. 清除堵塞物; 2. 检查管道、轴封处的严密性; 3. 更换叶轮
轴承过热	1. 润滑油不足; 2. 润滑油老化或油质不佳; 3. 轴承安装错误或间隙不合适; 4. 泵与电机的轴不同心	1. 加润滑油; 2. 更换合格的润滑油; 3. 调整或更换; 4. 调整
填料函漏水过多	1. 填料安装不合理; 2. 填料磨损; 3. 轴有弯曲或摆动	1. 调整填料; 2. 更换填料; 3. 校直或校正
泵内声音异常	1. 有空气吸入,发生气蚀; 2. 泵内有固体异物	1. 查找原因,杜绝空气吸入; 2. 拆泵清除
泵振动	1. 地脚螺栓或各连接螺栓螺母松动; 2. 有空气吸入,发生气蚀; 3. 轴承磨损; 4. 叶轮破损; 5. 泵内有异物; 6. 泵与电机的轴不同心; 7. 叶轮磨损严重	1. 紧固螺栓; 2. 查找原因,杜绝吸入空气; 3. 更换轴承; 4. 修补或更换叶轮; 5. 清除异物; 6. 调整泵与电机的轴心; 7. 校正或更换

续表

现象	原因分析	解决方法
流量达不到额定值	1. 转速未达到额定值; 2. 叶轮松动; 3. 阀门开度不够; 4. 有空气吸入; 5. 进水管或叶轮内有异物堵塞; 6. 密封环磨损过多; 7. 叶轮磨损严重	1. 检查电压、填料、轴承; 2. 紧固叶轮; 3. 开到合适阀门开度; 4. 查找原因,杜绝空气进入; 5. 清除进水管或叶轮内的异物; 6. 更换密封环; 7. 更换叶轮
电动机耗用功率过大	1. 转速过高; 2. 在高于额定流量和扬程的状态下运行; 3. 填料压得过紧; 4. 水中混有泥沙或其他异物; 5. 泵与电机的轴不同心; 6. 叶轮与蜗壳摩擦	1. 检查电机、电压; 2. 调节出水管阀门开度; 3. 适当调整; 4. 清洗; 5. 调整; 6. 更换叶轮

8.4.3 冷却塔

冷却塔常见问题、故障原因分析及其解决方法详见表8-2。

表8-2 冷却塔常见问题、故障原因分析及其解决方法

现象	原因分析	解决方法
出水温度过高	1. 循环水量过大; 2. 布水管(配水槽)部分出水孔堵塞,造成偏流; 3. 进出空气不畅或短路; 4. 通风量不足; 5. 填料部分堵塞造成偏流; 6. 室外湿球温度偏高	1. 调整阀门开度; 2. 清除堵塞物; 3. 查明原因,改善空气不畅或短路问题; 4. 查明原因,增加通风量; 5. 清除堵塞物; 6. 减小冷却水量
通风量不足	1. 风机转速降低,皮带松; 2. 风机转速降低,轴承润滑不良; 3. 风机叶片角度不合适; 4. 风机叶片磨损; 5. 填料部分堵塞	1. 张紧或更换皮带; 2. 加轴承润滑油; 3. 调至合适角度; 4. 修复或更换; 5. 清除堵塞物
集水盘溢水	1. 集水盘出水口堵塞; 2. 浮球阀失灵,不能自动关闭; 3. 循环水量超过冷却塔额定水量	1. 清除堵塞物; 2. 修复浮球阀; 3. 减少循环水量
集水盘中水位偏低	1. 浮球阀开度偏小,补水量不足; 2. 补水压力不足,造成补水量小; 3. 管道系统存在漏水的地方; 4. 补水管管径偏小	1. 调整浮球阀位; 2. 提高压力或加大管径; 3. 查明漏水处,堵漏; 4. 更换补水管

续表

现象	原因分析	解决方法
有明显飘水现象	1. 循环水量过大或过小； 2. 通风量过大； 3. 填料中有偏流现象； 4. 布水器转速过快； 5. 挡水板安装位置不当	1. 调节阀门至合适水量； 2. 降低风机转速或风机叶片角度； 3. 调整填料,使其均流； 4. 调整转速； 5. 调整挡水板安装位置
布水不均匀	1. 布水器部分出水孔堵塞； 2. 循环水量过小； 3. 布水器转速太慢或不稳定、不均匀	1. 清除堵塞物； 2. 加大循环水量； 3. 调整布水器转速
有异常噪声或振动	1. 风机转速过高,风量过大； 2. 风机轴承缺油或损坏； 3. 风机叶片与其他部件碰擦； 4. 紧固螺栓松动； 5. 风机叶片松动； 6. 皮带与防护罩摩擦； 7. 齿轮箱缺油或齿轮组磨损	1. 降低风机转速或调整风机叶片角度； 2. 加油或更换； 3. 调整； 4. 紧固螺栓； 5. 紧固风机叶片； 6. 张紧皮带,调整防护罩； 7. 加油或更换齿轮组
滴水声过大	1. 填料下水偏流； 2. 冷却水量过大； 3. 集水盘中未装吸声垫	1. 调整或更换填料； 2. 调整水量； 3. 加装吸声垫

9 文化建筑智慧运维

人工智能是计算机科学的一个分支,它是研究、开发用于模拟、延伸和扩展人的智能的理论、方法、技术及应用系统的一门新的技术科学。如今,人工智能在社会经济、管理等方面产生了深远的影响,它还影响着全球可持续的大趋势。

暖通作为建筑领域的重要分支,其运行能耗占据建筑总能耗的一半以上,而人工智能的运用能为暖通空调的节能减排提供很大的帮助。近几年,负荷预测、系统控制、故障诊断和智能建筑在暖通空调中与人工智能进行了有效结合,并最大程度地为建筑可持续发展提供可行性措施。

本章将从人工智能技术在文化建筑的应用及探讨、基于 BIM 的智慧运维系统两大方面进行阐述。

9.1 人工智能技术在文化建筑中的应用及探讨

9.1.1 人工智能在负荷预测中的研究和应用

建筑能耗分析是实现建筑智慧管理和综合节能的重要手段,人工智能算法在暖通空调系统运维中起到了桥梁的作用,利用其进行建筑负荷的预测,可在误差允许的范围内获得建筑物的短期未来负荷,从而对系统进行提前调控,部署设备排班,在满足建筑负荷需求的同时降低空调系统整体运行能耗,实现最优控制,以达到智慧运维和节能降耗的效果。

1. 预测模型简介

负荷预测的核心问题是预测的技术方法,或者说是预测数学模型。建筑运行阶段的短期负荷预测方法主要为基于历史数据的外推法,现有研究中常见的包括线性回归法、支持向量机法、神经网络法、灰色模型法和决策树法等。这些方法均需要采用大量的历史负荷数据进行分析计算,且在精确度、实际可操作性、简便程度等方面各有优缺点。

其中,线性回归法是基于历史负荷数据,利用最小二乘法建立各个变量之间的相互关系[33],对未来负荷进行预测。其优点是建模简单,实现容易,所需负荷数据量较小,适用于简单关系。但对于非线性、多变量、强耦合关系难以建模,容易出现过拟合或欠拟合情况，预测精度不高[34]。

支持向量机是一类按监督学习的方式对数据进行二元分类的广义线性分类器[35]，通过非线性变换将负荷样本点映射到高维特征空间，并在该空间内寻找负荷预测回归函数，适用于有限样本、高维数的数据模型构件，具有泛化能力强、收敛速度快、全局最优、对维数不敏感等优点。最小二乘支持向量机是支持向量机的一种变形算法，可以克服神经网络收敛速度慢、过学习等缺点[36]，但其缺少稀疏性，对于每一次预测都需要所有训练数据参与[37]，所需存储空间较大。

建筑负荷变化具有层次与结构关系的模糊性，动态变化的随机性，指标数据的不完备或不确定性等灰色性。可利用较少的或不确切的表示行为特征的原始数据序列作生成变换后建立灰色模型来描述负荷连续变化过程。灰色模型所需原始数据少，建模简单，预测方便，适用于短期预测，但稳定性不佳[38]。

决策树既可以对大量历史数据进行分析，来表征各种因素与负荷之间的映射关系，得到负荷预测结果，还可以单独作为一种数据挖掘技术，与其他负荷预测方法结合，作为辅助算法进一步提高负荷预测精度。决策树可以在相对短的时间内处理分析大量数据，但其对于建筑负荷这类影响因素较多的数据易形成较多误判[39, 40]。

人工神经网络是较常用的一种负荷预测方法，它是一种模仿动物神经网络行为特征，由众多神经元经连接权值连接而成的复杂网络系统，可通过调整网络的连接权重来反映负荷与各个要素之间的联系。神经网络具有较好的样本非线性映射能力，对于处理负荷这种具有时变性、随机性、多变量、非线性等特点的模型优势明显。其中，应用最广泛的BP 神经网络算法是一种信号前向传播、误差反向传播的算法，缺点是容易陷入局部最优解，出现过学习等现象，收敛速度较慢，计算时间长[41]。

2. 单一模型在负荷预测中的应用

单一的模型是指只应用一种人工智能方法。在现有的负荷预测研究中，BP 神经网络应用极其广泛，它能学习储存大量的输入、输出模式映射关系，而无需事先揭示描述这种映射关系的数学方程。

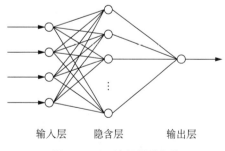

图 9-1　BP 神经网络架构

BP 神经网络系统由输入层、隐含层、输出层组成，各层之间神经元相互连接，层内神经元无连接，其架构图如图 9-1 所示。

BP 神经网络的计算过程由正向计算过程和反向计算过程组成。在正向传播过程中，原始特征通过传递函数的变换转化为输入层各个神经元，通过对输入层、隐含层神经元附加权重和偏置分别得到隐含层及输出层神经元。如果在输出层不能得到期望的输出，则转入反向传播，将误差信号沿原来的连接通路返回，通过修改各神经元的权重和偏置，使得误差最小。

在空调负荷短期预测中,输入层参数一般按照相关性强、易获取的原则进行选取,如历史负荷、室外温湿度、云量等空调负荷的主要因素,也可加入室内热扰、时间序列等反映空调负荷日变化规律的参数。对于空调负荷预测,选取一层隐含层即可满足预测的需求,隐含层节点数一般选取1~2倍输入层节点数。输出层为单一输出,即建筑空调负荷的短期预测值。

若预测未来24 h逐时负荷,则各层参数设置情况详见表9-1。

表9-1   各层参数设置(T代表预测日逐时值)

输入层						隐含层		输出层	
输入层参数					节点数	层数	节点数	输出层参数	节点数
历史负荷	室外温度	室外相对湿度	云量	室内热扰/时间序列				预测负荷	
T-24	T	T	T	T	5	1	10	T	1

BP神经网络在建立模型时需要将样本数据分为训练集和测试集。训练集为用于训练神经网络的数据组,包含完整的输入层参数和输出层参数,在训练过程中不断反馈预测结果与真实值的误差,从而调节各层之间的连接权值。测试集为测试神经网络预测结果的数据组,测试时只输入测试集的输入层参数,通过算法得到输出层参数(预测值)后与测试集的真实值对比,验证预测结果的精度。

对于预测结果的评价选取平均相对误差和变异系数两种指标,其表达式如下所示:

$$MRE = \frac{100\%}{n} \sum_{t=1}^{n} \left| \frac{\hat{y}_t - y_t}{y_t} \right| \tag{9-1}$$

$$CV(RMSE) = \frac{RMSE}{MN} = \frac{\sqrt{\dfrac{\sum\limits_{t=1}^{n} (\hat{y}_t - y_t)^2}{n}}}{\bar{y}} \tag{9-2}$$

式中 MRE——平均相对误差;

$CV(RMSE)$——变异系数;

n——测试样本数;

y——负荷真实值;

$\hat{y}$——负荷预测值。

当$MRE \leqslant 15\%$、$CV(RMSE) \leqslant 10\%$时可以认为预测结果满足工程应用需求。

若结果与期望输出差距过大,则可以将负荷数据进行分类后分别对每类数据预测的方法进行优化。负荷数据按温度分为:最热日、次热日、过渡季;按所在日特征分为:节假日、工作日;按时间分为:工作时间和非工作时间等。

采用上海某文化建筑项目历史运行数据,对该建筑进行未来一周逐日冷负荷预测,具体步骤及结果如下:

(1)建筑运行调研。建筑运行调研主要包括建筑运行时间、人员在室率的日变化、建筑内主要散热设备及运行情况等方面,能综合反映出建筑运行对于空调负荷的影响。

(2)短期负荷预测结果输出。以该建筑 2015 年 5—10 月的负荷数据、室外温度、室内热扰等作为训练集,输出一周的预测结果,预测结果与预测时间段的真实负荷对比如图 9-2 和图 9-3 所示。经计算,该项目预测结果的 MRE 为 4.03%,$CV(RMSE)$ 为 5.43%,远远高于工程精度要求(分别为 15% 和 10%),表明 BP 神经网络预测方法可以用于该建筑短期逐日负荷预测,且精度较高。

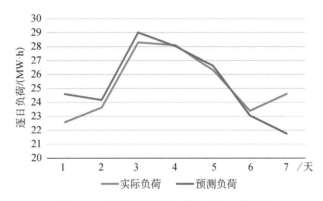

图 9-2　建筑逐日预测负荷与实际负荷对比

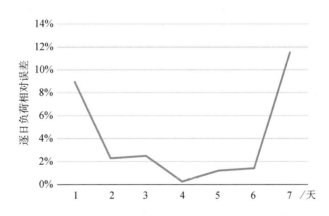

图 9-3　建筑逐日预测负荷与实际负荷相对误差

3. 混合模型在负荷预测中的应用

混合的模型是将多种方法进行结合。虽然单独的预测模型已足够运用到实际生活中,但研究发现通过不同的组合方式将定性和定量两种不同方式的预测方法结合在一起能更准确地对负荷数据进行预测。基于权重的组合预测就是其中一种,它是灰色系统与 BP 神经网络结合的预测模型。而基于层次的组合预测则是时间序列法和 BP 神经网络的结合。这类的组合方式会发挥出单个预测方法体现不了的优势,预测精度更高。此外,经过遗传算法优化后的 BP 神经网络,避免了神经网络收敛速度较慢且易陷于局部极小点的不足。同样,改进后的长短期记忆神经网络(LSTM)能同时兼顾时序性和非线性的关系。除了最广泛应用的神经网络复合模型以外,也有学者提出将三种人工智能方法结合的模型,如小波变换、偏最小二乘回归和支持向量机混合模型,能分时段地对提前 24 h 内的负荷进行预测,与单个的模型相比确实更具有优越性。虽然如此,该方法要广泛应用到文化建筑,还需要调整其输入变量。

9.1.2　人工智能在系统控制中的研究与应用

考虑到很多暖通系统存在能耗大、效率低等问题,将人工智能的技术引入暖通系统可以大大降低能耗,提高人们的热舒适性。

1. 供冷系统

供冷系统的优化运行需要选择一个好的优化控制策略和方法。模型预测控制(Model Predictive Control,MPC)现作为一种先进的控制技术,在建筑供冷系统的天气预报中的节能潜力在 15%～28% 之间。遗传算法优化的 PB 控制和模型预测控制方法,均在供暖系统的控制优化方面具有很强的能力,可节约成本 50% 以上。但 MPC 方法在成本一致情况下,调节温度的速度更快,误差更小。有研究者对比采用随机神经网络控制器、人工神经网络控制器和模型预测控制三种控制方法,结果表明采用 MPC 方法供冷系统性能最好,随机神经网络次之,而人工神经网络控制最次。因为模型预测控制能适应制冷系统的多变量特性,能够显式地处理约束,最重要的是能够进行系统的控制器设计,所以该方法的优势和潜力很大。与模型预测控制相反的是无模型预测控制。该方法简单,计算负担小且容易实现,近年来也有很多人将其运用到制冷系统的控制上。有研究为解决带有时滞特性的制冷系统,提出了一种改进的无模型自适应预测控制算法,相比传统的自适应方法输出结果更稳定,且有更快的响应速度和更好的控制性能。总而言之,通过对比多种控制方法,模型预测控制方法在供冷系统的应用占很大优势,但在实际应用中也存在不足。由于存在非线性和其他干扰因素,使得基于模型预测的结果与实际的不太相符。在未来发展过程中,可以将模型预测控制与其他人工智能方法结合起来,从而更加灵活地适应复杂系统。

虽然模型预测控制建模方便,但对于现有的复杂系统,建立受控系统的数学模型是一件比较困难的事情,尤其是非线性系统,成本大且时间长,此时无模型预测控制在这方面占据优势。但无论是模型预测控制还是无模型预测控制,都不同程度降低了系统能耗。

2. 通风系统

目前,大多数通风系统都存在不完善、能耗高和管理难等问题,所以保障室内空气品质、降低建筑能耗、实现运行管理的智能化是改善通风系统的目标。大量研究表明，通风系统的优化控制大半以上都是通过预测控制来达到节能的目的。有研究者采用一个由双向通信系统、增强型数据库管理系统和基于随机森林回归技术组成的框架，主要运用预测控制实现了最佳的机械通风调度操作。预测控制的两大难点就是预测精度和预测速度的问题。有研究者就预测速度的提高建立了人工神经网络模型，将监测的数据结合起来，达到了一个动态的、可视化的在线控制系统，实现了快速预测室内污染物浓度控制。从预测的角度是系统控制的一方面，另一方面可以从运行的角度考虑。为了能在通风系统发生故障之前提醒运行商，避免能源过度使用和更高的运营成本，有研究提出一种模糊逻辑与人工神经网络技术相结合的技术来监测变风量机组的运行。此外，通风空调系统的运行过程中，因风管阻力引起的能耗占建筑总能耗的 30%～50%，所以有学者介绍一种基于耗能特性的低阻阻尼器，显著降低了能量耗散。综上所述，暖通空调系统的控制大多数都从预测控制出发，模型预测控制应用最为广泛。此外，暖通系统控制对控制器的要求是很高的，可以结合实际情况，综合考虑成本及节能问题，选择合适的智能控制方法，从而提高系统的效率，降低系统的能耗，同时也为人们营造一个良好的热舒适环境。

9.1.3　人工智能在故障诊断中的研究与应用

在复杂的暖通空调系统中不可避免地会发生各种各样的故障，故障一旦发生，会造成巨大的损失。所以故障诊断对预防性维修、维护系统的可靠性和效率、提高系统的性能具有重要意义。建筑物中暖通空调系统能耗大的一部分原因是基础设施出现故障导致的效率低下，而对故障状态的识别和修复可降低建筑能耗。随着暖通系统的不断优化，对故障诊断的要求也越来越高。传统的传感器故障检测与诊断大多数使用集中控制方法。很多学者设计研究出新型分散式传感器故障检测与诊断方法，将暖通空调系统分为多个子系统，这种传感器自适应任何子系统，能很好地解决集中控制不足的问题。分散式传感器故障诊断方法不仅降低了能耗，也为后期维护节约了不少成本，但它只是一个整体思路，具体还是要提出一些能够提升传感器性能的新型算法。当前，有学者针对空气侧积灰、制冷剂欠充和过充三种故障提出基于决策树的变制冷剂流量系统故障诊断方法，该方法有效性较高但能诊断的故障类型较少。也有学者提出基于非线性高斯回归的预测算法和基于支持向量机的检测算法相结合的故障诊断结构，能在无监督的情况下对系统进行故障检测。这两种都属于基于数据的方法，因为它们都是从训练集中得到的强大能力，而超出训练集外的故障类型就无法辨别。利用隐马尔可夫模型，既能识别已知故障类型，也能识别未知的故障类型；不仅能识别故障类型，还采用滤波方法估计故障严重度。结果表明，该方法的有效性高于支持向量机、决策树以及神经网络等多种方法。

9.2　基于 BIM 的智慧运维系统

数字化是建筑运营管理向高效、低碳、智能发展的重要技术支撑,也是国家发展的新战略。文化建筑作为服务大众的公共设施,数字技术的应用既能提高文化建筑的运营管理水平,又能形成良好的示范作用。建筑建成后的 BIM 竣工模型集合了建筑空间构造、设计参数、施工安装信息、设备出厂参数等建筑静态信息,结合物联网系统连接建筑实际运行数据,实现对真实建筑的数字化表达。这种基于 BIM 的智慧运维系统,能够全面感知建筑运行状态,汇聚建筑人员、设备、环境等数据,通过实时分析和决策,实现建筑运行绿色高效,节能降耗。

9.2.1　系统特点

1. 内部设施的可视化管理

文化建筑通常在空间设计上注重共享、融合、通达的设计理念,建筑形态侧重艺术表达,所以内部的系统往往错综复杂。基于 BIM+IoT,结合 3D 可视化技术和数据管理平台,建筑运维过程中的各个智能化系统以 BIM 模型为载体,以可视化的方式进行统一整合,实现人、设备、建筑之间的互联互通,为建筑的运维提供一个综合的管控平台,从而更好地发挥建筑的功能和作用。

2. 设备设施远程监控及智能调节

通过与物联网技术结合,对各项设备实时远程监控,可实现所有设备、设施的统一管理,并可实时传递设施设备的状态信息。利用 BIM 智慧运维系统,可快速定位到各楼层需要查找的设施设备,实时设备故障报警,减少人工维护成本。能耗阈值监测提醒,多维度分析节能减排;实现环境质量动态调节,全面提高建筑舒适度;同时实现跨系统智能调节控制,进一步提高设备运行效率。

3. 数据积累与分析

BIM 三维模型着眼于全生命周期的数据,而物联网、云计算对数据的采集处理提供技术支持,这使得运维系统成为一个庞大的数据存储库,便于后期通过数据的对比分析实现节能管理。

9.2.2　系统总体架构

系统总体框架设计如图 9-4 所示,呈四层结构:数据层为基层,提供对应系统所需的各类数据服务和支撑；对接数据层的是中间件层，主要是由图像引擎、数据交换引擎、统计分析等共同搭建的二三维一体化数据共享平台组成；再向上是应用层，对应各类业务的具体应用，实现各类动态数据的提取和上报、控制中心对数据的处理更新、应用中心三维系统展示的开放式系统建设；最上层为总控层，主要实现整体框架结构中各端口的互联互通。

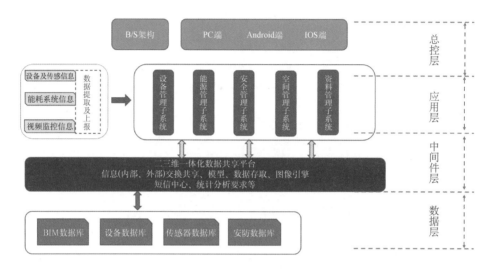

图 9-4　BIM 运维平台系统架构图

9.2.3　系统建设内容

1. 竣工模型接收

竣工模型是数字运维系统重要的载体，竣工模型接收时需核对模型几何精度及信息粒度是否满足要求，交付单位需对模型做交底，确保模型的完整性、与现场的一致性。

2. 模型编码

为了精确地将运维信息与 BIM 模型进行对接，从而实现可视化展示功能，需对存储数据进行构件编码设置，确保所有的模型构件都有一个精确且唯一的可识别编码。

3. 模型轻量化

对模型进行相关处理，将模型信息通过转换格式形成包含 BIM 模型所有数据信息的一种轻量化文件。然后通过 HTML5 与 JavaScript 在 Web 端的编译，使 Web 端内置的渲染框架（Three. js）对文件模型进行渲染，实现在 Web 端对 BIM 模型浏览及交互操作。

4. 建立运维数据库

文化建筑运维过程涉及大量的数据,包括辅助运维的基础信息数据和运维过程中产生的实时数据。基于 B/S 架构下的运维平台开发,采用计算机数据库技术的管理办法管理运维信息,以建筑物基础信息为系统数据源,利用数据库技术对原始信息进行数据采集,从而为后续系统的信息传输、信息处理以及信息储存提供服务。

5. 场景功能开发

根据实际运维场景需求开发对应的功能模块,如能耗管理、设备管理、环境监测等。建筑智慧运维管理系统依据建筑机电系统常见的关键运行参数,规则库从不同层面进行检测分析,包含节能水平、设备健康度、环境舒适度等,对每个发现的问题给予具体的问题描述和检测原因推断,得出运维建议步骤以指导运维工作人员有序、高效地检查问题。

6. 物联网映射

IOT 技术是 BIM 模型与"物"这一关键实体相结合的桥梁,将虚拟与现实相连接,通过 RFID 标签、二维码、智能传感器、定位装置等手段,打通实体与数据间的接口,从而对建筑物建造全过程进行监控。虚实映射通过对编码体系建立数字孪生,实现物理模型和数字孪生模型的双向映射,从而对实体对象进行更为有效的可视化、分析和优化。

9.2.4 系统基础功能

1. 三维浏览

三维 BIM 模型信息和运维属性信息集成,实现了三维浏览漫游,包括浏览三维模型、旋转查看模型、查看隐蔽工程、选中模型查看模型基本信息、定位模型、联体显示、属性查看等。

2. 信息查询

根据空间关系、设备分类进行分布分项处理,以对象树的方式展示所有的设备。点击对象树的任意设备,可与 BIM 模型进行交互,快速定位到对应的 BIM 模型构件,并且可以输入设备名称或设备型号等信息属性进行模糊查询,在确定后 BIM 模型快速定位到所查询的设备,并自动弹出该设备相关联的属性信息。

3. 信息展示

在平台中选中了某一具体设备,界面上显现该设备相关的设备信息供查看,同时也可以通过点击关联标签,查看"设备说明书""维修保养资料""图纸资料""应急处置预案""历史维护信息"等各种与设备相关的文件及信息资料(图9-5)。

图9-5　BIM运维平台示意

9.2.5　综合能效管理

BIM技术在能耗管理中的作用首先体现在数据的采集和分析上。在BIM和物联网信息化技术的支持下,各计量装置能够对各分类、分项能耗信息数据进行实时的自动采集,并汇总存储到建筑信息模型的数据库中,管理人员不仅可以通过可视化图表界面对建筑内部分能耗情况进行直观浏览,还可以在系统对能耗情况逐日、逐月、逐年汇总分析后,得到系统自动生成的能耗情况相关报表和图表等成果。同时,系统能够自动对能耗情况进行同比、环比分析,对异常能耗情况进行报警和定位提示,协助管理人员进行排查,发现故障及时处理,实现建筑的节能减排。图9-6为某项目综合能效管理界面示意图。

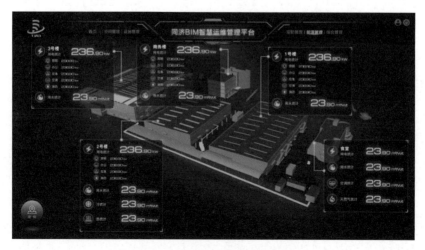

图9-6　综合能效管理界面示意

BIM 技术在能耗管理中的作用还体现在建筑的智能化和人性化管理上。基于 BIM 的能耗管理系统通过采集设备运行的最优性能曲线、最优寿命曲线及设备设施监控数据等信息,综合 BIM 数据库内其他相关信息,能对建筑能耗进行优化管理。同时,BIM 技术可与物联网技术、传感技术等相结合,实现对建筑内部的温度、湿度、采光等的智能调节,为参观活动人群提供既舒适又节能的环境。以空调系统为例,建筑管理系统通过室外传感器对室内外温湿度等信息进行收集和处理,可智能调节建筑内部的温度,达到舒适性和节能之间的平衡。图 9-7 为 BIM 能效智能化管理平台界面示意图。

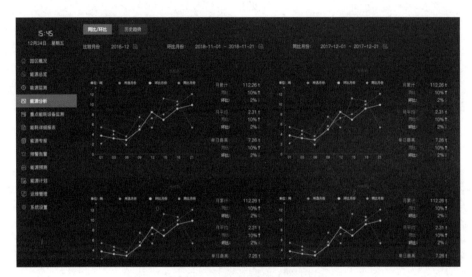

图 9-7　BIM 能效智能化管理平台界面示意图

9.2.6　室内环境监测及调节

文化场馆建筑多具有门厅、展厅、中庭等高大空间,人员流动具备时段性及区域密集性等特点,造成建筑物内部的环境复杂且多变。通过在建筑楼体内合理布置室内环境探测点位,应用平台可视化功能实时查看文化建筑室内热湿环境及空气品质。同时,结合客流统计数据、活动节目安排及日常运行负荷预测等数据分析模拟室内环境变化,进而为场馆内的空调及通风系统的运行策略提供预判性条件的数据支撑,从而在满足室内舒适性的基础上提高系统运行能效。图 9-8 为某项目室内环境监测平台界面示意图。

9.2.7　冷热源机房管理

文化场馆类建筑能源使用具备时段性和阶段性特点,机房管网压力流量变化大,通过布置在设备上的传感器,利用平台可实时查看各管道的温度、流量、设备的制冷/制热量,当管网负荷需求发生变化时,平台可智能调配机组,优化运行算法,实现空调系统的高效运行。图 9-9 为某冷热源机房综合管控平台示意图。

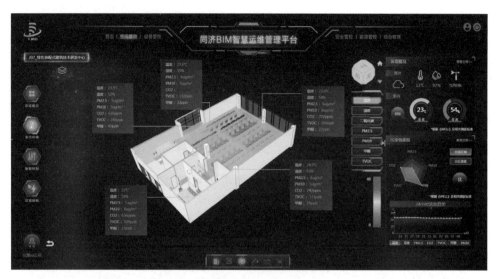

图 9-8　室内环境监测平台界面示意

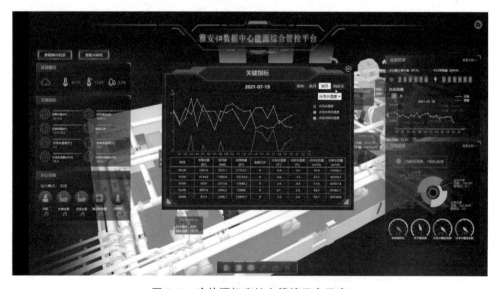

图 9-9　冷热源机房综合管控平台示意

9.2.8　设施设备管理

1. 运行监测

通过对接文化场馆 BA 系统与设备进行关联,在 BIM 模型中以不同颜色将设备的状态进行区分,标识其当前的运行状态,可实现动态人机界面交互;对关键位置参数设定,从而能形象直观地看到设备状态;对设备故障告警进行实时提醒,通过平台推送及短信提醒相关负责人员解决异常,可提高设备使用效率(图9-10)。

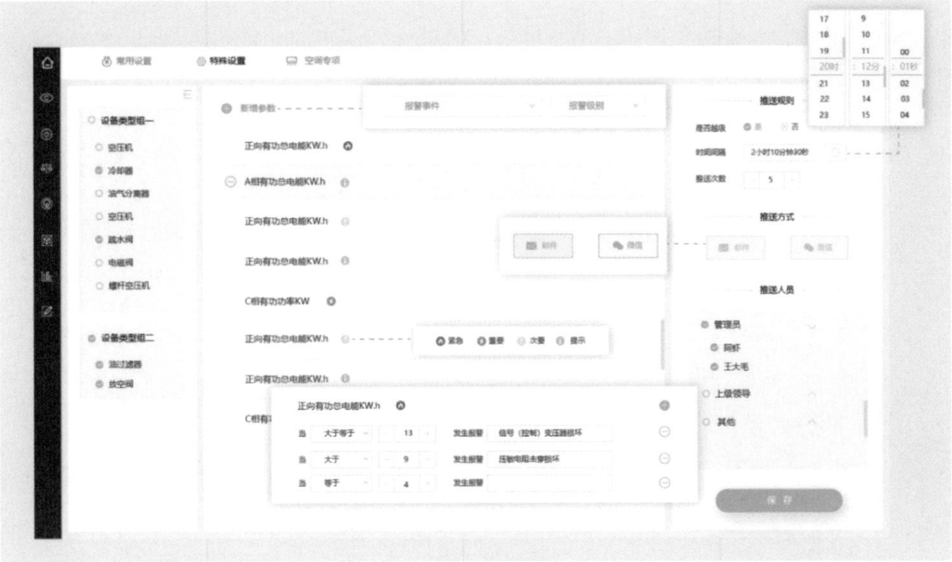

图 9-10　BA 与设备并联平台示意图

2. 维保管理

在线制定设备设施的维护与维保策略,系统根据策略信息自动产生维护与维保工单,系统可设置设备保养与维护的定时提醒。

3. 设备履历

对设备建立完整的履历信息,涵盖设备的基本信息和日常使用维护信息等,保证每个设备都具有一个完整的档案,即"一物一档",实现对所有智能化设备的全生命周期记录,即在 BIM 模型中选择某一设备时,可以实现对其所有参数、运行、故障、维保记录的统一查询。

4. 设备预警

对历史逐时电耗数据进行分析,结合设备维修记录及实时运行状态,建立设备的电耗上限报警模型,分析设备设施能源损耗并进行相关的预警推送,及时发现用电设备是否应关停或者由于性能不好等原因出现电能浪费情况,确保设备的高效运行。

第4篇

案例篇

10 上海自然博物馆项目

10.1 项目概况

上海自然博物馆位于上海市静安区山海关路大田路交界处,静安雕塑公园北部。用地面积 12 029 m²,总建筑面积 45 086 m²,其中地上建筑面积 12 128 m²,地下建筑面积 32 958 m²,地上三层、地下二层;主要功能区为展厅、藏品库房、前厅服务区、报告厅、IMAX 影院、行政管理服务区及配套纪念品商店、咖啡厅、员工餐厅、车库等。地下二层展厅下方为地铁 13 号线区间,二者整体建构,地上总高度 18 m,总埋深 22 m。

在设计规模、展品存量、展示手段等方面,该项目在国内自然博物馆中名列前茅,每年有超过 120 万的参观者造访。其业主为上海科技馆,设计由同济大学建筑设计研究院(集团)有限公司、PERKINS+WELL 设计事务所联合完成。

建筑的整体形态灵感来源于绿螺的壳体形式,螺旋上升的绿色屋面从雕塑公园内升起,使人联想到螺壳体的和谐形式和完美的构成比例。博物馆的功能被安排在这一绿色长带下的空间中,并围合出一面椭圆形水池,成为贯穿整个建筑参观流线所围绕的中心焦点。

博物馆通过建立与基地的关系,旨在表现人和自然的和谐结合,而这正是中国文化形成的基础。建筑中使用源于传统园林中由自然图案组成的隔断来作为围合花园的玻璃墙体的支撑结构和遮阳体系,这一图案化的表皮同时也隐喻着人类的细胞组织结构。由此,这个项目的建筑体验包含了传统中国园林设计中的岩石、土地、水、植物、墙体、建筑和光之间的互动。

自然博物馆立足于全寿命周期研究,在自身场馆建设上集成了与博物馆建筑特点相适应的十二大生态节能技术,因此成为人与自然和谐相处的典范,是一座绿色、生态、节能、智能的建筑。

该项目先后获得国家绿色建筑三星级设计标识、三星级运营标识、美国 LEED 金奖、上海绿色建筑贡献奖、上海市优秀勘察设计一等奖、上海市建筑节能示范项目、国家优质工程鲁班奖等奖项。

10.2　建筑性能增强技术

10.2.1　立体绿化

经过多方的技术研究和工作协调,自然博物馆绿化设计方案采用了绿化屋面和绿化墙面组合的绿化方式,让绿化融入建筑设计,成为建筑造型和建筑表皮不可或缺的组成部分。

1. 绿化外墙

建筑东立面设置模块式外墙绿化,整体统一中形成有规则的穿插。此墙体界定出的一个拱廊街道连接着城市街道和公园入口,并且为办公区的窗户提供遮阳,同时此墙体也将公园的水平绿化延伸到建筑的竖向表面。

1)植物选择

建筑东立面种植墙总绿化面积约960 m²,植物配植瓜子黄杨44%、扶芳藤41%、金森女贞10%、红叶南天竺5%。叶色深浅有别,突出模块。东立面种植墙面构造层次依次为:结构外墙—外保温层—外墙涂料—空气间层—竖向钢支架—单体模块—固定花盆。

2)构造体系

竖向钢管按照立面设计要求布置,间距为1 200 mm,之间加设一根隐形钢管。竖向钢管间设置横向支架,种植盒体搁置在横向支架上,利用自身重量固定在钢结构上。种植盒按照500 mm×500 mm模块单元安装,完成后隐藏于植物后。

3)种植介质

考虑到钢结构支撑框架的承载能力,在种植介质的选择上,排除了密度较大、蓄水能力差、容易疏松脱落的普通土壤,而选用轻质专用介质土。

4)灌溉系统

绿化墙面采用先进的滴灌装置进行灌溉。每个种植盒体背部开设一个方形孔洞,用于滴灌系统的滴箭插入。滴灌技术是通过干管、支管和毛管上的滴头,在低压下向土壤经常缓慢地滴水,直接向土壤供应已过滤的水分、肥料等。

2. 绿化屋面

自然博物馆的建筑绿色屋面在静安雕塑公园的包围下螺旋上升,表现出人与自然的和谐融合(图10-1)。屋顶的绿化有助于营造观景平台的局部环境,扩大人员活动区域。同时,屋顶绿化可改善局部地区小气候环境,缓解城市热岛效应;保护建筑防水层,延长其使用寿命;降低空气中飘浮的尘埃和烟雾;减少降雨时屋顶形成的径流,保持水分;充分利用空间,节省土地;提高屋顶的保湿性能,节约资源;降低噪声;等等。

图 10-1　屋顶绿化实景图

基于绿化、功能和造型需求,建筑屋面设计结合生命起源主题,由地面螺旋形上升,绿化从公园延续至建筑本体,自然过渡衔接。屋顶可绿化面积 7 470 m²,除玻璃天窗、设备平台、养护检修通道以外,剩余屋面全部设计为屋顶绿化,总面积 5 966 m²,占屋面面积的 79.9%,满足屋面绿化比≥30% 的要求。

1) 植物选择

植物按照草地式物种随机种植方式。植物配植瓜子黄杨 70%、扶芳藤 41%、金森女贞 20%、银姬小蜡 10%。屋顶绿化在尊重建筑师要求色彩统一及业主要求植物多样性的前提下,采用多种常绿灌木组成的以绿色为主,带局部变化的效果,形成不规则的肌理效果。

2) 种植介质

屋顶绿化覆土最薄处厚度为 300 mm,设置土工过滤布、蓄水托盘和保湿保护毯以满足植物生长需求。考虑到钢结构支撑框架的承载能力,种植介质选择轻质专用介质土。

3) 灌溉系统

采用美国雨鸟地埋式旋转喷头和自动控制系统,实现定点定量浇灌。喷头工作时升出草坪,停止喷洒时缩入草坪(图 10-2)。

图 10-2　屋顶绿化喷灌

10.2.2　一体化遮阳

夏热冬冷地区,外窗遮阳能对建筑节能有显著影响,外窗综合遮阳系数 SC 的降低可大幅减少建筑制冷能耗。自然博物馆遮阳系统采用了三大类方法,即形体自遮阳、细胞墙外遮阳和可调节外遮阳,将技术和艺术完美地融合,也将建筑遮阳和建筑外立面有效结合在一起。

1. 建筑自遮阳体系

博物馆东侧主入口采用形体自遮阳的形式。清水混凝土结构体从入口地面侧挺立而上,延续至 6 m 标高,横向出挑约 6.5 m 宽,对一层玻璃幕墙而言,形成天然的水平挡板遮阳。清水混凝土结构体又继续折行至屋面结构,这种穿插、咬合、叠加的关系产生虚实交错、多样的空间效果的同时,也为参观人员提供遮阳、休憩、驻足、等待的人性化复合空间(图 10-3)。

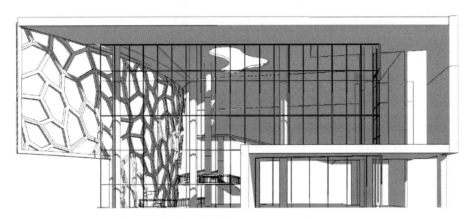

图 10-3　入口自遮阳模拟图

2. 细胞墙外遮阳体系

夏热冬冷地区,外遮阳对建筑能耗有显著影响。南立面弧形玻璃幕墙面,结合设计生命起源的主题,采用仿生细胞形态,通过三个层次的构造,将结构、造型、遮阳、节能融为一体。这三个独立构造层次分别为:内层为 LowE 玻璃(中间尺度)—保温隔热围护构造;中层为钢结构(最大尺度)—承重结构体系;外层为金属框架(最小尺度)—遮阳构件。

三个前后叠合的构造层次综合遮阳系数值为 0.26,既丰富了建筑外立面造型,在光影照射下熠熠生辉,又在适度遮阳、避免眩光的情况下满足博物馆展厅对采光的需求(图 10-4)。

建筑幕墙玻璃选用透光率较高、反射率较低的低辐射镀膜 Low-E 中空玻璃。Low-E 中空玻璃遮阳系数为 0.44~0.46,在控制自然光入射的同时,将可见光的外部反射率控制在 15% 以下,确保本建筑不会对周边环境造成光污染。

3. 外窗可调节遮阳体系

可调节外遮阳设于东侧办公室立面及屋顶弧形天窗,实现了采光、遮阳等多重功能(图10-5)。可调节外遮阳可以根据人体对采光、热度的需求灵活调整,符合人员长期活动工作的需求。

建筑透明玻璃内侧设置可调节内遮阳,办公区使用高反射饰面材料,结合固定外遮阳共同改善室内热环境。

图10-4 细胞墙遮阳实景图

图10-5 可调节外遮阳

10.2.3 自然采光

上海自然博物馆70％的建筑展览空间设于地下,这对于展厅的灯光设计是有利的,但也带来了公共区域采光设计的困难。设计中通过地下两层下沉庭院的设计,很好地将自然光引入。这种自然光的合理引入不仅减轻了能耗负担,同时也为室内展览空间的变化带来了可能性,达到了采光、遮光与节能三者平衡。在三层办公区设置管道式主动导光系统,以进一步改善采光效果。另外,LED照明的大量使用,也推动了绿色照明的发展。

1. 侧向细胞幕墙的自然采光

天然光照环境能满足人们生理(视觉)、心理和美学需要,相对于地上空间而言,地下空间对光线具有更大的需求。自然博物馆南侧中庭结合下沉广场设置通高仿生细胞玻璃幕墙,自然光线通过玻璃幕墙照亮了大部分的地下空间。通过采光模拟分析,地下二层中庭的采光计算面积为1 938 m²,采光系数达标面积为1 938 m²,达标比例为100％。中庭采光系数分布以及采光系数大于1.1％的区域如图10-6所示。

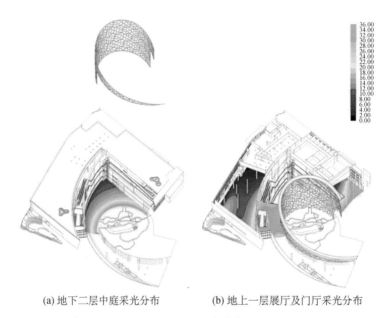

<table>
<tr><td>36.00</td></tr>
<tr><td>34.00</td></tr>
<tr><td>32.00</td></tr>
<tr><td>30.00</td></tr>
<tr><td>28.00</td></tr>
<tr><td>26.00</td></tr>
<tr><td>24.00</td></tr>
<tr><td>22.00</td></tr>
<tr><td>20.00</td></tr>
<tr><td>18.00</td></tr>
<tr><td>16.00</td></tr>
<tr><td>14.00</td></tr>
<tr><td>12.00</td></tr>
<tr><td>10.00</td></tr>
<tr><td>8.00</td></tr>
<tr><td>6.00</td></tr>
<tr><td>4.00</td></tr>
<tr><td>2.00</td></tr>
<tr><td>0.00</td></tr>
</table>

(a) 地下二层中庭采光分布　　　　(b) 地上一层展厅及门厅采光分布

图 10-6　采光分布

仿生玻璃幕墙的细胞状构架与建筑一体化式遮阳相互融合,在保证展厅采光要求的同时,能兼顾到展品需避免日光直射及眩光的特定要求。同时,细胞构架的倒影丰富了展示空间本身,为沉闷的地下空间带来了勃勃生机(图 10-7)。

图 10-7　侧向细胞幕墙采光实景图

2. 顶部天窗及细胞天窗的自然采光

入口门厅及开放展厅部分位置除通高幕墙采光,还增加了顶部天窗采光。中庭顶部设置弧形屋顶天窗,实现采光、遮阳等多重功能;顶层公共空间顶部使用细胞状屋顶天窗,形态活泼,采光的同时丰富了建筑空间感受(图 10-8、图 10-9)。

图 10-8　顶部细胞天窗和弧形天窗位置

图 10-9　顶部弧形天窗采光实景图

顶部 466 m² 的弧形天窗上复合了 100 m² 光伏膜和 233 m² 开启扇,兼具采光、通风、遮阳、发电多种功能。三层不同公共空间顶部的细胞天窗,大大改善了公共区域的光环境。通过采光模拟分析,一层门厅的采光计算面积为 863 m²,采光系数达标面积为 863 m²,达标比例为 100%。

3. 管道式导光系统

三层西侧办公区进深较大,影响室内自然采光,因此在原有建筑设计的基础上,在大空间办公区增加主动导光设施(图 10-10)以进一步改善采光效果。自然博物馆顶层办公区采用管道式主动导光系统:四间办公室共布置 22 套、馆史室 4 套、资料室 8 套、展廊 2 套、走廊 3 套。通过计算模拟及现场感受,安装该系统后,正常白天不需开灯即可实现室内采光系数及照度要求。每套光导照明系统功率可代替 6 根日光灯功效。定期更换与设备检修维护荧光灯的费用也同时减少,每年节电费用总计约 41 523 元。

图 10-10　屋顶采光筒实景图

10.2.4　自然通风

　　项目通过定量的数值分析技术来优化建筑设计方案,创造出优良的建筑环境指标。上海自然博物馆建筑整体造型呈南低北高螺旋上升状分布,有利于在春夏季组织低进高出的室内气流。南侧通高玻璃幕墙与上海当地春夏季主导风向一致,又充分获得了冬季日照;北侧设较小外窗,有效避免了西北风。项目在外窗设计和立面开口上做了细致设计,以保证冬季可获得足够日照的同时避开主导风向,夏季利于自然通风的同时防止太阳辐射与暴风雨袭击等。

　　项目运用了 CFD 室内外风环境模拟、自然通风模拟,在有效整合了各项适宜性生态技术的同时对这些技术进行了合理量化。自然博物馆通风开启扇的位置及面积确定是基于博物馆类建筑特定要求,运用计算机模拟辅助设计确定的。设计在合理促进自然通风的同时,还配备机械通风以保障展区温湿度。

　　设计还优化立面开窗位置及大小,并制订了对于不同季节的不同通风口开启策略。春季利用东西立面及南向上的细胞墙通风口开启进风、顶部天窗及恐龙厅上部的通风口开启排风,秋季利用东面及西立面的通风口开启进风,顶部天窗开启排风。

　　自然博物馆建筑外窗可开启面积占外窗总面积的 39.3%,大于规范要求的 30%。建筑幕墙具有可开启部分。为改善在不利工况下的自然通风条件,在屋顶设轴流风机辅助通风。选定轴流风机的风量为 5 880 CMH/台,共 14 台。为避免气流短路,在风机抽吸进行通风时天窗处于关闭状态。

10.3　设备能效提升技术

10.3.1　供冷供暖

　　根据建筑使用功能进行了空调系统分区设置。展区设置集中空调系统,冷热源为冷水机组＋地源热泵机组,其中展厅、报告厅采用全空气系统,普通库房、制作间、物业管理等小空间采用风机盘管＋新风系统。三层办公、会议室及阅览室等小空间采用变频多联机系统。数字化特种影院采用自带压缩机的直接蒸发式的空调系统。地下二层夹层藏品库房,设置专用的恒温恒湿机组。其他 24 h 使用的房间,如消防控制室、值班室、弱电中心、计算机中心等采用变冷媒流量的变频多联机系统。

集中空调系统设置多台水泵和机组,根据末端负荷的变化,通过机房群控系统控制水泵和机组的运行台数,降低部分负荷变化下的水泵和机组能耗。地埋管侧水泵采用变频控制,根据负荷变化情况调整埋管侧流量,降低部分负荷运行能耗。变频多联机自带控制系统,通过控制压缩机的制冷剂循环量和进入室内换热器的制冷剂流量,适时满足室内冷热负荷要求。项目变频多联机系统的 IPLV(C)值为 5.15,高于 1 级能效的要求。

各展厅均采用全空气低速管道系统,其中高大空间采用旋流风口顶送或喷口侧送,条形风口送风速度 2.8 m/s,喷口送风速度 5 m/s。经检测,夏季、冬季室内温湿度及风速均符合设计要求。

10.3.2　照明

1. 室外照明

细胞幕墙由遮阳板、细胞幕墙组成,材料较为通透。为了达到凸显细胞,幕墙整体上采用 LED 洗墙(蓝色)下照式,在细胞分裂处,随机点缀 LED 点光源,加强夜晚时的细胞结构,节假期还增加 3D 灯光秀(图 10-11)。

图 10-11　室外照明实景图

2. 室内照明

展厅主要采用卤素灯、LED 灯、节能筒灯及 T5 日光灯;部分区域采用 LED 舞台效果灯;活体养殖区主要采用金卤灯。办公室、会议室等采用 T5 直管形三基色荧光灯。门厅、走廊灯采用紧凑型荧光灯。疏散指示灯采用 LED 光源。

展览场地选用开敞式金属卤化物灯具等。办公室、会议室等选用格栅荧光灯。门厅、走廊等选用嵌入式筒灯。金属卤化物灯采用节能型电感镇流器,带功率因数补偿装置,功率因数达到0.90以上。T5荧光灯和紧凑型荧光灯均采用电子镇流器,功率因数达到0.90以上。采用的镇流器均符合相关的国家能效标准。

展厅、大空间场所采用智能照明控制系统,可以实现不同功能的灯光场景需求。办公室、机电房、各功能房间等采用房间内就地开关控制,所控灯与侧窗平行,充分利用自然光。走廊、门厅、楼梯间照明采用集中并分组分区控制。地下车库采用分区控制。

各房间或场所的照明功率密度值不高于现行国家标准《建筑照明设计标准》(GB 50034—2013)规定的目标值。

10.3.3　给排水

项目综合统筹利用各种水资源。给水系统分为两套:一套为雨水回收利用系统,一套为市政自来水给水系统。

雨水回收利用系统主要收集屋面和中央水池接纳的雨水,经处理后用于屋面植被的浇灌以及中央水池的补充水。设计年生活用水总量39 296 m³/a,设计非传统水源利用率10.8%。2015年生活实际总用水量39 691 m³,雨水回用量4 357 m³,实际非传统水源利用率为11.0%。

雨水回收利用系统规模与工艺为:收集屋顶雨水,经屋顶绿化初期过滤后汇至场地西北角的地下蓄水池(200 t)中,经生态过滤器、加药、紫外线消毒处理后储存于清水池(66t)。在清水池出水管上加设紫外线消毒装置进行消毒,景观水体另设循环处理装置。

雨水回收利用系统设置水表计量,便于运营期节水效益的量化评估。雨水管道、各种设备和接口上均有明显标识,以保证与其他生活用水管道严格区分,防止误接、误用。经第三方检测机构对清水池的雨水水质进行的检测,结果显示雨水水质符合国家标准《城市污水再生利用 景观环境用水水质》(GB/T 18921—2019)、《城市污水再生利用　城市杂用水水质》(GB/T 18920—2020)等规定。雨水回收机房实景详见图10-12。

图10-12　雨水回收机房

10.3.4　控制与计量

1. 设备控制系统

大楼内设楼宇设备自控系统设备 1 套,该系统由操作工作站、现场控制器、各种传感器、电动阀门、专业控制软件等组成。系统采用集散控制方式,采用先进的计算机网络化控制方式对以下系统进行自动监控和调节,以实现最优化运行。具体内容如下:

(1) 冷热源系统:冷水机组、地源热泵机组的启停、运行,冷却水泵、冷冻水泵、冷却塔的启停、运行,冷却水总管的供回水温度,冷冻水总管供回水温度、流量、压力等;热水锅炉的运行状态、热水温度、故障报警、热水泵状态和运行、水泵的启停等;以接口方式接入。

(2) 空调新风系统:空调机组、新风机组的运行、报警,风机的启停控制,送回风温度、送回风湿度、CO_2 浓度监测等。

(3) 给排水系统:集水井的高低液位报警、生活水泵的运行状态、报警状态等。

(4) 雨水回收系统:弃流废水阀运行状态、弃流出水阀运行状态、雨水蓄水池、雨水清水池的高液位报警状态、低液位报警状态,供水泵运行状态。

(5) 送排风系统:风机启停控制、运行状态、风机故障报警信号、CO 浓度监测等。

(6) 照明系统:公共区域照明采用楼宇自动化系统(Building Automation System,BAS)进行管理控制,根据使用及功能要求达到分组、分区、分时段、分管理模式等进行有效的场景需求和节能控制。

(7) 电梯系统:监测电梯的启停、运行状态等。

(8) 变配电系统:对高低配电柜有关电量参数监测,通过接口接入。

2. 空气质量监控系统

对主要展厅、会议室等人员密度较高且变化较大的房间设置室内空气质量监控系统。对室内的 CO_2 浓度进行数据采集、分析及浓度超标报警,并与通风系统联动,控制新风量的大小。地下停车库设置 CO 浓度监控系统,对 CO 浓度进行数据采集、分析及浓度超标报警,并与通风系统联动。

3. 分项计量系统

项目建筑能耗分类计量内容包括用电计量、用冷热量计量、用水计量和用燃气计量。建筑用能监测系统符合《公共建筑用能监测系统工程技术规范》(DGJ 08—2068—2012)规定,并与静安区国家机关办公建筑和大型公共建筑能耗监测系统数据联网,可根据上级数据中心要求自动、定时发送能耗数据信息。

(1) 用电计量。在变电所设置对以下用电表具的计量:照明插座用电分别计量主要功能区域的照明和插座用电、走廊和应急照明用电、珍贵品照明、室外景观照明用电;空调用电分别计量地源热泵机组用电、冷水机组用电、冷却水泵用电、冷冻水泵用电、冷却塔用电、恒温恒湿空调用电、空调末端用电、机房 VRV 用电等;动力用电分别计量电梯用电、自动扶梯用电、给排水泵用电、消防动力用电等;特殊用电分别计量数字化特种影院及入口屏幕用电,厨房动力用电、消防安保中心用电、柴油发电机站用电、移动通信机房用电、变电所用电等。

（2）用冷热量计量。在能源中心设置冷热量计量装置。

（3）用水计量。按使用用途及付费管理单元,对厨房、绿化、空调系统等用水分别设置用水计量装置,统计用水量。

（4）用燃气量计量。在厨房的燃气进线处和三层的燃气真空热水炉设备上设置燃气计量表。

10.4　可再生能源应用技术

10.4.1　地源热泵系统

上海地区土壤温度全年稳定在 16～20 ℃,与冬、夏季室外平均气温均有超过 10 ℃的温差,保证了土壤源热泵的换热能力,且上海地区属于太湖流域冲积平原,浅层土以黏土、亚黏土为主,属于土壤源系统较适合的土壤类型。工程地源热泵系统采用灌注桩埋管与地下连续墙埋管两种形式（其中地下连续墙又分为外围地下连续墙和地铁连续墙两部分）,成为在市中心集约型土地利用下大型公共建筑采用地源热泵技术的范例。

工程地源热泵系统灌注桩埋管 393 个,有效深度 45 m。地下连续墙埋管中外围地下连续墙内埋管总计 266 个,有效深度 30～38 m;地铁连续墙内埋管 186 个,有效深度 18 m。均采用 W 型埋管。地埋管位置详见图 10-13。

土壤换热器能够承担部分夏季空调冷负荷和全部冬季空调热负荷。冬季,全部采用地源热泵系统作为展厅部分的热源;夏季,结合地埋侧热平衡以及机组的效率两方面确定热泵和冷水机组的运营策略。5 月、6 月,以地源热泵机组为主,可以满足场馆冷负荷的需求;7 月、8 月,冷负荷较高,原则上以冷水机组为主,并结合地埋侧热平衡情况配合使用地源热泵系统;9 月、10 月,以地源热泵系统为主。

展厅部分的空调系统冷热源由 2 台螺杆式冷水机组和 2 台螺杆式地源热泵机组组成,总制冷量 5 636 kW。其中,地源热泵系统制冷量为 2 274 kW,可再生能源制冷占冷需求比例为 40%;地源热泵系统的制热量为 2 290 kW,可再生能源制热占热需求比例为 100%。

工程于 2016 年通过了可再生能源建筑应用示范项目验收。从项目运营日起,地源热泵系统运行良好,展厅内温湿度均能达到设计的要求,与锅炉系统相比,年节约用能约

20%左右,大大减少了运营费用及 CO_2 的排放。

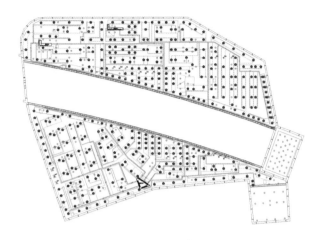

图 10-13　地埋管位置

10.4.2　太阳能光伏

太阳能光伏板有效面积 348 m^2,采用 245 块光电转化率较高的透光单晶硅 BIPV 太阳能电池板,总容量约 40 K,全年发电量 51 000 kW·h;光电转换率 11.5%,直流/交流转换率 90.5%。全年 CO_2 减排量 45.5 t。

太阳能光伏发电系统结合自然博物馆展馆采光天棚设置,同时兼作遮阳构件,直观深入地向大众普及了可再生能源在生态建筑中的应用(图 10-14)。

图 10-14　自然博物馆太阳能光电板实景

11 河南省科技馆新馆项目

11.1 项目概况

河南省科技馆新馆项目位于河南省郑州市。项目规划用地面积 99 574 m^2，建设用地面积 85 125 m^2，总建筑面积 129 365 m^2，总投资估算为 20.37 亿元，是河南省有史以来规模最大、投资最多的公益性投资项目。主体建筑建筑面积 105 098 m^2，总高 43.85 m，地下一层、地上四层。

河南省科技馆新馆是一个思考热力学建筑智能转向的设计实践(图 11-1)。建筑格局、形态、系统来自环境风能流动与能量获得的精准塑形。建筑内部利用热力学烟囱效应，实现过渡季节中庭自然通风与控制。建筑的表皮来自对于环境智能技术的试验，在传感系统、机械系统和程序语言的控制下，菱形表皮和穹顶能依据太阳光线强度和室内通风状况实现一定的自主调节开关，智能调控室内微环境。

图 11-1 河南省科技馆新馆效果图

11.2 建筑性能增强技术

11.2.1 场地环境

场地内设置具有调蓄功能的下凹式绿地，总面积 6 389.9 m^2(含雨水花园和景观水体),占绿化总面积 21 163.9 m² 的比例为 30.19%。

　　场地利用植被缓冲带引导道路雨水进入场地开放绿地等空间;合理采用径流切断措施,在道路雨水进入地面生态设施前,先通过滞蓄过程控制污染和径流,再进行良好地衔接,有效保证水体的水质和水量安全。

　　透水铺装采用植草砖、透水砖和透水混凝土,透水铺装面积为 43 735 m²,硬质铺装地面总面积为 56 443.01 m²,透水铺装占硬质铺装地面面积的百分比为 77.49%。地下室顶板上铺设透水铺装时覆土厚度≥600 mm,且接连周边一定面积的自然土壤,并在透水铺装的透水基层内设置疏水板/渗透管,排水层设陶粒过滤布/土工布。

　　绿色雨水设施示意详见图 11-2,透水铺装详图详见图 11-3。

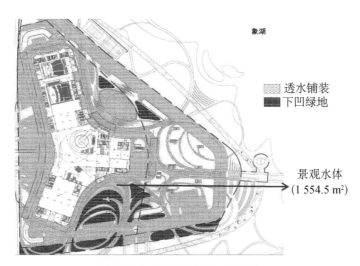

图 11-2　绿色雨水设施示意图

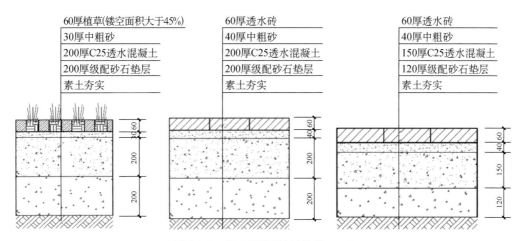

图 11-3　透水铺装详图(单位:mm)

11.2.2 围护结构节能

项目围护结构热工性能比国家建筑节能设计标准的规定提高 5%，具体措施如下：

屋面 1，传热系数为 0.42 W/(m²·K)。构造做法为：40 mm 细石钢筋混凝土保护层＋防水层＋20 mm 水泥砂浆＋155 mm 泡沫玻璃板＋30 mm 陶粒混凝土（最薄处）＋120 mm 钢筋混凝土。

屋面 2，传热系数为 0.42 W/(m²·K)。构造做法为：金属板＋防水层＋120 mm 岩棉板＋压型钢板，传热系数 0.42 W/(m²·K)。

外墙 1，传热系数为 0.42 W/(m²·K)。构造做法为：金属板＋120 mm 岩棉板＋饰面板。

外墙 2，传热系数 0.39 W/(m²·K)。构造做法为：装饰面层＋5 mm 聚合物抗裂砂浆＋90 mm 岩棉保温板＋12 mm 水泥砂浆＋蒸压加气混凝土砌块（B07）。

外窗（含透明幕墙），选用隔热铝型材＋（6 中透光 Low-E＋12A＋6 透明＋12A＋6 透明）中空玻璃，玻璃传热系数 1.10 W/(m²·K)，整窗传热系数 1.90 W/(m²·K)，太阳得热系数 0.41，可见光透射比 0.60，窗墙比均小于 0.5。

屋顶透明部分，选用断桥铝窗框＋（6 中透光 Low-E＋12A＋6 透明＋12A＋6 透明＋0.76Pvb＋6 透光）中空玻璃，玻璃传热系数 1.10 W/(m²·K)，整窗传热系数 1.90 W/(m²·K)，太阳得热系数 0.41，屋顶透明部分比例小于 20%。

11.2.3 一体化遮阳

在项目外窗和幕墙透明部分中，可控调节遮阳措施面积比例达到主要光照面的 25%。具体遮阳形式为：固定穿孔铝板＋翻转铝板外遮阳＋可调内遮阳帘。

其中，固定穿孔阳极氧化铝板设置于除翻转铝板外遮阳之外的所有区域。翻转铝板外遮阳设置于西侧主入口透明幕墙外侧。在业务研究办公室、会议室、管理保障房等主要功能房间的外窗内侧设置可调内遮阳窗帘；在报告厅、展厅高大空间透明幕墙内侧设置电动遮阳帘。遮阳形式的布局详见图 11-4—图 11-6。

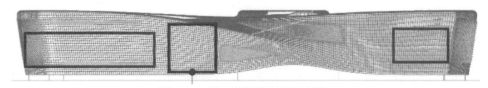

图 11-4 固定外遮阳局部示意图

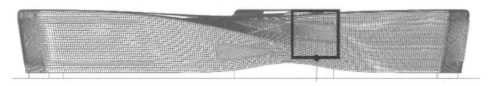

图 11-5 翻转铝板外遮阳局部示意图

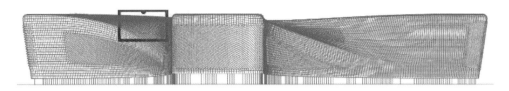

图 11-6　可调内遮阳局部示意

11.3　设备能效提升技术

11.3.1　供冷供暖

根据本建筑使用特点对空调系统进行分区设置。独立运营影院部分,采用 2 台风冷热泵作为冷热源。除独立运营影院以外的展厅部分,空调冷源采用 2 台螺杆式地源热泵机组、3 台定频离心式冷水机组;空调热源采用 2 台的螺杆式地源热泵机组,市政管网作为冬季供热的补充。配套功能用房、网络机房等发热量大或有独立使用需求的房间设置变冷媒流量多联空调系统或分体空调。设置一台 900 kW 换热器,对于冬季存在供冷需求的区域,冷却塔可利用室外低温空气进行免费供冷。

集中空调水系统采用分区两管制异程式水系统。为便于运营管理,研究用房、特效影院及其他区域分设三个单独支路。

空调末端按房间功能分别设置。展厅、影院、剧场、多功能厅、报告厅、公共大厅、餐饮部等大空间场所采用全空气低速风管系统,其中入口门厅及一层中庭区域另设置地暖;管理、接待、办公、小会议室等小房间采用风机盘管＋新风系统。全空气系统的风机采用变频控制,新风比可调,可实现全新风运行。对于展厅、影院、剧场、多功能厅、报告厅、公共大厅、餐饮部等大空间场所,最大总新风比不低于 70%。展厅及会议区域的空调箱设置转轮型排风热回收机组,其全热效率为 60%。

通过采用高效冷热源机组、水泵/风机变频、排风热回收、过渡季新风可调、冷却塔免费供冷等节能措施,并利用了地源热泵作为可再生能源,经模拟,相较基本参照建筑,设计建筑供暖、通风与空调系统能耗降低幅度为 25.72%。

11.3.2　照明与电气

1. 设置高效照明系统

照明光源采用 LED 灯、T5 直管形三基色荧光灯、紧凑型节能荧光灯、金属卤化物灯等节能照明灯具。展厅、门厅、电影厅照明采用智能照明控制系统,对光敏感的展品采用能通过感应人体来开关灯光的控制装置。门厅、电影厅等大空间区域采用智能照明控制系统进行控制。楼梯间采用红外＋光控感应控制,公共走道、电梯厅及地下车库照明采用建筑设备自动管理系统(BAS)进行控制。室外景观照明和建筑夜景照明采用智能照明控制系统进行控制。设计研究办公室、管理保障室、设备机房照明采用就地开关控制。

2. 采用节能型电气设备

选用节能变频电梯,分区采用群控,轿厢无人状态时自动关灯,自动扶梯可感应启停。水泵、风机满足相关标准节能评价值要求。选用高效率、低能耗、SCB13 型环氧树脂浇注低噪声干式变压器,变压器的位置、容量、性能详见表 11-1、表 11-2。

表 11-1 　　　　　　　　　　　　　　　　变压器位置及容量

变电所	位置	变压器容量
1# 变电所	B1F 靠近负荷中心处	4×1 250 kV・A+2×1 600 kV・A
2# 变电所	B1F 影院区域	2×1 600 kV・A
3# 变电所	独立地下车库的 B1F	2×1 250 kV・A

表 11-2 　　　　　　　　　　　　　　　　　变压器性能

变压器型号	台数/台	额定容量/(kV・A)	绝缘等级	损耗 W			
				空载 P_0		负载 P_x	
				设计值	节能评价值	设计值	节能评价值
SCB13	6	1 250	H	≤1 670	1 670	≤10 370	10 370
SCB13	4	1 600	H	≤1 960	1 960	≤12 580	12 580

11.3.3 给排水

本项目设置非传统水源利用系统,共设置两套雨水回收利用系统,分别收集 BS06-10-15 地块和 BS06-10-16 地块内的屋面和场地雨水,经处理达标后回用于各地块内的景观补水、绿化灌溉、道路和车库地面冲洗;BS06-10-15 地块雨水回用用途还包括冷却塔补水。初期径流弃流和溢流雨水排至市政雨水管网和象湖。雨水管线及蓄水池位置如图 11-7 所示。

雨水处理工艺流程为:场地雨水→管网收集→截流溢流井、弃流井→雨水收集池(沉淀)→砂滤→清水池→次氯酸钠消毒→提升泵→回用。

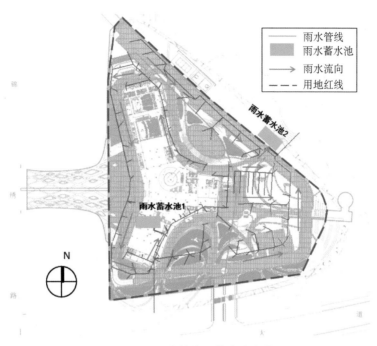

图 11-7 雨水管线及蓄水池位置

11.3.4 控制与计量

1. 空气质量监控系统

展厅、报告厅等人员密度高且随时间变化的区域设置 CO_2 浓度传感器、室内污染物浓度传感器，对室内的 CO_2 浓度、污染物浓度进行数据采集、分析，并与通风系统联动。当 CO_2 浓度超过设定值（1 800 mg/m^3）、室内污染物浓度超标时实现实时报警，并与新风系统联动。地下车库通风系统设置 CO 浓度监控系统，每个防火分区布置一个 CO 浓度监测装置，在 CO 浓度超过 30 mg/m^3 时发出报警信号，并联动控制车库通风风机进行开启控制。

2. 建筑能耗监测系统

本项目设置建筑能耗自动计量系统，系统主机放置在四层设备监控机房，通过统一的管理平台，分类监测建筑水、电、气、冷热量的使用情况。其中，对于电量计量，本项目设置用电分项计量装置，主要分为照明插座用电计量、空调用电计量、动力用电计量和特殊用电计量。此外，影院、商业、餐饮等租户分别按户设置带通信接口的计量电表，实现分户计量。能耗监测系统计量表计的精度不低于 1.0 级，电流互感器精度不低于 0.5 级。电能计量表设置 RS485 等通信接口，能耗计量系统设置 TCP/IP 等通信接口，以实现实时上传能耗数据。

11.4 可再生能源应用技术

项目所在地的土壤温度为 17.9 ℃，其土壤潮湿，地下水位高，水量充足，这些条件确保了实施地源热泵系统能具有良好的效果；以黏土、中砂及粉砂为主的软土地质条件保证了施工成本降低，成本易回收，系统经济性好；建筑本身负荷不大并且占地面积充足保证了土壤换热器施工布置的可行性。因此，在本项目中采用地源热泵系统具有较高的可行性。

依据空调冷热源系统设置，项目共有 2 台地源热泵机组，利用地热来提供空调用冷/热量，布置有 1 000 口 100 m 深双 U 地埋管井。由地源热泵提供的空调用冷量为 23%，由地源热泵提供的空调用热量的比例为 72%，剩余的冷热量分别由定频离心式冷水机组、风冷热泵机组和市政管网提供，由可再生能源提供的冷/热量占空调系统总冷/热负荷的 35.76%。

项目处于太阳能资源可利用区，因此充分利用太阳能资源提供生活热水。在北侧屋面设置 320 m² 太阳能集热器，设计供热量为 71.3 kW；南侧集中热水系统热源采用地源热泵，总耗热量 287.4 kW，全部由地源热泵提供。项目总热水最大时耗热量为 510.7 kW，太阳能和地源热泵设计供热量为 358.7 kWQ，占总热水耗热量的比例为 70.24%。

可再生能源热水系统中，可再生能源全年供热量约 2 500 万 MJ，折合天然气的量，并考虑辅助热源及季节运行折算，年节约能源费用约 68 万元，投资回收期约 7.4 年。

11.5 数字化设计技术

11.5.1 复杂空间数字化设计与优化

项目的建筑形体导致建筑空间复杂、平面差异大，大幅增加了设计难度，采用传统的二维设计方法已无法解决该项目的空间定位及形态表达。因此，项目在设计启动时就要求全专业采用数字化设计方法来进行空间表达及优化。项目 BIM 模型详见图 11-8。

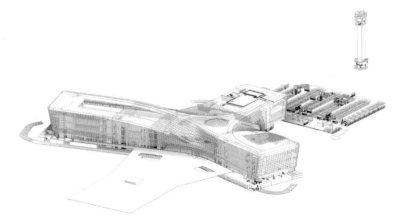

图 11-8 河南省科技馆新馆 BIM 模型图

BIM 设计通过合理规划多专业密集配合流程,制定出高效的协同设计模式。针对复杂空间的结构设计和结构舒适性分析也是本项目的技术难点。以影院内既有一圈钢结构环形步道为例,建筑、结构、机电专业借助 BIM 三维模拟技术协同工作,不断优化廊桥钢结构断面形式及浮空影院送风方式,以隐蔽暖通机电设备,尽量减少投影的图像干扰(图 11-9)。密集的设备管线对建筑室内空间和设备安装、检修空间的设计提出了更加精细化的要求,而建筑空间节点通过 BIM 的精细化搭建,精准对位空间需求,快速决策设计方案,保障了建筑空间的合理性。

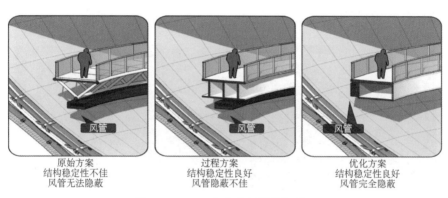

原始方案
结构稳定性不佳
风管无法隐蔽

过程方案
结构稳定性良好
风管隐蔽不佳

优化方案
结构稳定性良好
风管完全隐蔽

图 11-9　BIM 复杂空间设计与利用

11.5.2　复杂钢结构节点的精细化设计

通过 BIM 技术进行复杂钢结构的深化设计应用,实现了设计的可视化,并以此来帮助设计人员判断设计方案是否存在碰撞问题,解决了钢结构设计内容的整合问题。在对钢结构节点进行深化时,为确保受力与结构安全,节点间需要增加大量的隔板和牛腿,这导致节点构件异常复杂。经过对比分析,当前常见的钢结构深化设计软件 PKPM、3D3S、MTS、Tekla 等,结合项目 BIM 模型平台 Revit 的兼容与项目复杂程度,采用 Revit＋Tekla＋ANSYS 的深化设计技术路线,能方便、快捷地建立出整体模型、次梁节点并核验结构强度,同时由三维模型直接出图(图 11-10),能自动生成材料明细表,全过程实现自动化,最大程度地减少了图纸错误。

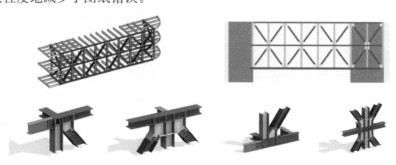

图 11-10　BIM 钢结构深化节点设计

11.5.3　空调输配系统的优化设计

作为文化类场馆建筑,项目对空间、净高的要求很高,容易造成管线布置的不合理。尽管传统的二维施工图设计也会进行平面拍图,但是很难兼顾到整片区域。通过 BIM 模型进行整体的三维管线优化,项目大量管线布置变得更加准确和直观(图 11-11),还能提前发现问题,减少管线的翻折,保证空间使用功能,亦能提高业主对项目管理和协调决策的效率,并且对于验证并优化机电方案、使管线排布更加美观、对指导机电现场施工有着非常重要的意义。

图 11-11　BIM 管线布置三维图片

二维图纸并不能充分反映三维空间的全部信息,所以在设计中避免不了存在构件之间的碰撞,这一问题在复杂空间中尤为突出,BIM 模型轻易地解决了这一问题,既可直观地观察到模型中的碰撞冲突,又可通过软件本身的碰撞检测功能,或者由第三方软件(如Navisworks)来完成(图 11-12),从而极大程度地减少错、碰、漏等设计差错,能够直观地表达空间特征,减少施工阶段的返工浪费,确保输配系统按照设计要求实施,为实施打下良好的运行基础。

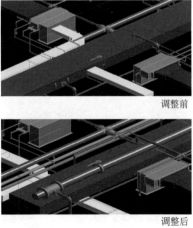

调整前

调整后

图 11-12　BIM 自动侦测分析图片

12 上海音乐学院歌剧院项目

12.1 项目概况

上海音乐学院歌剧院位于上海音乐学院(汾阳路校区)的东北角,紧邻淮海中路和汾阳路转角。该项目的设计充分考虑了历史街区的城市文脉,并对歌剧院的厅堂类型进行了研究和创新,同时对紧邻地铁所带来的振动噪声问题提出解决技术。

图 12-1 上海音乐学院歌剧院鸟瞰图

上海音乐学院歌剧院鸟瞰图、全景图详见图 12-1、图 12-2,总建筑面积 31 926 m²,其中地上建筑面积 14 989 m²,地下建筑面积 16 937 m²。建筑地上 5 层,地下 3 层,建筑高度 24 m,台塔高度 34 m。建设内容包括 1 个 1 200 座的歌剧院、4 个排演教室和交流报告厅等。

项目位于淮海中路重要位置,是商业轴线与人文轴线的交界处,是现代建筑与历史建筑的汇集地。方案充分考虑其地理位置的特殊性,采用"化整为零"的方式,使用较小的体量与周围环境融为一体。现代的建筑风格又起到对历史起承转合的作用。

图 12-2　上海音乐学院歌剧院全景图

　　对建筑高度和建筑体量要求比较高的观众厅和舞台设计于核心区域,围绕观众厅排布售票厅、观众入口大厅、排演教室、贵宾休息厅和配套设施等功能,使建筑与周边建筑取得尺度上的统一,强化了建筑、自然和城市的互动性。

　　建筑立面材料采用 GRC 板和 UHPC 挂板,颜色为浅灰色,色调和尺度与周围历史街区建筑呼应。立面结合外保温等处理,保证建筑节能设计需要。细节上,根据实际需要在部分墙面做镂空处理(局部墙面用 UHPC 镂空挂板,后面为玻璃幕墙)。光线通过镂空墙面与玻璃幕墙在室内产生透明与不透明的过渡,营造出生动的空间效果(图 12-3)。

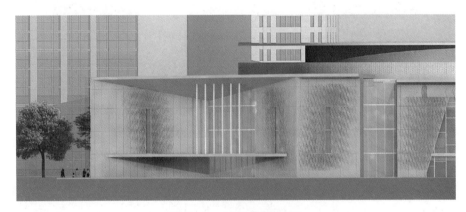

图 12-3　立面材料效果图

　　上海音乐学院歌剧院兼顾西方古典歌剧和浪漫派歌剧的演出需要。在这个古典形式的马蹄形空间里,包含了数个楼座和池座,共有座席 1 200 个。尽管空间的灵感源自古典歌剧院,但它更具现代特色。所有的楼座都略微向舞台侧倾斜,让观众的可视性得到了很好的改进,所有观众都能得到完美的视听享受(图 12-4)。

图 12-4　楼座和池座布置

从社会效益看,上海音乐学院歌剧院的投入使用标志着上海又一个文化新地标的落成。从项目投入使用至今,这座建筑已经承办过国内外几十场高品质的演出,为市民们奉献上一次次视听盛宴。该项目与周边的上海大剧院、上海音乐厅、上海交响乐团音乐厅、上海文化广场等构建起完善的区域文化设施格局,实现了差异化的功能使命,大力提高了区域的公共文化服务能力。

从经济效益看,上海音乐学院歌剧院的投入使用,改变了上海音乐学院教学实践场所缺失的情况,诸如周小燕声学大师工作室等教育实践用房紧张的局面得到较大改善,同时完善了学院的办学硬件设施,为学院优势学科专业的发展提供了基础硬件设施支撑。教学和实践设施的完善,还大力提升了学校的整体办学服务水平,进一步提高其在国内外的行业地位和影响力。新建筑除了满足学院自身的教学实践需求外,还兼顾服务社会的功能,为上海市的各项公共文化活动提供平台。

从环境效益看,由于地处历史风貌保护区,该建筑采取的姿态显得尤为重要。从最后建成的效果来看,上海音乐学院歌剧院以低调谦逊的姿态介入场地当中,为所属区域注入新的文化元素,打造了新的城市空间节点,提升了淮海中路沿线的环境品质,也进一步丰富了所属区域的文化内涵并提升了品质。

12.2　建筑性能增强技术

项目位于上海音乐学院校园内,地属城市中心,具有良好的艺术素养和文化氛围,既满足学校教学要求,也为市民提供艺术欣赏观演场所,为国际音乐交流架设纽带。针对学校建筑、观演场所,设计采取了可操作性强的、适宜的绿色节能技术。

12.2.1 景观绿化

按规划管理部门要求,基地内绿地面积 2 530 m²,绿地向社会公众开放。绿化物种选用适宜上海气候和土壤条件且观赏性强、对人体无害的植物。种植布置包含乔、灌、草结合的复层绿化。透水地面面积占硬质铺装地面的 50%。

12.2.2 建筑室内声环境

歌剧厅、排练厅和报告厅等主要功能房间外墙采用双道 200 mm 厚的混凝土实心砖,隔声量为 45 dB;采用双层窗,玻璃采用夹层中空玻璃,空气隔声量≥35 dB;隔墙采用 4 层石膏板(每层 12.5 mm)固定,在中间填有矿棉,隔声量为 45 dB;楼板厚度 150 厚,空气隔声量可达 45 dB;设备机房上下楼层对位布置,机房墙面采用隔声构造措施,隔声量>50 dB,以保证贴邻的房间不受噪声干扰。办公室等功能房间楼板面设 20 mm 挤塑聚苯板(XPS)隔声保温垫层,满足楼板撞击隔声量≤60 dB。

将歌剧院观众厅、舞台、乐池和部分后台区域以及大型管弦乐排练厅和合唱排练厅划为 3 片隔振区域,利用底部的隔振弹簧与下部结构进行连接;合唱排练厅和民族乐排练厅采用浮筑地板进行隔振,以降低来自地铁 1 号线的振动影响。

敏感厅堂采用"盒中盒"双层结构以提高隔绝振动和低频噪声的能力,减少来自周边道路上公共汽车和大卡车在低频的干扰,确保演出和排练时的安静条件。

地下停车场排风机噪声 70~80 dB(A)。风机与风管采用软接头连接,对风机吊杆设避震器;风机设置于地下风机房内,风机房采取吸声、隔声等措施。风机排风口安装消声器。中央空调风冷热泵机组噪声约 85 dB(A),工程设计中选用低噪声设备,并采取减振措施。

12.2.3 歌剧厅弹簧整体隔振

上海音乐学院歌剧院结构设计采用阶梯状分区块布置的钢弹簧竖向隔振系统,确保了建筑核心功能不受地铁振动影响,通过设置黏滞阻尼器降低竖向隔振产生的水平地震作用放大效应(图 12-5、图 12-6),从而达到了地铁竖向隔振与结构水平抗震的相互平衡与统一,创新地形成了地铁隔振与地震减震组合应用的结构体系。

歌剧院核心单元结构整体隔振后,却在地震作用下表现出地震响应明显放大的现象,特别是结构的水平变形大幅增加。因此,结构设计通过在隔振支座层设置水平黏滞阻尼器,有效减小了结构的地震响应,优化了主要结构构件的尺寸,缩小了结构单体间的变形缝尺寸,为项目赢得了更多的有效使用空间。

项目设计与施工充分考虑紧邻地铁隧道的安全与历史建筑的保护,地下室基坑设计与施工中采用分坑开挖、分块施工的策略,以时间换空间,主动控制基坑开挖产生的不利变形,确保地铁运行安全、历史建筑不受损伤。

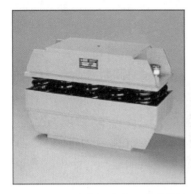

图 12-5　歌剧院和乐队及合唱排演厅下的隔振弹簧(系统自振频率在 3 Hz 左右)

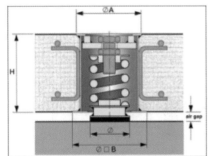

图 12-6　歌剧和舞蹈排演厅 Jack Up 浮筑楼板下的隔振弹簧

12.3　设备能效提升技术

12.3.1　供冷供暖

根据剧场建筑的使用特点,考虑到节能性和稳定性,上海音乐学院歌剧院集中空调系统冷热源方案采用水冷冷水机组+燃气真空热水锅炉。

设备控制机房采用风冷热泵型变频多联机空调系统,贵重乐器储藏室则采用风冷型恒温恒湿空调系统。

冷水机组优选 3 台同等大小的螺杆式水冷冷水机组,冷冻水系统采用 6 ℃/13 ℃大温差运行的模式,用以减少输配能耗。燃气锅炉采用同等大小的 2 台燃气真空热水锅炉,以保证即使有一台锅炉出现损坏需要维修时,整个系统还可以具备应急供热的能力。此外,为满足部分内区房间过渡季和冬季的供冷需求,上海音乐学院歌剧院还利用冷却塔并同时设置一台板式换热机组,换热后提供二次冷却水(低温)进行"免费供冷"。

在观众厅空调系统设计中,采用了类似置换送风形式的下送上回的空调系统,通过采用地面散流器将处理后的空气直接送入人员活动区。空调箱送风温度相对一般空调系统温度较高,盘管相应换热效率较高,这样,冬季热空气直接进入入人员区域,无需将整个观众厅全部加热到设计温度,具有较高的节能效果,也可最大限度地提高人员舒适性。

观众厅空调机组采用了节能型冷凝热回收低温再生转轮除湿机组。上述机组适用于需要有大量除湿要求的内区人员密集场所。该机组内置空调制冷循环系统,将蒸发器的冷量用于送风系统的冷冻除湿,再利用转轮进行高精度深度除湿,同时制冷循环中的冷凝器的热量用于再生空气的加热,并利用再生空气对转轮进行再生(原理见图12-7)。在此过程中,相较于传统的一次回风系统采用的冷冻除湿而后再热,采用上述冷凝热回收低温再生转轮除湿机组可以有效减少再热所需要的热量,具有明显的节能省电效果;相较于二次回风系统而言,转轮除湿具有性能稳定,能连续进行除湿,湿度可调,调节精准等优点;和溶液除湿相比,溶液除湿采用的三甘醇、溴化锂等溶液具有一定的毒性,由于空气和上述溶液直接发生反应,可能会携带相应的溶液气体,对人体健康可能存在一定的风险,因此观众厅空调系统中采用冷凝热回收低温再生转轮除湿机组进行除湿,具有节能、可靠、安全等多重优点。经过运行期间的现场检测,该空调系统运行良好,室内温度和湿度状态均符合设计要求。

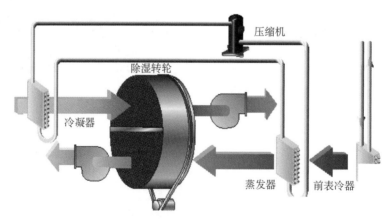

图 12-7　热泵再生型转轮除湿原理

歌剧院的主舞台送风风管设置在一层马道下方。为了考虑相应的送风效果以及对舞台使用的影响,在送风模式的选择上,上海音乐学院歌剧院利用风口和电动调节阀相结合的方式,设置了三种送风可调的送风模式,即垂直下送、水平 30 ℃向下侧送,以及垂直下送和水平 30 ℃向下侧送相结合的方式。剧场使用方可以根据舞台使用的特点,在演出前期预冷预热阶段、演出期间、演出间隙等不同时段选择不同的送风模式,以便更好保证舞台的空调效果,同时更好更节能地运行。

在歌剧院室内净高高度较高的排练厅设置了地板辐射采暖系统,有效地解决了上送空调系统在冬季出现的热风上部聚集、下部人员活动区温度不足的问题,具有较好的节能效果。

各舞台、观众厅、排练厅均采用全空气低速管道系统,在达到声学要求的同时,降低空调通风系统的输配能耗。

12.3.2 照明

大楼内观众厅、走廊、卫生间等区域采用 LED 筒灯;门厅、休息厅、报告厅、排演教室等区域采用 LED 筒灯＋LED 灯带灯具组合形式;入口门厅等高大空间采用 LED 吊灯;办公室、会议室等采用 LED 的 T5 支架灯。项目中使用的灯具均采用 LED 光源。

观众厅、大空间场所、公共走廊、车库等均采用智能照明控制系统,可以实现不同功能的灯光场景需求。办公室、机电用房和各功能房间等采用房间内设置就地开关控制,所控灯与侧窗平行,充分利用自然光。走廊、门厅等照明采用集中并分组分区控制。地下车库采用分区控制。

各房间或场所的照明功率密度值不高于现行国家标准《建筑照明设计标准》(GB 50034—2013)规定的目标值。

12.3.3 给排水

合理利用水资源,在室外场地设有 pp 模块式雨水回用系统,内置 53 m³ 储存沉淀池和 5.3 m³ 清水池,屋面雨水、路面雨水、绿地雨水经处理后,用于室外道路、绿化浇洒和地下车库地面冲洗。为避免初期雨水弃流及溢流至地块内,预留污水井。设计年生活用水总量 28 309 m³/a,雨水回用量 619 m³/a,自来水量 27 690 m³/a。

雨水回用系统工艺流程:收集基地雨水至雨水管网,经雨水初期弃流后进入室外东侧的雨水收集系统,经沉淀过滤消毒等处理后存于清水池,通过变频给水设备供至室外绿化、道路浇洒和地下车库地面冲洗。

雨水回用处理系统设置水表三级计量。市政给水管设一级计量,雨水回用系统补水设二级计量,室外绿化、道路、地下车库浇洒设三级计量,便于运营期节水效益的量化评估。雨水回用系统处理后的供水管道上不得装设取水龙头,管道与生活饮用水管道分开设置,雨水回用系统供水管道外壁按设计规定涂色或标识等防止误接、误用、误饮。雨水回用处理设备出水水质需满足《城市污水再生利用 景观环境用水水质》(GB/T 18921—2019)、《城市污水再生利用-城市杂用水水质》(GB/T 18920—2020)等的规定。

12.3.4 控制与计量

1. 设备控制系统

大楼内设楼宇设备自控系统设备 1 套,该系统由操作工作站、现场控制器、各种传感器、电动阀门和专业控制软件等组成;系统设有管理层网络,采用集散控制方式。采用先进的计算机网络化控制方式对以下系统进行自动监控和调节,以实现最优化运行。具体内容如下:

(1)冷热源系统:冷水机组的启停、运行,冷却水泵、冷冻水泵、冷却塔的启停、运行,冷却水总管的供回水温度,冷冻水总管供回水温度、流量、压力等;热水锅炉的运行状态、热水温度、故障报警、热水泵状态和运行、水泵的启停等,以接口方式接入。

(2)空调新风系统:空调机组、新风机组的运行、报警,风机的启停控制,送回风温度、送回风湿度、CO_2浓度监测等。

(3)给排水系统:集水井的高低液位报警、生活水泵的运行状态、报警状态等。

(4)送排风系统:风机启停控制、运行状态、风机故障报警信号、CO浓度监测等。

(5)照明系统:观众厅、公共区域照明采用智能照明控制系统。

(6)进行管理控制,根据使用及功能要求达到分组、分区、分时段、分管理模式等进行有效的场景需求和节能控制。

(7)电梯系统:监测电梯的启停、运行状态等。

(8)变配电系统:对高低配电柜有关电量参数监测,通过接口接入。

2. 空气质量监控系统

对音乐厅、排练厅、会议室等人员密度较高且变化较大的房间设置室内空气质量监控系统。对室内的CO_2浓度进行数据采集、分析及浓度超标报警,并与通风系统联动,控制新风量的大小。地下停车库设置CO浓度监控系统,对CO浓度进行数据采集、分析及浓度超标报警,并与通风系统联动。

3. 分项计量系统

项目建筑能耗分类计量内容包括:用电计量、用冷热量计量、用水计量和用燃气计量。建筑用能监测系统符合《公共建筑用能监测系统工程技术规范》(DGJ08—2068—2012)规定,并与徐汇区国家机关办公建筑和大型公共建筑能耗监测系统数据联网,可根据上级数据中心要求,自动、定时发送能耗数据信息。

(1)用电计量。在变电所设置对以下用电表具的计量:照明插座用电分别计量主要功能区域的照明和插座用电、走廊和应急照明用电、室外景观照明用电;空调用电分别计量冷水机组用电、冷却水泵用电、冷冻水泵用电、冷却塔用电、恒温恒湿空调用电、空调末端用电、机房VRV用电等;动力用电分别计量电梯用电、自动扶梯用电、给排水泵用电、消防动力用电等;特殊用电分别计量舞台机械及舞台照明、舞台音响、厨房动力用电、消防安保中心用电、网络机房用电、变电所用电等。

(2)用冷热量计量。在能源中心计量,设置冷热量计量装置。

(3)用水计量。按使用用途及付费管理单元,对厨房、绿化、空调系统等用水分别设置用水计量装置,统计用水量。

（4）用燃气量计量。在厨房的燃气进线处和燃气真空热水炉设备上设置燃气计量表。

12.4 数字化设计技术

项目通过 BIM 模型进行座位视线分析,确保观众座位拥有良好的视线。

对于剧场类设计项目,通常只是在观众席平面图、剖面图上画出的从观众席座位视点到舞台上某个位置之间的线段,通过这些线条模拟出观众在不同区域的座位上所能看到的舞台范围。但受限于二维的局限性,很多问题无法发现,也无法客观评价每个座位的优劣等级。基于 Revit 平台开发了基于三维模型的三维视线分析工具,解决了传统二维存在的问题,在验证《剧场建筑设计规范》(JGJ 57—2016)的同时,给出了三维透视图座位的二次验证成果。

12.4.1 水平角分析

水平角分析用来分析观众席观看台口两侧或者表演区两侧的角度大小。角度太大,观众头部转动较多,降低观看舒适性;减小角度,就要求远离舞台,会导致削弱观看演出的临场感。《剧场建筑设计规范》(JGJ 57—2016)建议将水平视角控制在 120°～30°。一般认为,超过水平方向视野角 30°的周边部分称为诱导视野,俗称眼睛的余光,不能作为主视野区域;在转动眼球的情况下,水平视角为 60°也相对舒适。在不必转动眼球的情况下,最舒适的水平视角为 30°。

项目按照 30°最优,30°～60°次优,60°～120°合格,大于 120°不合格进行量化分析,水平视角分析详见图 12-8。

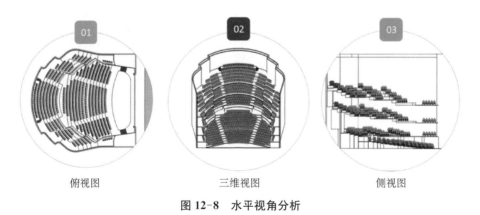

| 俯视图 | 三维视图 | 侧视图 |

图 12-8　水平视角分析

12.4.2 俯角分析

通过计算观众席视点与设计视点连线及设计视点平面的夹角,得出观众席的俯角。

253

较大的俯角,意味着观众在观演时需要较长时间地俯视舞台,降低了座席的舒适程度,对视觉效果也有影响。当视线升起过陡,楼座观众俯角超过 30°时,从视觉生理学角度来讲,观众分辨形状能力迅速减弱;同时,座席升起过陡,对观众是不安全的。为保证观众视线良好,项目将楼座俯角限制在 30°以内,俯角分析详见图 12-9。

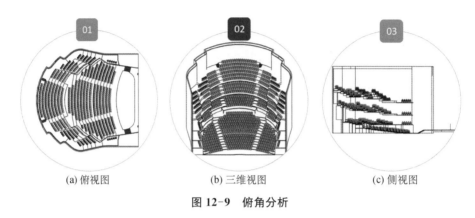

| (a) 俯视图 | (b) 三维视图 | (c) 侧视图 |

图 12-9 俯角分析

12.4.3 遮挡率分析方法

《剧场建筑设计规范》(JGJ 57—2016)规定,视线设计应使观众能看到舞台面表演区的全部。当受条件限制时,也应使处于视觉质量不良座席的观众能看到 80%的表演区。该项目遮挡率判断标准详见表 12-1。

表 12-1 遮挡率判断标准

位置	视线优劣判断标准
台口遮挡	遮挡率<5%的座椅视线为优,遮挡率>30%的座椅视线为差
天幕遮挡	遮挡率<20%的座椅视线为优,遮挡率>50%的座椅视线为差
表演区遮挡	遮挡率<10%的座椅视线为优,遮挡率>40%的座椅视线为差

针对不同区域的视线分析,设置点布置法和屏幕布置法两种不同的遮挡率分析方法,详见图 12-10。

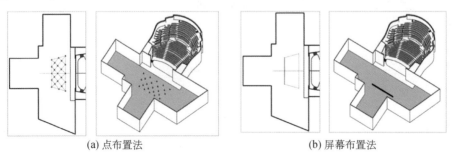

| (a) 点布置法 | (b) 屏幕布置法 |

图 12-10 遮挡率分析方法

1. 点布置法

步骤一:放置多个坐标点 D,点可自由选择分布位置,建议均匀分布在舞台中央,布置的数量越多,结果越精确。用户可自由根据项目定义点的数量以及点的高度。

步骤二:自定义遮挡率范围,建议按照之前等级定义:0～10％,10％～20％,20％～30％,30％～40％,40％～100％,同时可以自定义颜色,详见图 12-11。

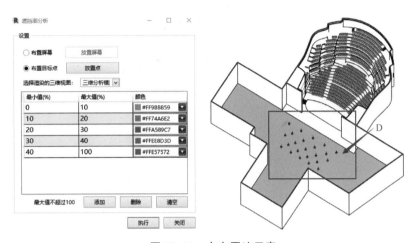

图 12-11　点布置法示意

2. 屏幕布置法

步骤一:放置屏幕在主舞台中央,可以由用户自由定义屏幕大小和屏幕中每个块的大小,块的数量越多,结果越精确。但考虑到计算机的处理能力,建议单位为 50 mm 以上。

步骤二:自定义遮挡率范围,建议按照之前等级定义:0～10％,10％～20％,20％～30％,30％～40％,40％～100％,同时可以自定义颜色,详见图 12-12。

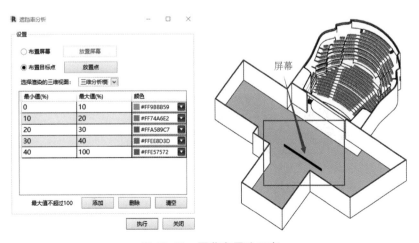

图 12-12　屏幕布置法示意

12.4.4　分析软件的开发与使用

步骤一：根据规范建议，此案例在镜框舞台放置中间目标点，点最佳放置位置在主舞台前端中心处，详见图 12-13。

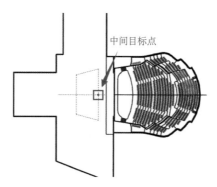

图 12-13　遮挡率分析方法

步骤二：自定义视角分析角度，设置四个范围：0~20°，20°~30°，30°~35°，35°~150°；同时可以自定义颜色，详见图 12-14。

图 12-14　遮挡率分析方法

步骤三：展示分析成果，详见图 12-15。

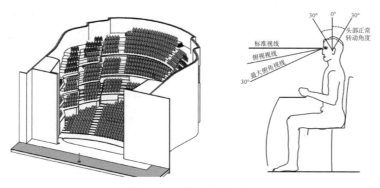

图 12-15　分析成果展示

参考文献

［1］夏征农,陈至立.大辞海:建筑水利卷[M].上海:上海辞书出版社,2015.

［2］深圳市海阅通文化传播有限公司.文化建筑[M].北京:中国建筑工业出版社,2013.

［3］祝晓峰.中国当代建筑大系:文化建筑[M].常文心,译.沈阳:辽宁科学技术出版社,2013.

［4］王绍森.文化建筑[M].天津:天津大学出版社,2014.

［5］朱浩嶙.文化建筑的体验类型与设计研究[J].城市建筑,2020,17(15):106-107.

［6］郭卫宏,温宏岩,海佳.有形之所与无界之域:文化建筑公共空间的当代性表达与建构[J].当代建筑,2020(9):35-39.

［7］谭钰琳.丹麦当代文化建筑场所精神的营造[D].北京:中央美术学院,2017.

［8］李璐.台湾当代文化建筑的设计美学特征及其启示[D].北京:北京建筑大学,2016.

［9］姜秋实.中小城市文化建筑多馆复合设计研究[D].哈尔滨:哈尔滨工业大学,2010.

［10］倪睿贤.基于集体记忆的当代乡村文化建筑设计策略研究[D].哈尔滨:哈尔滨工业大学,2018.

［11］中华人民共和国建设部,中华人民共和国文化部.博物馆建筑设计规范:JGJ 66—2015[S].北京:中国建筑工业出版社,2015.

［12］中华人民共和国文化部.公共图书馆建设标准:建标 108—2008[S].北京:中国计划出版社,2008.

［13］潘毅群,殷荣欣,楼振飞.上海 10 幢大型公共建筑节能状况调研[J].暖通空调,2010,40(6):152-156.

［14］徐鹏涛.公共建筑用能监测市级平台数据的统计分析[D].上海:上海师范大学,2017.

［15］上海市住房和城乡建设管理委员会,上海市发展和改革委员会.2020 年上海市国家机关办公建筑和大型公共建筑能耗监测及分析报告[R].2021.

［16］上海市住房和城乡建设管理委员会,上海市发展和改革委员会.2021 年上海市国家机关办公建筑和大型公共建筑能耗监测及分析报告[R].2022.

［17］清华大学建筑节能研究中心.中国建筑节能年度发展研究报告 2020(农村住宅专题)[M].北京:中国建筑工业出版社,2020.

［18］王明洁.当代中国文化建筑公共性研究[D].广州:华南理工大学,2012.

［19］高慧,孙蓉蓉,刘佳琦.河北博物馆游客行为特征研究[J].合作经济与科技,2019(21):93-95.

［20］王玉,张宏,董凌.不同结构类型建筑全生命周期碳排放比较[J].建筑与文化,2015(2):110-111.

［21］王平.建筑围护结构负荷分析与热力学评价方法研究[D].长沙:湖南大学,2018.

［22］石振庆,黄云峰.谈城市建筑物屋顶绿化构造技术[J].山西建筑,2014,40(9):219.

［23］赵文占.装配式钢结构建筑外墙的应用研究[J].钢结构(中英文),2019,34(10):53-57,72.

［24］管超,赵明桥,鲍圣霖,等.新型免维护垂直绿化墙板实验研究[J].铁道科学与工程学报,2017,14(1):149-154.

［25］刘琰.文化建筑中窗的形态研究[D].北京:北京服装学院,2012.

［26］王明菲.“窗”的解读［D］.北京:北京林业大学,2004.

［27］刘志平.学校建筑设计中对自然通风原理的运用与实现［J］.中华民居,2011(8):69.

［28］李晨玉.上海地区建筑中庭自然通风的影响因素研究:以某博物馆为例［D］.上海:同济大学,2016.

［29］Steven Taylor. Primary-Only vs. Primary-Secondary Variable Flow Systems［J］. ASHRAE Journal, 2002, 44(2):25-29.

［30］ASHRAE. ASHRAE Green Guide: The Design, Construction, and Operation of Sustainable Buildings［M］. ASHRAE, 2013.

［31］车学娅,张德明,王颖,等.新建民用建筑项目可再生能源综合利用量核算研究报告［R］.上海:同济大学建筑设计研究院(集团)有限公司,2017.

［32］邓波,龙惟定,冯小平.大型地表水源热泵在上海世博园区域供冷系统中的应用［J］.建筑热能通风空调,2007,26(6):95-97.

［33］Draper N R, Smith H. Applied Regression Analysis［M］. New York: Wiley Series in Probability and Statistics, 1998.

［34］何大四,张旭,刘加平.常用空调负荷预测方法分析比较［J］.西安建筑科技大学学报(自然科学版),2006(1):125-129.

［35］Vapnik V. Statistical learning theory［M］. New York: Wiley, 1998:401-492.

［36］唐莉,唐中华,靳俊杰.最小二乘支持向量机(LS—SVM)在短期空调负荷预测中的应用［J］.建筑节能,2013, 000(002):56-58.

［37］Suykens, Johan A K, Vandewalle J. Least Squares Support Vector Machine Classifiers［J］. Neural Processing Letters 9.3(1999): 293-300.

［38］曹彦,谭永杰,周驰.灰色模型和最小二乘支持向量机在短期负荷组合预测中的应用［J］.许昌学院学报,2013,32(5):32-37.

［39］牛东晓,王建军,李莉,等.基于粗糙集和决策树的自适应神经网络短期负荷预测方法［J］.电力自动化设备,2009(10):36-40.

［40］于希宁,牛成林,李建强.基于决策树和专家系统的短期电力负荷预测系统［J］.华北电力大学学报,2005,32(5):57-61.

［41］李琼,孟庆林,吉野博,等.基于支持向量机的建筑物空调负荷预测模型［J］.暖通空调,2008(1):14-18.